Vögel der Alpen

Der Bestimmungsführer für alle Arten

Bruno Caula
Pier Luigi Beraudo
Massimo Pettavino

Haupt Verlag
Bern • Stuttgart • Wien

Bruno Caula ist ein profunder Kenner der alpinen Avifauna und hat in den letzten 25 Jahren an mehreren nationalen und internationalen Projekten mitgearbeitet.
Pier Luigi Beraudo widmet sich seit mehr als 25 Jahren der Beobachtung und Erforschung von Vögeln in ihrem natürlichen Lebensraum. Zahlreiche Veröffentlichungen in den wichtigsten italienischen Fachzeitschriften.
Massimo Pettavino arbeitet seit einigen Jahren an Forschungsprojekten und Veröffentlichungen zur Avifauna mit.

Umschlagfoto: Steinadler (Foto: M. Giordano – G. Nicolazzi)

Wenn nicht anders angegeben, stammen die Grafiken sowie die Fotografien der Lebensräume und der einleitenden Abschnitte von den Autoren.

Die italienische Originalausgabe erschien 2009 bei Blu Edizioni unter dem Titel *Gli uccelli delle Alpi*

Grafik und Layout: Laura Caratti
Satz der deutschen Ausgabe: Die Werkstatt, Göttingen
Aus dem Italienischen übersetzt von Joan Hass, I-San Lorenzo Isontino

Bibliografische Information der *Deutschen Nationalbibliothek*
Die Deutsche Nationalbibliothek verzeichnet diese Publikation in der Deutschen Nationalbibliografie; detaillierte bibliografische Daten sind im Internet über http://dnb.d-nb.de abrufbar.

ISBN 978-3-258-07597-6

www.haupt.ch

Inhalt

Vorwort

Es ist immer ein Vergnügen, ein Buch vorzustellen, das aufgrund einer tiefen und oft allumfassenden Leidenschaft entstanden ist. So wie jene Leidenschaft, die eine Gruppe befreundeter Ornithologen antrieb, sich in das Abenteuer zu stürzen, auf hohem Niveau über ihre Naturkenntnisse zu berichten. Das Ergebnis ist eine Beschreibung von 130 «alpinen» Vogelarten, illustriert mit spektakulären, poetischen und lehrreichen Bildern von seltener Qualität.

Es war mir eine Freude, die Autoren kennenzulernen, hochqualifizierte Fachleute, die jede freie Minute der Beobachtung und dem Studium der Vogelwelt widmen, die aber auch Naturexperten und sensibel für alle Umweltaspekte, speziell im Alpenraum, sind.

Zweifellos war ihre Erfahrung von enormer Bedeutung bei der Gestaltung dieses neuen Buches über die Vögel der Alpen, mit knappem, aber umfassendem Text und informativen und reich bebilderten, klaren und zweckmäßigen Beschreibungen, die auch Nichtfachleuten das Erkennen einer Art leicht machen werden.

Doch die Faszination dieses Buches liegt unbestritten in seinen Hauptdarstellern.

Vögel waren immer schon die Tiere, die der Mensch am leichtesten und auf direkte Weise wahrnimmt: gut sichtbar im Flug, allein oder in Formationen, bestehend aus vielen Individuen (wie die herrlichen Flüge der Stare, die zurzeit auch von Physikern erforscht werden), gut zu beobachten aufgrund ihrer Farben und ihres Verhaltens, allgegenwärtig mit ihren Stimmen und Gesängen. «Vögel sind die fröhlichsten Geschöpfe auf dieser Welt», so schrieb Leopardi, und es ist in der Tat ein Gefühl von Frohsinn, das uns die vielen kleinen Singvögel mit ihrem Rufen und Zwitschern und ihren kurzen Flügen vermitteln. Wenn wir einen Augenblick darüber nachdenken, lassen uns die Vögel nie unberührt, und sie sind tatsächlich die auffälligsten, unmittelbarsten und empfindlichsten Indikatoren für den Gesundheitszustand unserer Umwelt.

Die Vögel sind mit fast 10 000 Arten weltweit die zahlmäßig größte Klasse landlebender Wirbeltiere: Eine Gruppe, die von kleinen, gefiederten Dinosauriern ausgehend eine enorme, weitreichende Anpassung und einen außergewöhnlichen Entwicklungserfolg im Luftraum erfahren hat, und zwar, angefangen im Tertiär, in einem relativ kurzen Zeitraum. Aber sie sind auch die bekanntesten und beliebtesten Tiere. In allen Sprachen haben die Vogelarten, selbst die kleinsten und scheinbar unbedeutenden, einen eigenen Namen, entsprechend bekannt und kodiert, der auch von Wissenschaftlern zusammen mit dem wissenschaftlichen Namen laut der binären Nomenklatur nach Linné verwendet wird.

In diesem Buch werden die 130 Arten vorgestellt, die in den verschiedenen Lebensräumen der Alpen vorkommen. Einige darunter sind leicht von einem Wanderer oder Bergsteiger in unseren Bergen und Tälern zu beobachten, und manchmal kann man sie in weit entfernten Bergen anderer Regionen wiederfinden, so wie es mir mit der Alpendohle und dem Steinadler ergangen ist, die ich auf den Gletschern des Himalaja angetroffen habe, oder mit dem Bartgeier auf dem Mount Elgon und dem Mount Kenya oder mit der Alpenkrähe im Bale-Gebirge in Äthiopien oder dem Alpenschneehuhn in Kanada: Alte Freunde, die mich an den Vallone dell'Arma (Provinz Cuneo, Piemont), den Monte Oronaye (Gipfel der Kottischen Alpen) oder den Gelas und die Cime St. Robert (Gipfel der Seealpen) erinnerten.

Ich selbst habe mich als Zoologe und Biogeograf durch die Beobachtung der Alpenvögel weiterentwickelt. Dies verdanke ich dem Tierpräparator Michelangelo Giuliano, über ihn habe ich den großen Ornithologen Edgardo Moltoni kennengelernt, und Angelo Giuliano, einem unvergesslichen Freund aus meinem Geburts- und Wohnort Borgo San Dalmazzo.

Birdwatching gab es damals noch nicht, und mitgerissen vom Enthusiasmus Moltonis, dann der Freundschaft zu Fulco Pratesi und anderen jungen Ornithologen aus Rom, stellten die Ausflüge auf die kleinen Inseln für mich eine wahre Wende dar. Dann kam das erste Handbuch von Gianfranco Bologna über «Vögel beobachten und schützen» sowie die Studien, Diplomarbeiten und Ausflüge um «Vögel zu sehen», heute eine immer seltenere Beschäftigung im universitären und akademischen Alltag.

So habe ich während meiner jüngsten Ausflüge in «meine» Täler und Berge viele Ornithologen und leidenschaftliche Vogelbeobachter getroffen und natürlich auch die Autoren dieses Buches, die alte Emotionen in mir wieder aufleben ließen, den Ruf des Sperlingskauzes, den Flug des jungen Bartgeiers, den stillen Uhu, den Schwarzspecht, die Jagd des Steinadlers und des Schlangenadlers …

Ich glaube, die Gefühle, die ich in den Seealpen oder in den Kottischen Alpen wieder erlebt habe, kann jeder erfahren, der dieses Buch in den Händen hält und es in seinem Rucksack als Begleiter und Führer mit in die Berge nimmt.

Hier wird behutsam eine andere Weise, die Berge aufzusuchen, gelehrt, ohne Aggressivität, ohne Wettkampf, sondern mit stillem Respekt vor der frei gebliebenen Natur, mit der Bescheidenheit eines Wissenden und der Demut eines Lernenden: Wie bei einem Waldspaziergang mit den Enkeln, auf dem man einem Tannenhäher begegnet oder den Ruf eines Mäusebussards hört, das Gelächter eines Grünspechts oder den zarten Gesang eines Waldbaumläufers vernimmt.

Sambuco, 31. Dezember 2008

Augusto Vigna Taglianti
Präsident
des wissenschaftlichen Beirats
für die Fauna Italiens

Über den Regenpfeifer und das Wenige, das ich sonst noch weiß

für Massimo, Bruno, Pier Luigi

An einem Herbstabend, am Tisch eines Cafés, erzählte mir ein neuer Bekannter eine Stunde lang ununterbrochen von seiner ersten Begegnung mit einem Mornell-Regenpfeifer. «Womit?» hab ich wohl gesagt und fragte mich, mit wem ich es zu tun hatte. Denn er scherzte keineswegs: Seine Begeisterung war echter Enthusiasmus und seine Leidenschaft ebenso authentisch. Er sprach schnell, mit ernstem Tonfall und wissenschaftlichem Jargon, aber, hin und wieder, während er mir die Einzelheiten des Entdeckens und der darauffolgenden vorsichtigen Annäherung beschrieb, erhellte ein unerwartetes Leuchten seine Augen. Inzwischen weiß ich, dass dieses Aufleuchten ein Zeichen der Zufriedenheit war, doch in jenem Moment, ich gebe es zu, habe ich es schlichtweg als Sonderlichkeit interpretiert. Die Unterhaltung driftete dann ab zum Zugverhalten einiger Entenarten und dem Vorkommen von Uhukolonien in einigen Bauernhäusern der Umgebung.

Es war ein merkwürdiger Abend. Je mehr ich mich anstrengte, den Ausführungen zu folgen und eine Leidenschaft für das Verhalten der lokalen Vogelwelt zu entwickeln, umso mehr galt mein Interesse der Person vor mir. Er war derart … überzeugt. Er redete über die Vögel ohne Gefühlsseligkeit, aber in einer Art, die ich nur als «Sinn für Verantwortungsbewusstsein» definieren kann. Als sei es einfach ein Muss festzustellen, wie viele Enten sich am Flussufer aufhalten, indem man jedes einzelne Exemplar zählt, ein gebührender Beitrag an das Zusammenleben von Arten.

Nun, ich habe die Leidenschaften anderer stets mit Sympathie und kulturellem Interesse betrachtet. Ich habe viel Respekt für Schachspieler oder Tangokursbesucher. Einige meiner besten Freunde reden über die Figuren ihrer eigenen Erzählungen, als hätten sie diese jeden Abend zu Gast. Doch zeigte sich auf meinem Gesicht jenes Mal wohl ein unausstehlicher Ausdruck von Überheblichkeit, denn plötzlich fragte er mich: «Zehn Namen von Vögeln, denen Du auf dem Weg von zuhause bis auf die Bergspitze, die Du von Deinem Fenster aus siehst, begegnen kannst.» «Was war das … eine Herausforderung? Ich liebe Herausforderungen. Zehn Namen? Nur zehn? Sicher?» Und ich begann nachzudenken. Ich überlegte und mir fielen ein: Tukan, Pelikan, Pterodactylus! Leistungsdruck: Ich musste mich besser konzentrieren. «Gut, ich hab's», rief ich. «Raben, Falken, Tauben … Kanarienvögel! Gelten die Kanarienvögel?»

So erfuhr ich, dass jene, die ich für Raben hielt, vermutlich Krähen waren – oder genauer Nebelkrähen oder Dohlen –, dass Kanarienvögel … «Also über Kanarienvögel könnte man lange diskutieren, aber lassen wir das vorerst …», schnitt er kurzerhand ab. Ich glaube, ich habe dann noch Adler, Schwalbe und schließlich zu seiner Überraschung den Rothals-Ziegenmelker genannt, Letzterer eine Erinnerung an eine Fernsehdokumentation, aber natürlich habe ich ihn nie über die Dächer meiner Stadt fliegen sehen. Kurzum, ein mageres Resultat, ein ornithologischer Abriss, der meine ganze Unwissenheit in Sachen Zoologie und Natur aufdeckte. Freundlich sagte er, ich müsse mich nicht schämen und mein Wissensstand entspreche genau dem Durchschnitt der Bevölkerung, gewohnt mit Dutzenden von Tierarten zusammenzuleben, aber völlig uninteressiert und oft unfähig, die Schönheit, die man vor Augen hat, zu erkennen. Er versuchte gar nicht erst, mich dazu zu überreden, Vogelbeobachter zu werden. Ich weiß nicht, ob er davon absah, weil er mich für einen hoffnungslosen Fall hielt. Es war jedoch ein guter Zug. Hätte er es getan, hätte ich mich geweigert. Wir verabschiedeten uns und ich dachte mir, ich wäre glücklich, wenn er eines Tages von diesem Treffen mit der gleichen Anteilnahme erzählen würde, mit der er mir vom Regenpfeifer erzählt hatte.

Doch das Samenkorn war, ohne dass ich es wollte, gepflanzt. Das wurde mir einige Tage später bewusst, als ich auf dem Heimweg von einen farb- und freudlosen Ort durch einen Wald fuhr und von einem dunklen, auf einem Baum hockenden Etwas angezogen wurde. Ich hielt an. Das war zweifellos ein Greifvogel, und er schien mir sehr groß, in seiner Reglosigkeit völlig der spätherbstlichen Landschaft angepasst und zugehörig. Aufmerksam betrachtete ich die Farben des Federkleides, die Kopf- und Schnabelform, die Rückenlinie, die Größe. Das Tier schien völlig unbeteiligt, nicht nur mir gegenüber, obwohl ich nicht sehr weit entfernt war, sondern gegenüber allem, was es umgab. Vielleicht spielte auch die Gefühlslage, in der ich mich damals befand, eine Rolle, aber ich betrachtete den Vogel noch lange und fand Trost in dieser Stille und Natur, die so resistent gegen menschliches Leid schien.

Ich erzählte meinem Birdwatcher-Freund sofort von dieser Sichtung und beschrieb ihm das Tier, so gut ich konnte, bis er zum Schluss kam, dass es sich um einen ganz gewöhnlichen Mäusebussard handle. Das war mir egal. In den folgenden Monaten fuhr ich unzählige Male diese Straße entlang. Der Herbst war vorbei, der Wald schneebedeckt und jedes Mal verlangsamte ich an jener Stelle die Fahrt und hielt zwischen den nun nackten Ästen Ausschau. Ich suchte nach einer Bewegung, wollte die Silhouette entdecken, die ich nun genau vor Augen hatte, da ich mir einen kleinen Führer über die Vögel Europas zugelegt hatte … Ich sah ihn nie wieder. Doch inzwischen lernte ich, meine Umgebung bewusst wahrzunehmen, und dies nicht nur auf Spaziergängen oder Fahrten über Land.

Mir wurde klar, dass auch die Stadt, die ich schon ewig kannte, voller «Anwesender» war, an die wir so gewohnt waren, dass sie praktisch unsichtbar geworden waren. Ich begann, Elstern in den öffentlichen Parks bewusst wahrzunehmen, und bemerkte, dass ein Sonnenstrahl auf ihren schwarzen Federn herrlich grüne und blaue Reflexe hervorrief. Da gab es Amselpärchen, die sich auf den Kastanienbäumen umwarben und Meisen in den Tannenzweigen. Eines Tages flog ein Eichelhäher vor mir über die Straße und das Lapislazuliblau seiner Flügel blendete mich. Und dann sah ich ihn, eines Nachts auf dem Heimweg, zu recht später Stunde. Zuerst hörte ich einen Ruf. Es war ein gedämpfter Laut, der von einer unbestimmten Stelle dieser Allee herkam, die zum Wohnhaus führte. Es klang wie ein Schrei, eine Klage, ein Laut, der mich an die Sommernächte im auf einer Höhe liegenden Haus meiner Großeltern mütterlicherseits erinnerte. Vor dem Einschlafen in jenem Zimmer, das nach Holz und Staub roch, drangen nächtliche Stimmen durch die Wände und begleiteten mich in den Schlaf. Ich erinnere mich gut, ich hatte keine Angst.

Ich zog den Schlüssel aus dem Torschloss und ging zurück, unter den Platanen hielt ich an und wartete. Ich hörte erneut diesen Schrei, der sich nach kurzer Zeit wiederholte. Er war ganz nah. In diesem Augenblick sah ich ihn. Er tauchte zwischen den Blättern auf, vielleicht von einem vorbeifahrenden Auto aufgeschreckt oder einfach einen neuen Ruheplatz suchend, er erschien mir wie ein Phantasiewesen. In der Dunkelheit erweckte diese weiße Gestalt, die sich vom braunen Blätterdach abhob, den Anschein eines Nachtgespenstes und mein Herz machte einen Sprung. Er breitete die Flügel aus und schlug damit mehrmals auf und ab, dabei erzeugte er ein schwer zu beschreibendes Geräusch, ein gedämpftes Rascheln, Rauschen. Er flog einige Sekunden, so glaube ich, über meinem Kopf und verschwand, wie er gekommen war, zwischen den Zweigen eines Baumes. Oh Mann. Ich hatte zum ersten Mal einen Nachtraubvogel gesehen. Ich glaube, es war ein *Tyto alba*, gemäß dem Bestimmungsbuch, in dem ich unverzüglich nachschaute, also eine Schleiereule, aufgrund des unglaublichen Weiß seines Gefieders. Hätte ich doch nur Zeit gehabt, ihr Gesicht zu sehen, vielleicht hätte ich dieses perfekte, von der Natur gezeichnete Herz um die schwarzen Augen und dem sich genau in der Mitte befindenden V-förmigen Schnabel gesehen, ja dann hätte ich Gewissheit gehabt, doch ich musste mich ausschließlich mit meiner Intuition und meiner noch geringen Beobachtungsgabe zufrieden geben. Die Gefühlserregung jedoch war real, wie sie es immer war – und bis heute ist –, wenn ich sehe, wie sich der Himmel plötzlich mit seinen unbestrittenen Herrschern belebt.

Meine Sichtungen enden hier. Ich bin keine Vogelbeobachterin geworden. Die Zeit seit jenem Herbstabend ist rasend schnell vergangen im Vergleich zur für die Beobachtung nötigen Langsamkeit. Aber wenn mich heute jemand nach zehn Vogelnamen fragen würde, könnte ich ohne zu zögern eine umfangreichere Aufstellung machen als beim ersten Mal. Gewiss, den Großteil kenne ich nur aus Büchern und das bedaure ich. Mir bleiben die Neugier auf einen *morinellus* (Regenpfeifer), einen schwer zu beobachtenden Zugvogel, und eine gewisse Fixierung auf Nachtraubvögel, insbesondere auf eine bestimmte Eulenart. Ich kenne Geschichten von Wanderungen, Ansitzen und Flügen, die ich nicht vergessen kann. Doch ich glaube nicht, dass es leicht sein wird, einem zu begegnen. Dafür habe ich jeden Morgen eine feste Verabredung mit einigen Dohlen, die im Beet vor dem Büro nach Würmern suchen. Neulich schrie eine von ihnen so laut, dass ich ihr spontan antwortete. So haben wir uns ein bisschen unterhalten. Ein Kollege kam vorbei und hat mich auf merkwürdige Weise gegrüßt. Dann hat eine Dohle ihre Sammelarbeit unterbrochen und ihren Kopf in meine Richtung gedreht. Ihre klaren Augen waren direkt auf meine gerichtet, als ich sie spontan fragte: «Was ist? Wieso schaust Du mich so an?»

Alessandra Demichelis

Dank

Die Fertigstellung dieses Werkes war nur möglich dank der Beiträge zahlreicher Naturfotografen, die mit Begeisterung an unserem Projekt mitgearbeitet und alle Erwartungen über die Zusammenarbeit weit übertroffen haben. Sie haben uns herrliche Bilder mit interessanten Anregungen zur Verfügung gestellt, die dieses Buch Seite für Seite verschönern und aufwerten.

Unser tiefer Dank gebührt Ennio Adami, Marco Andreini, Massimo Avagnina, Tomás. Belka, Paolo Casali, Mara Calvini, Gianni Conca, Martijn de Jonge, Federica Gaydou, Andrew George, Roberto Ghiglia, Michelangelo Giordano, Marc Gottenbos, March Graziano, Francesco Grazioli, Petri Kuhno, Petteri Lehikoinen, Antti Mähönen, Daniele Marini, Paolo Marotto, Karel Mauer, Michele Mendi, Gabriella Motta, Rebecca Nason, Gabriella Nicolazzi, Pasi Pirinen, Otto Plantema, Tomas Pospisil, Kalle Rainio, Markku Saarinen, Petr Saj, Luigi Sebastiani, Jorma Tenovuo, Antero Topp, Ernesto Torti, Zdenek Tunka, Antonello Turri, Menno van Duijn, Andrea Vezzani, William Vivarelli, Milan Vogrin.

Herzlichen Dank an Professor Augusto Vigna Taglianti, der uns mit seiner Freundschaft beehrt hat, und an die feinfühlige Feder von Alessandra Demichelis, die für uns die Gefühle eines Lebens mit der Natur festgehalten hat.

Für ihre Hilfe, Ratschläge und hilfreichen Anregungen geht unser Dank an Mattia Altieri, Maurizio Azzolini, Pierandrea Brichetti, Mara Calvini, Luca Giraudo, Simona Inaudi, Gabriella Nicolazzi und Paul Tout.

Und schließlich danken wir auch unseren geduldigen Partnerinnen, die seit jeher unsere Leidenschaft für die Natur verstehen und unterstützen.

Die Alpen

Vegetation und Höhenstufen

In den Bergen ändert sich die Vegetation stufenweise in Abhängigkeit von der Höhe, der Sonneneinstrahlung und der geografischen Lage des Bergmassivs. Man unterscheidet fünf Höhenstufen (oder Zonen), die sich jeweils durch eine charakteristische Landschaft und Vegetation auszeichnen.

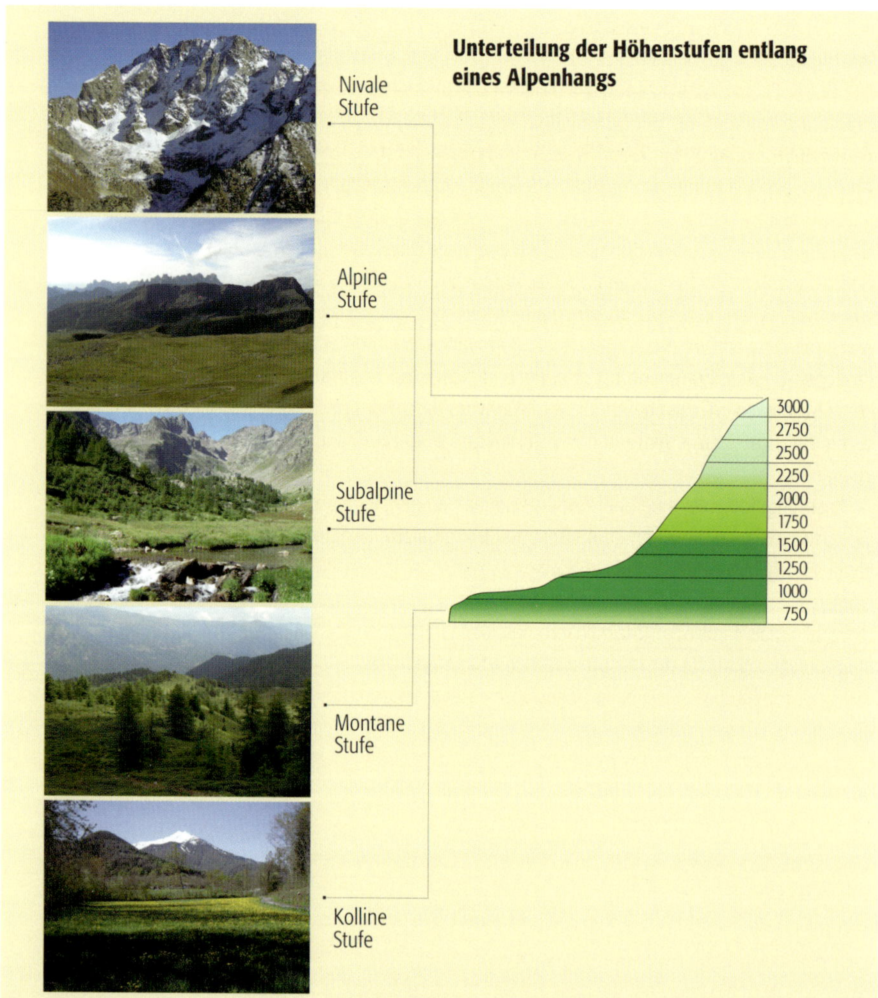

Unterteilung der Höhenstufen entlang eines Alpenhangs

- Täler und hügeliges Voralpenland *(kolline Stufe)*, die Höchstgrenze liegt bei 800 m.
- Untere Bergstufe *(montane Stufe)*, sie erstreckt sich von 800 m bis 1400–1700 m.
- Mittlere Bergstufe und Bergweiden *(subalpine Stufe)*, sie erstreckt sich von 1400–1700 m bis 1800–2400 m.
- Hochgebirgsstufe *(alpine Stufe)*, erstreckt sich von 1800–2400 m bis 3000 m, bis zur Schneegrenze.
- Schneestufe *(nivale Stufe)*, beginnt bei der unteren Schneegrenze auf über 3000 m.

Von der untersten bis zur obersten Stufe lassen sich die folgenden Vegetationstypen in dieser Abfolge unterscheiden:

- Wälder immergrüner Hartlaubgewächse
- Eichen- und Kastanienwälder
- Buchenwälder
- Nadelwälder
- Krummholzzone
- Alpine Rasengesellschaften
- Schutt-, Geröll- und Felsvegetation
- Vegetation der Schneestufe

Menschlicher Einfluss und Bedrohung für die Vogelwelt

Seit Beginn des letzten Jahrhunderts wurde eine stetige Zunahme von Tourismus und Sportaktivitäten in den Bergen beobachtet, wobei die menschlichen Aktivitäten zunehmende Auswirkungen auf den alpinen Lebensraum mit sich bringen: Ausflügler, Mountainbiker, Skiwanderer, Kletterer, Bergwanderer, Kanufahrer, Gleitschirmflieger, Trialsportler, Heliskier haben oft direkten und indirekten Einfluss auf die Vogelwelt. Direkte Störungen erfolgen häufig wegen unbewusster Anwesenheit des Menschen in der Nähe von Brutplätzen, hinzu kommen indirekte Folgen aufgrund von Umweltveränderungen.

Auch Vogelbeobachtung und Fotojagd können, wenn sie mit wenig Rücksichtnahme und ohne ethische Bedenken praktiziert werden, gravierende Störungen und irreparable Schäden nach sich ziehen, insbesondere während einer so kritischen Phase wie der Brutzeit.

Es wird daher immer unerlässlicher, diese Aktivitäten mit großem Respekt gegenüber dem alpinen Ökosystem auszuüben, dessen Gleichgewicht äußerst empfindlich ist und bereits ernsthaft von den bedeutenden Umweltveränderungen bedroht wird, die den gesamten Planeten betreffen.

Der Bau von Skianlagen verändert die Bergwelt schwerwiegend und dauerhaft; Liftanlagen und Stromleitungen bieten nicht nur einen negativen ästhetischen Anblick, sondern fordern unter manchen Vogelarten Kollisionsopfer.

Aus Sicht der Natur belastet der Bau von Windkraftanlagen und der dazugehörigen Infrastruktur (Straßen, Transformatorenhäuschen, Stromleitungen) die natürlichen (Weiden, Wälder) sowie die halbnatürlichen Ökosysteme (extensiv genutzte Flächen, «Mosaik»-Flächen) mit weitreichenden direkten und indirekten Folgen für die Vogelwelt. Der stufenweise Rückgang landwirtschaftlicher Aktivitäten, wie Beweidung und Mahd, lässt allmählich immer mehr Raum für Verbuschung, vor allem Niederwald gefährdet die für zahlreiche Arten überlebensnotwendige Biodiversität erheblich.

Schutzgebiete

Glücklicherweise gibt es im Alpenbogen viele Schutzgebiete; deren Einrichtung dient vor allem dem Schutz der natürlichen Lebensräume und der Erhaltung und Entwicklung der diversen Floren und Faunen. Es gibt ungefähr 400 Schutzgebiete größeren Ausmaßes (über 100 Hektar; Quelle: GIS ALPARC 2008), die ein außergewöhnliches Netz natürlicher Habitate und Kulturlandschaften bilden:

14 Nationalparks: Großflächige, natürliche und nur gering vom Mensch beeinflusste Gebiete, die in der Regel ein hohes Schutzniveau haben; einige traditionelle Tätigkeiten können dennoch genehmigt werden.

70 regionale Naturparks: Großflächig, meist mit traditionellen menschlichen Tätigkeiten im Zusammenhang mit Berglandwirtschaft und Forstwirtschaft sowie dem bedeutenden Tourismus. Neben dem Naturschutz sollen diese Parks oft auch die regionale Entwicklung fördern.

300 Naturreservate: Gebiete mit einer Größe von einigen Hektar bis zu einigen Tausend Hektar, meist mit hohem Schutzniveau, vergleichbar mit demjenigen der Nationalparks. Oft sind sie mit dem Schutz seltener Lebensräume, außergewöhnlicher Faunen und Floren oder eines bedrohten Feuchtgebiets betraut.

10 Biosphärenreservate: Schutzform einer großen Fläche gemäß UNESCO-Richtlinien. Biosphärenreservate sind in der Regel in drei Zonen mit abgestufter menschlicher Einflussnahme gegliedert: eine Schutzzone (Kernzone), meist ein bereits existierender geschützter Bereich, eine Übergangszone (Pflegezone) und eine Entwicklungszone.

3 UNESCO-Welterbestätten: Sind in der «UNESCO-Liste des Welterbes» aufgeführt. Der Naturwert dieser Gebiete ist von außergewöhnlicher Bedeutung für die Menschheit; die UNESCO vertraut diesen Stätten die Werthaltung für die künftigen Generationen an, wobei Managementpläne, die auf eine breite fachliche und öffentliche Basis gestellt sind, die Erhaltung und Entwicklung der Welterbestätten langfristig steuern.

In den einzelnen Ländern gibt es außerdem zahlreiche andere Schutzformen, die Teil des Netzwerks alpiner Schutzgebiete sind, wie Ruhezonen, Biotope, Landschaftsschutzgebiete, empfindliche Naturschutzgebiete, «sites classés», Waldreserven, insgesamt rund 500 Stätten, die oft zu Parks und Reservaten gehören.

Die Vogelwelt der Alpen

Vogelzug über die Alpen

«Die stets pünktlich im Herbst ankommenden Scharen von Zugvögeln zu sehen, deren Anzahl im Laufe der Jahre nicht abzunehmen scheint, ließ uns glauben, dass sie sich unendlich vermehren und wir sind verschwenderisch damit umgegangen, haben Millionen von ihnen getötet …» Mit diesen Worten begann der Ornithologe Giacinto Martorelli seinen Vortrag auf dem Jagdkongress in Rom vom 12. November 1911.

Aufgrund ihrer geografischen Beschaffenheit stellen die Alpen eine wichtige Barriere auf den Vogelzugrouten dar, für viele Arten sind sie aber auch Rastplatz zur Nahrungsaufnahme, um Fettvorräte anzulegen, bevor der lange Flug zu den Überwinterungs- oder Brutplätzen weitergeht.

Die Vogelwanderungen haben vermutlich im Tertiär begonnen, zu jener Zeit traten bereits Jahreszeitenwechsel auf. Dieses Ereignis weitete sich dann aus und stabilisierte sich im folgenden Quartär, auch infolge der Eiszeiten. Im Winter bedeckten die Gletscher zahlreiche und ausgedehnte Gebiete und zogen sich dann in der gemäßigten Jahreszeit zurück. Mit ausschlaggebend für die Zugbewegungen der Vögel ist vermutlich die Tageslänge (sogenannter Fotoperiodismus), die das gesamte Hormonsystem der Tiere beeinflusst: Die kürzeren Tage im Herbst wirken auf das Hormonsystem und stimulieren die physiologischen Veränderungen, die mit der Anlage von Fettpolstern und der Mauser einhergehen. Im Herbst, wenn die Tage kürzer werden, werden Regressphasen eingeleitet beziehungsweise die Entwicklung der Geschlechtsdrüsen beeinflusst, als Folge reduzieren sich Aggressivität, Intoleranz und Territorialverhalten gegenüber Artgenossen und die Tiere sammeln sich in Gruppen, die sich für den gemeinsamen Abflug bereit machen.

Dank der geduldigen Arbeit der Ornithologen konnten einige Hauptflugrouten, auf die sich die Wanderung der Zugvögel bei der Alpenüberquerung konzentriert, ausgemacht werden. An diesen Orten werden seit Jahren Forschungen und Monitoring durchgeführt.

Für den Rückflug sind die länger werdenden Frühlingstage stimulierend. Die Gebiete, von denen ein Vogelzug startet, werden als «Brutgebiete» bezeichnet, während die Ziele, zu denen die Vögel unterwegs sind, «Ruhezonen» oder «Überwinterungsquartier» genannt werden. Der Aufbruch zu den Winterquartieren wird als «Herbstzug» und die Rückreise zu den Brutgebieten als «Frühjahrszug» bezeichnet.

Es wurden zahlreiche ornithologische Forschungen zum Vogelzug durchgeführt, dazu wurden Stichproben verwendet oder Beobachtungen zu Übereinstimmungen mit den Flugstrecken von Flugzeugen, Beringungen oder technische Instrumente wie Teleskop oder Radar eingesetzt. Auf diese Weise wurden zahlreiche Informationen über die Flugrouten, über die zurückgelegten Streckenlängen, über die Alterszusammensetzung der Schwärme usw. gewonnen.

Die Alpen werden einerseits von Vogelarten überflogen, die aus Nordeuropa in Richtung Afrika unterwegs sind (Überflug), andererseits kommen manche Arten im Spätwinter an und bleiben bis zum Sommer, um hier zu brüten (Sommerbesucher, das heißt in einem bestimmten Gebiet im Frühling und Sommer anwesend), und gewisse Arten aus weiter nördlich liegenden Ländern überwintern in den Alpen (Winterbesucher).

Vögel der Laubwälder

Der Laubwald wird hauptsächlich aus Eschen, Hainbuchen, Salweiden und Erlen gebildet und ist die typische Vegetationsform der unteren Bergstufe, an deren Höhengrenze, auf 900–1000 Meter, Buchenwald und Mischwald (Tannen/Buchen) vorherrschen.

Es handelt sich um ein komplexes Ökosystem, das sich in vertikaler Ausrichtung entwickelt und zahllose Wirbellose beherbergt, die am unteren Ende der Nahrungskette von Vögeln stehen; holzfressende Insekten beispielsweise sind Hauptbeute der Spechte.

Während eines Ausflugs durch den Wald sollte man sich vom Gehörsinn führen lassen: Das Trommeln mit dem Schnabel auf einen Baum offenbart die Anwesenheit des **Buntspechts**, des **Grünspechts** oder des selteneren **Kleinspechts**. Scheue Vögel dagegen verraten ihre Anwesenheit durch ihren Gesang, wie der **Zilpzalp**, der **Waldlaubsänger** und der **Zaunkönig**. Beobachtet man Baumstamm und größere Äste aufmerksam, kann man womöglich den meist kopfüber herumkletternden **Kleiber** entdecken und die Manöver des **Waldbaumläufers** verfolgen. Die Herren der Baumkronen sind die Meisen: **Kohlmeisen**, **Blaumeisen**, **Sumpfmeisen**, oft zusammen mit **Schwanzmeisen**.

Die Anwesenheit dieser potenziellen Beute lockt einige Tagraubvögel an, die sich auf die Jagd in bewaldetem Gebiet spezialisiert haben: den **Sperber** und den mächtigen, aber selteneren **Habicht**.

Die großen Löcher in den höheren und älteren Bäumen können Brutplätze des **Waldkauzes** sein.

Scheu und schwer auszumachen ist dagegen die **Waldschnepfe**, die in kühlen und feuchten Mischwäldern lebt, aber oft am Waldrand, auf Lichtungen und Wiesen nach Nahrung sucht.

Vögel der Nadelwälder

Nadelwälder bedecken ausgedehnte Flächen im Alpenbogen, vor allem in den subkontinentalen Innenalpen, in der montanen Stufe und oft von Tallagen bis in Höhenlagen unter 1000 Meter, bis zur oberen Waldgrenze, die in den Ostalpen bei 1600–1800 Meter und in den Westalpen bei 2500–2600 Meter liegt. Die Nadelwälder unterscheiden sich je nach vorherrschender Art: Waldkiefer, Schwarzkiefer, Bergkiefer, Fichte, Tanne, Lärche, Zirbelkiefer.

Die Tannen- und Fichtenwälder, die normalerweise bevorzugt an Nordhängen wachsen, beherbergen einige Vögel, die in die Kategorie «Relikte aus der Eiszeit» gehören, Arten also, die in einem inselartig begrenzten Gebiet überlebt haben und

die ähnliche klimatische Verhältnisse wie in Nordeuropa bevorzugen, solche Klimabedingungen herrschten im Alpenraum in der Nacheiszeit. Solche Glazialrelikte sind der scheue **Dreizehenspecht**, dessen Anwesenheit die charakteristischen Spuren auf Baumstämmen verraten, die er auf seiner Nahrungssuche zurücklässt, oder der **Auerhahn**, der sehr ortsgebunden und schwierig zu beobachten ist, es sei denn, man kennt die Balzplätze, auf denen die Hähne im Frühling um die Weibchen kämpfen. Das schüchterne **Haselhuhn** kann über seinen charakteristischen und durchdringenden Ruf ausgemacht werden. Bei genauem Betrachten der Baumstämme können die Futterlöcher und die größeren Nistlöcher des **Schwarzspechts** ausgemacht werden. Die inzwischen nicht mehr genutzten Nistlöcher können zwei andere Reliktarten beherbergen: den **Sperlingskauz** und den **Raufußkauz**. Die verbreitetsten und leicht vernehmbaren Arten sind jedoch **Tannenmeise**, **Mönchsmeise** und die winzigen **Winter-** und **Sommergoldhähnchen**.

Die Waldkiefer- und Lärchenwälder, welche die sonnigeren Hänge bedecken, beherbergen einen typisch mediterranen Raubvogel, den **Schlangenadler**, der sich dort hauptsächlich zum Nisten aufhält. In diesen Wäldern kann man **Misteldrosseln**, **Waldbaumläufer**, **Berglaubsänger** und **Haubenmeisen** hören und sehen.

Vögel der Weiden und Wiesen

Bergweiden gehören zu den eindrucksvollsten Landschaften der Bergwelt und erinnern in einigen Gebieten an die Weiten der nordischen Tundra. Die Weiden beginnen allmählich, dort wo der Nadelwald lichter wird und Raum für ausgedehnte Alpenrosen- und Heidelbeersträucher lässt.

Hier wird die Vogelwelt durch einige Arten der Strauchheiden charakterisiert, wie den **Zaunkönig**, das **Rotkehlchen** und die **Heckenbraunelle**. Interessant ist die Begegnung mit einem **Alpenbirkenzeisig**, einem typisch alpinen Finken, den man höchst selten anderswo antrifft und der sich besonders gern in jungen Grünerlengebüschen aufhält. Die eigentlichen Bergweiden sind in der Brutzeit

durch die Anwesenheit insektenfressender Sperlingsvögel charakterisiert, die auf offenes Gelände spezialisiert sind und sich als Bodenbrüter angepasst haben; der charakteristischste unter ihnen ist der **Steinschmätzer**. Der **Bergpieper** ist weniger auffällig, aber auf Insektenfang am Boden nicht schwer auszumachen. Auch die **Feldlerche** kommt recht häufig auf den höher gelegenen Weiden vor, sie ist am besten an ihrem melodischen Gesang zu erkennen, den sie im Flug über ihr Territorium vorträgt. Der **Hänfling** lässt sich am besten gegen Ende des Sommers beobachten; in dieser Zeit sammeln sich die Jungvögel, die in der etwas tiefer gelegenen Waldgrenze geschlüpft sind, in kleinen Trupps mit den Adulttieren.

Unmöglich, von den alpinen Weiden zu reden, ohne das **Alpenschneehuhn** zu erwähnen, das im Jahresverlauf zwei deutlich unterschiedliche Federkleider trägt, dank denen es perfekt getarnt und an die klimatischen Veränderungen dieses schwierigen Lebensraums angepasst ist. Es ist eines der wenigen Arten, die Kälte und Schnee problemlos aushalten und das Brutgebiet nicht verlassen. Das **Steinhuhn**, ebenfalls ein typischer Vertreter der alpinen Hühnervögel, bevorzugt die sonnigeren Hänge, an denen der Schnee schneller schmilzt.

Gegen Ende des Sommers kann dieser Lebensraum einen der zutraulichsten und neugierigsten Vögel beherbergen, den **Mornell-Regenpfeifer**. Dieser Zugvogel, der in den arktischen Tundren und vereinzelt auch in den Alpen brütet, überwintert in Nordafrika und im Nahen Osten.

Vögel der Felsen und Geröllhänge

Die höher gelegenen Bergweiden werden oft von Flächen unterbrochen, die allgemein als «Geröllfelder» bezeichnet werden, es handelt sich um «Trümmer» oder «Abhangschutt», der sich aus den Felswänden gelöst hat und auf die Hängen mit Bergweiden herabgefallen ist.

In diesen Gebieten kann man einige charakteristische Arten beobachten; der **Hausrotschwanz** ist die verbreitetste und häufigste: Auf einer Bergtour ist es fast

unmöglich, diesen Sperlingsvogel – leicht erkennbar an seinem rostroten Schwanz, der sich immer in Bewegung befindet – nicht anzutreffen. Eine weitere typische Art ist der **Steinrötel**, einer der schönsten Vögel und gleichzeitig im Berggebiet sehr schwierig zu beobachten. **Alpenbraunellen** dagegen begegnet man wesentlich leichter, vor allem im Spätherbst und im Winter, wenn sie sich in Gruppen auch in der Nähe von Alp- und Berghütten aufhalten. Der **Schneesperling** ist zweifelsohne die typischste Art der Schneestufe: Er hält sich den größten Teil des Jahres in den unwegsamen und unwirtlichsten Bergregionen auf und begibt sich nur in sehr schneereichen Wintern auf Nahrungssuche in tiefere Lagen.

Wo Weiden und Geröllhalden weniger werden und großen Felsblöcken Platz machen, die sich nahezu senkrecht erheben, dort befindet man sich vor den enormen Felswänden des Berggipfels. Genau in diesen abgelegenen und unzugänglichen Hängen finden einige der eindrucksvollsten Arten der alpinen Vogelwelt Unterschlupf, wie der **Steinadler**, der an den Wänden sein riesiges Nest baut. In den 1960er- bis 1970er-Jahren wurde diese Art immer seltener, inzwischen hat sich der Bestand erholt, und es ist schwierig, auf einer Bergwanderung nicht in den Genuss des Anblicks seines majestätischen Flugs zu kommen. Den **Bartgeier** traf es schlimmer: Der berühmte «Lämmergeier» war zu Beginn des 20. Jahrhunderts infolge der Verfolgung durch den Menschen ausgestorben. Vor einigen Jahren wurde ein internationales Projekt zur Wiederansiedlung ins Leben gerufen, das langsam Früchte trägt und dank dessen er die alten Siedlungsgebiete allmählich wieder erobert. Diese «Himmelsriesen» teilen die Hänge mit zwei anderen, kleineren Greifvögeln: dem recht verbreiteten **Turmfalken** und dem **Wanderfalken**, einst selten und nur an wenigen Orten, heute glücklicherweise wieder häufiger anzutreffen.

Zudem können einige typische felsbewohnende Rabenvögel beobachtet werden: der große **Kolkrabe** und die kleinere **Alpenkrähe** und **Alpendohle**, oft in aus Hunderten von Einzelindividuen zusammengesetzten Gruppen. Wesentlich schwieriger ist es, einen **Mauerläufer** anzutreffen, einen besonderen Sperlingsvogel, der in Felsspalten brütet und dessen Flug an einen großen und wunderschönen rot-schwarzen Schmetterling erinnert.

Vogelbeobachtung

Vogelbeobachtung (Birdwatching) hat ihren Ursprung im angelsächsischen Raum, wo zu Beginn des 20. Jahrhunderts die Beobachtung wilder Vögel und ihres Verhaltens in freier Natur immer größere Verbreitung fand. Vogelbeobachtung wurde fast zu einer Art «Nationalsport» und entwickelte sich zu einer der beliebtesten Freizeitbeschäftigungen von Zehntausenden von Vogelliebhabern, jeden Alters und aus jeder gesellschaftlichen Schicht.

Die Möglichkeit, sich der Vogelbeobachtung zu jeder Jahreszeit und in jeder Umgebung, auch in den Stadtparks, zu widmen, hat dieses breite Interesse sicherlich begünstigt. Insbesondere in den Alpen, aufgrund der Erhabenheit der Landschaft und der Möglichkeit, besonders interessante Arten anzutreffen, ist die Vogelbeobachtung zweifellos einer der faszinierendsten Aspekte eines Ausflugs.

Wer sich diesem Hobby widmen möchte, benötigt unbedingt ein Fernglas. Ohne dieses Hilfsmittel ist es oft unmöglich, die Merkmale und Verhaltensweisen zu erkennen, die für eine korrekte Bestimmung hilfreich sind, allein schon wegen der großen Fluchtdistanz, die heute fast alle Arten zeigen. Die Qualität (und der Preis) eines Fernglases wird durch zwei Kenngrößen bestimmt: die *Vergrößerungszahl*, meist variabel zwischen 8 bis 10, und den *Objektivdurchmesser*, von 40 bis 50 Millimeter, der für die Bildhelligkeit verantwortlich ist. Für längere Beobachtungen ist die Verwendung eines Fernrohrs mit einer bis zu 60-fachen Vergrößerung nützlich; damit können auch Beobachtungen auf weite Entfernung gemacht werden. Wird das Fernrohr mit einem einfachen Fotoapparat verbunden, können mittels der «Digiscopie» genannten Technik hervorragende Aufnahmen gemacht werden.

Noch etwas darf im Rucksack eines Vogelbeobachters nie fehlen, ein Notizheft, in dem die Beobachtungen festgehalten werden, und ein Bestimmungsbuch, mithilfe dessen man die wichtigen Merkmale vergleichen und feststellen kann, auch wenn es, vor allem zu Beginn, frustrierend sein kann, nicht alle beobachteten Arten identifizieren zu können. Die sorgfältige und methodische Datenzusammenstellung seitens der Vogelbeobachter hat in den letzten Jahrzehnten zu enormen Fortschritten in der «Feld-»Ornithologie geführt, und viele Forschungs- und Erhaltungsprojekte beruhen immer mehr auf der unentbehrlichen Unterstützung Hunderter begeisterter Laien.

Obwohl inzwischen im Internet Informationen zur Vogelfauna verfügbar sind, die bis vor wenigen Jahren unmöglich zu erhalten waren, sind die Begegnung und die hilfreichen Hinweise eines erfahrenen Vogelbeobachters dennoch eine Unterstützung, die auch auf menschlicher Ebene bereichern kann.

Richtige Annäherungsmethoden an die Tiere, Sensibilität gegenüber Themen des Umweltschutzes und -erhaltung, Ethos und korrektes Verhalten sind die Hauptvoraussetzungen, um all die Entdeckungen und Gefühle zu genießen, die man auf den Ausflüge mit «anderen Augen» sehen und erleben wird. Indem man lernt, sich umzuschauen und schnell das Fernglas zu benutzen, wird sich eine unbekannte Welt voller Farben und Verhaltensweisen öffnen, die bis dahin lediglich als flüchtige Erscheinungen und verstohlene Bewegungen wahrgenommen wurden.

Im Folgenden werden ein paar einfache Regeln aufgeführt, deren Einhaltung eine leichtere Annäherung an die Vögel ermöglicht, durch Vermeidung gewisser, vielleicht gut gemeinter Verhaltensweisen, die extrem störend oder gar schädlich für das beobachtete Tier sein könnten. Zudem sind wir davon überzeugt, dass, wenn man diese Grundregeln befolgt, die anfängliche Neugierde für die Vogelwelt

zusammen mit dem neu gewonnenen «Naturwissen» wachsen wird; ein Wissen, das heute, zu Beginn des neuen Jahrtausends, dringend benötigt wird.

- Tragen Sie auf ihren Ausflügen der Umgebung angepasste Kleidung und Schuhwerk, vermeiden Sie auffällige Farben. Nehmen Sie ein Bestimmungsbuch mit und schlagen Sie nach, notieren Sie alle Beobachtungen, auch mittels Skizzen und Zeichnungen.
- Gehen Sie langsam, ohne Lärm zu machen, auf den vorgegebenen Wegen und halten Sie öfter an, um den Gesängen zu lauschen und den Standort der Vögel auszumachen, so können sich auch die Vögel an Ihre Gegenwart gewöhnen.
- Respektieren Sie sowohl Vegetation als auch Kulturflächen und reduzieren Sie die Störung anderer Tierarten, die zusammen mit den Vögeln, die Sie beobachten möchten, diesen Lebensraum bewohnen, auf ein Minimum.
- Verwenden Sie keine Vogelstimmenaufnahmen oder andere Methoden, um die Vögel anzulocken, vor allem nicht in der Nähe von Brutplätzen.
- Wenn Sie auf ein Nest treffen, berühren Sie weder Gelege noch Küken und sammeln Sie keine unreifen, noch nicht flugfähigen Jungvögel auf, sondern entfernen Sie sich schnellstens, um zu verhindern, dass die Elterntiere ihre Brut aufgeben oder Räuber auf das ungeschützte Nest aufmerksam werden.
- Geben Sie nur vertrauenswürdigen Personen, die in der Vogelforschung und für den Erhalt der Vögel tätig sind, den Standort von Brutplätzen preis; teilen Sie Ihre Leidenschaft mit anderen Vogelbeobachtern, indem Sie Ihre Beobachtungen miteinander vergleichen und diskutieren, um Ihr jeweiliges Wissen über Vogelwelt und Natur zu vertiefen.
- Nehmen Sie, wenn möglich, an wissenschaftlichen Forschungs- und Monitoring-Projekten teil, die Ihnen nützlich sein können, Ihr Wissen über Wildvögel zu erweitern.
- Engagieren Sie sich bei Aktivitäten zum Erhalt der Lebensräume und der Vogelwelt, indem Sie sich Initiativen von Umweltverbänden anschließen, und versuchen Sie, wann immer möglich, andere Personen für die Umweltschutzthematik zu sensibilisieren.
- Zögern Sie nicht, den zuständigen Stellen jegliche Störung, negative und ungerechtfertigte Einwirkung auf die Wildvogelfauna oder Umweltschädigung zu melden, sollten Ihnen Derartiges auf Ihren Ausflügen auffallen.

Systematik

Die Systematik ist ein Wissenschaftsbereich, der sich mit der Klassifizierung der Lebewesen beschäftigt; erste Einteilungsversuche stammen aus der Antike (man denke an Aristoteles und Plinius den Älteren), doch es war das «Systema Naturae» (1758) von Linnaeus (latinisierter Name des Schweden Carl von Linné, 1707–1778), mit dem die Systematik eine wissenschaftliche Form annahm. In dieser Schrift beschrieb Linné alle bis dahin bekannten lebenden Arten und gab jeder einen Doppelnamen (binäre Nomenklatur).

Alle bekannten Tier- und Pflanzenarten (noch heute werden jährlich Hunderte neuer Arten entdeckt, beschrieben und klassifiziert) haben einen wissenschaftlichen Namen, der aus zwei Grundelementen besteht: Name der *Gattung* und Name der *Art*.

Häufig werden die Arten zusätzlich in *Unterarten* unterteilt und erhalten einen dritten Namen zur Identifikation.

Der wissenschaftliche Name stammt aus dem Lateinischen oder Griechischen und wird in der Regel kursiv gesetzt; der Gattungsname wird stets mit großem Anfangsbuchstaben geschrieben.

Der Sinn lag darin, ein international verständliches Klassifizierungssystem zu erstellen: Der Gebrauchsname ändert sich je nach Sprache, der wissenschaftliche Name bleibt jedoch unverändert. Außerdem haben nicht alle Arten einen «umgangssprachlichen» Namen: Sieht man von den bekanntesten Klassen (Säugetiere, Vögel, Reptilien) ab, haben zum Beispiel die wenigsten Insekten-, Weichtier-, Blumen- oder Pilzarten einen Gebrauchsnamen in jeder Landessprache.

Das Ziel der Systematik ist daher Zweierlei: Jeder Art einen einzigen Namen zuzuordnen und jede Art in eine vernetzte Struktur einzuordnen.

Klasse:	***Vögel*** *(Aves)*
Ordnung:	***Sperlingsvögel*** *(Passeriformes)*
Familie:	***Drosseln*** *(Turdidae)*
Gattung:	***Echte Drosseln*** *(Turdus)*
Art:	***Amsel*** *(Turdus merula)*

Oben ein Beispiel für die Klassifizierung von Vögeln (am Beispiel der Amsel).

Die Amsel ist eine sehr weit verbreitete Art, deren verschiedene Populationen in neun Unterarten eingeteilt werden. So wird beispielweise die nordwestafrikanische Unterart als *Turdus merula mauritanicus* bezeichnet.

Bestimmungsmerkmale eines Vogels

Die genaue Kenntnis der Anatomie eines Vogels ist Voraussetzung bei der Beobachtung, um exakt die kennzeichnenden Charakteristiken der verschiedenen Arten zu bestimmen. Eine entsprechende Terminologie dient außerdem der präzisen Beschreibung und der Bewertung sowie dem Vergleich der eigenen Beobachtungen mit den Beschreibungen in einem Bestimmungsbuch.

Bergfink (Foto: M. Giorgano / G. Nicolazzi)

Zippammer (Foto: B. Caula)

Gänsegeier (Foto: M. Giorgano / G. Nicolazzi)

Einige Bemerkungen zum Aufbau dieses Bestimmungsführers

Behandelte Arten

Bisher wurden über 950 Vogelarten in der westlichen Paläarktis (die ganz Europa, einen Teil Nordafrikas und Vorderasiens umfasst) gemeldet: Ein beachtlicher Teil davon kann, mehr oder weniger regelmäßig oder auch nur gelegentlich, im Alpenraum beobachtet werden.

Die Auswahl der 130 in diesem Buch behandelten Arten erfolgte mit dem Ziel, eine wertvolle Bestimmungshilfe für fast alle Arten zu liefern, die man normalerweise zu jeder Jahreszeit während eines Ausflugs in den Alpen antreffen kann. Hauptkriterien für die Auswahl waren Präsenz einer Art zur Brutzeit und ihr Erscheinen während der Zug- und Überwinterungsperiode.

Die einzelnen Artporträts behandeln alle typischen Alpenvögel, also Vogelarten, die hauptsächlich in Gebirgsregionen brüten, einschließlich jener Arten, die in anderen Gegenden Europas normalerweise auch in tiefen Lagen brüten (Steinschmätzer, Baumpieper, Gartengrasmücke, Gimpel usw.). Es werden auch einige Arten behandelt, die nicht oder nur äußerst selten in alpinem Gebiet brüten, dieses aber regelmäßig auf Nahrungssuche (Graureiher, Kormoran) oder während der Zugzeiten (Mornell-Regenpfeifer, Blaukehlchen) besuchen. Einige andere Arten, die nicht (oder nur gelegentlich) in den Alpen brüten, erscheinen während der Zugzeiten oder zum Überwintern in großer Anzahl, manche regelmäßig (Rotdrossel, Bergfink), andere periodisch (Seidenschwanz). Die für den Alpenraum typischen und häufigen Arten werden ausführlicher beschrieben und illustriert. Andererseits mussten, da die Alpen von nahezu allen europäischen Zugvögeln überquert werden, einige Arten ausgeschlossen werden, darunter Störche, Kraniche, Weihen und viele Sperlingsvögel, die alle nicht entscheidend an den alpinen Lebensraum gebunden sind, obwohl manche dort örtlich begrenzt oder in kaum bemerkenswerter Anzahl brüten (Gänsesäger, Karmingimpel, Halsbandschnäpper usw.).

Verwendete Terminologie und Reihenfolge der Artporträts

Jede Art wird mit ihrem deutschen, englischen, französischen und italienischen sowie mit dem wissenschaftlichen Namen aufgeführt. Auch die Familie (Gruppe von Arten) und die Ordnung (Gruppe von Familien), zu der die jeweilige Art zählt, werden angegeben.

Es wurde die derzeit, vom CISO (Centro Italiano Studi Ornitologici) empfohlene, in der Wissenschaft verwendete Systematik und Nomenklatur verwendet. Die Arten werden ihrer systematischen Zugehörigkeit (s. Abschnitt «Systematik», S. 21) folgend vorgestellt.

Symbole

In jedem Artporträt verdeutlichen Symbole einige Erscheinungs- und Verhaltensmerkmale; diese Symbole ergänzen den beschreibenden Text und die Legenden zu den einzelnen Fotos, die ihrerseits die besonderen Merkmale der jeweiligen Arten verdeutlichen und hervorheben.

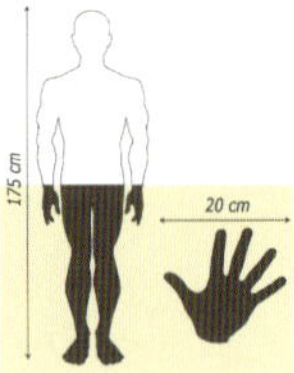

Größe

Die Silhouette der Art wird bei kleinen Arten mit einer geöffneten Hand, bei mittleren bis großen Arten mit einem Menschen verglichen.

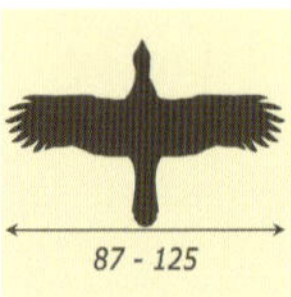

Umriss und Flügelspanne

Es wird die Silhouette eines Vogel im Flug dargestellt, dies ist nützlich für das Wiedererkennen auf Distanz, sowie die Flügelspannweite in Zentimetern angegeben. Die Angaben beziehen sich auf vollständig ausgebreitete Flügel; die aufgeführte Spannweite berücksichtigt die individuellen Abweichungen und, bei Arten mit ausgeprägtem Geschlechtsdimorphismus, den Unterschied zwischen Männchen und Weibchen (z. B. nebenstehend: das Auerhuhn); die Angaben sind in jedem Fall als Mittelwerte zu verstehen.

Lebensraum

Es werden acht Hautlebensräume im Alpenraum bestimmt. Das aufgeführte Habitat versteht sich als typischer Lebensraum zur Brutzeit für jene Arten, die in den Alpen brüten; für nicht brütende Arten ist derjenige Lebensraum angegeben, in dem sie am ehesten vorkommen. Sind zwei Symbole dargestellt, bezieht sich das größere auf den bevorzugten Lebensraum.

Beispiel:
Art, die hauptsächlich in Laubwäldern, weniger häufig in Nadelwäldern vorkommt.

Buchfink

Nahrung

Die Symbole weisen auf die Nahrungsgewohnheiten hin; werden zwei Symbole aufgeführt, stellt das größere die bevorzugte Nahrung dar.

Beispiel:
Hauptnahrung der Art sind Vögel, bei Bedarf auch Kleinsäuger.

Habicht

Man muss stets beachten, dass das Nahrungsspektrum von einer Art zur anderen sehr variabel ist: Einige in Bezug auf ihre Nahrung extrem anpassungsfähige Arten (z. B. der Uhu) können ihr typisches Beuteschema erstaunlich erweitern.

Fische

Vögel

Aas

Kleinsäuger

Samen

Blüten und Früchte

kleine Wirbeltiere

Insekten und sonstige Wirbellose

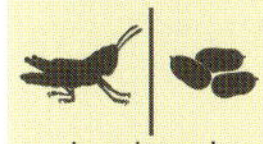

Insekten im Sommer/Samen im Winter

Pflanzen

wasserlebende Wirbellose

Allesfresser

Phänologie (jahreszeitliches Vorkommen)

Der Jahreskreis zeigt auf, wann sich eine Art in den Alpen aufhält. Man muss sich aber bewusst sein, dass auch unter den sogenannten Standvögeln, das heißt, während des ganzen Jahres anwesenden Arten, nur wenige auch im Winter in den alpinen Gebieten überleben können. Ein Großteil von ihnen unternimmt mehr oder weniger deutlich abgegrenzte Wanderbewegungen in tiefere Lagen, je nach morphologischen und meteorologischen Umweltbedingungen.

Für die Arten, die nur zu einem bestimmten Zeitpunkt des Jahres vorkommen, gibt die Grafik ein ungefähres Bild der Zeitspanne wieder, in welcher ein Vogel in den Alpen auftaucht; auch dieser Zeitraum wird in den diversen Alpengebieten von klimatischen und morphologischen Faktoren beeinflusst.

Von Fall zu Fall sind weitere, genauere Einzelheiten im Text aufgeführt, der stets die wichtigsten und grundlegenden Informationen liefert.

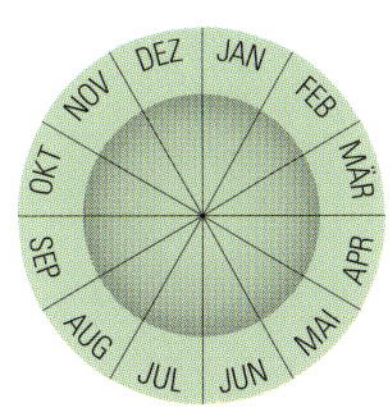

Ganzjährig in den Alpen lebende Arten

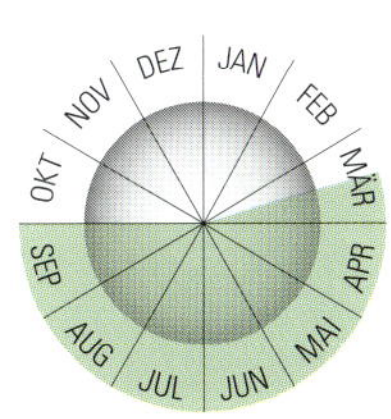

Zeitweise, während des Zugs oder zur Brutzeit in den Alpen anwesende Arten

(Bsp.: Mitte März–Ende September)

Höhenangaben

Die Grafik, mit Höhenabständen von 250 Meter, gibt mit unterschiedlich starker, grüner Farbintensität die Verteilung einer Art während der Fortpflanzungsperiode wieder oder zeigt die Höhenlage an, in welcher die Art am meisten verbreitet ist.

Bei der Interpretation dieser Grafik ist zu bedenken, dass die angegebenen Werte von Exposition, Substrattypologie, Vegetation usw. abhängig sind.

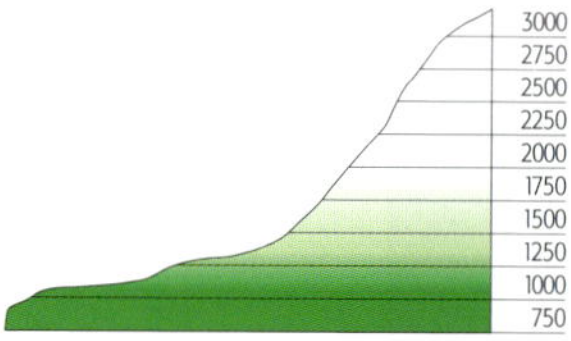

Verbreitungskarten

Im Alpenraum, ockerfarben gekennzeichnet, sind die Brutgebiete mit Grün hervorgehoben, wobei nur jene Gebiete markiert sind, in denen die Art regelmäßig brütet. Es ist stets zu beachten, dass vor allem jüngere Individuen fast aller Arten sich gelegentlich verfliegen und in Gegenden auftauchen, die normalerweise nicht als Brutgebiete genutzt werden.

Für einige Arten, die unregelmäßig in den Alpen brüten oder die nur während der Züge und zum Überwintern anwesend sind, wird ein weiter reichendes, europäisches Verbreitungsgebiet dargestellt.

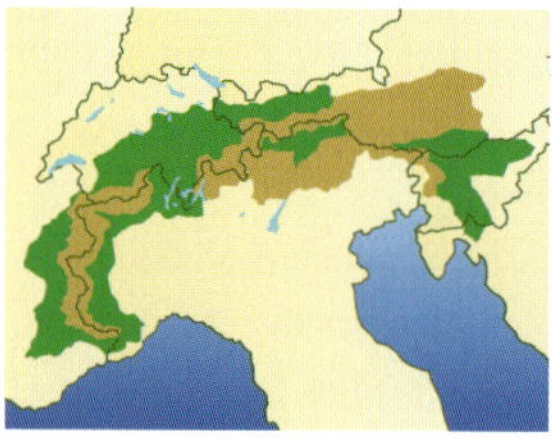

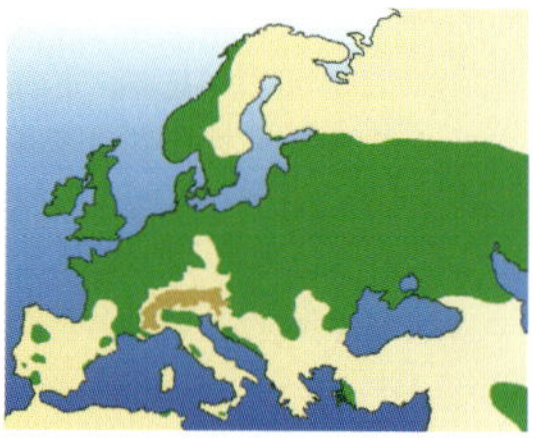

Fotoquellen

Die Bildauswahl erfolgte unter dem Augenmerk, jede einzelne Art mit den für ihre Bestimmung wichtigen spezifischen Merkmalen darzustellen, diese Merkmale werden jeweils in den Bildlegenden genannt.

Wo es notwendig war, wurde versucht, das jahreszeitlich unterschiedliche Federkleid oder die Unterschiede zwischen Männchen, Weibchen und Jungvögeln abzubilden.

Gleichzeitig wurden Bilder ausgewählt, die aus verhaltensbiologischer Sicht interessantes sind, sowie Fotos, die charakteristische und eigenartige Spuren zeigen, die die Anwesenheit der Vögel verraten.

Schließlich gibt es bei vielen Arten auch ein Bild des typischerweise bewohnten Lebensraums.

Die Artporträts

Ordnung: **Gänsevögel**
(Anseriformes)
Familie: **Entenvögel**
(Anatidae)

Mallard
Canard colvert
Germano reale

Stockente

Anas platyrhynchos

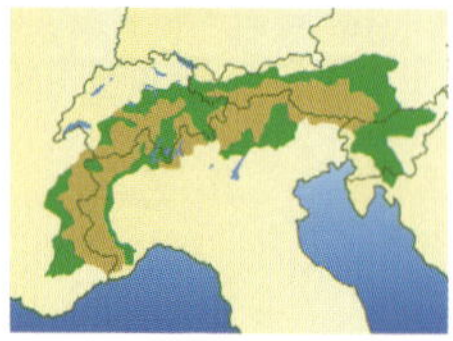

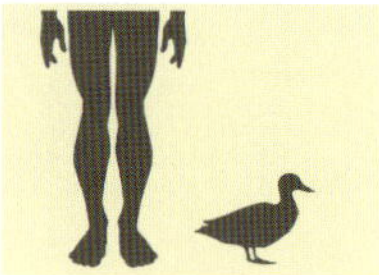

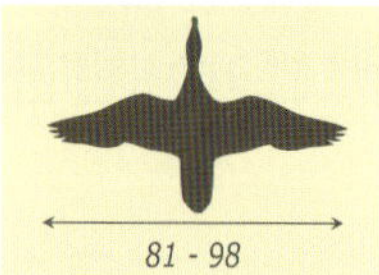

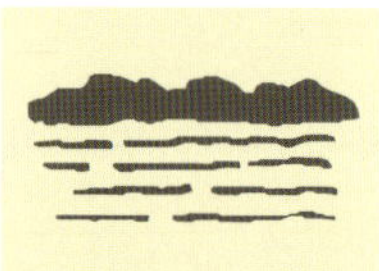

Die verbreitetste, zutraulichste und bekannteste europäische Entenart. Das Männchen, mit kräftigem Körperbau, hat einen metallisch grün leuchtenden Kopf, einen weißen Halsring und eine rostrot gefärbte Brust; das Weibchen hellbraune Färbung mit dunklen Streifen und einem hellen Überaugenstreif. Auffallend ist bei beiden Geschlechtern der blaue, weiß umrandete Flügelspiegel. Der Flug ist schnell und gerade, der Abflug vom Wasser erfolgt nahezu senkrecht, ohne über die Wasseroberfläche zu laufen. Typische Landente, ernährt sich von Pflanzen und Wirbellosen, im Wasser gründelt sie mit senkrecht hochgestrecktem Bürzel. Sehr anpassungsfähige Art, lebt in allen feuchten Lebensräumen. In den Alpen ist sie häufig in den offeneren Tälern, bis 1000 m, anzutreffen, die höchstgelegenen Brutplätze wurden gar über 2000 m registriert. In Siedlungsnähe trifft man häufig halb domestizierte Tiere. Brütet einmal im Jahr, das Gelege ist groß, es schlüpfen meist über zehn Küken, die vom ersten Lebenstag an dem Weibchen ins Wasser folgen. Nach der Fortpflanzungsperiode wechseln die Adulten komplett ihre Schwingflügel, was sie für einige Wochen flugunfähig macht. Sehr gesellige Art, im Winter sammeln sie sich zahlreich an einigen voralpinen Seeufern.

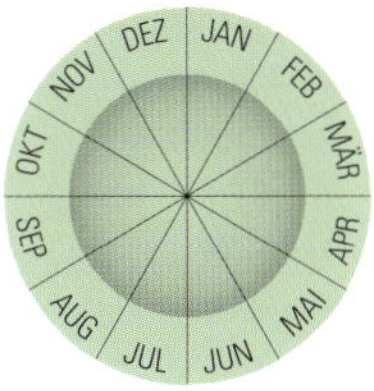

1. Adultes Männchen unverwechselbar, mit grünmetallischem Kopf, gelbem Schnabel und weißem Halsring (Foto: P. Casali).
2. Im Flug wird der «Flügelspiegel» deutlich, blau mit weißen Rändern (Foto: J. Tenovuo).
3. Wie bei fast allen Entenvögeln sticht das Weibchen weniger heraus, hellbraun mit dunklen Streifen (Foto: G. Conca).
4. Beim Männchen sind die mittleren, lockig aufgerollten Steuerfedern charakteristisch (Foto: G. Conca).
5. Die Art kommt in Teichen, Seen und anderen feuchten Lebensräumen mit bewachsenem Ufer vor, auch in Siedlungsnähe.

Ordnung: **Hühnervögel** *(Galliformes)*
Familie: **Raufußhühner** *(Tetraonidae)*

Rock Ptarmigan
Lagopède alpin
Pernice bianca

Alpenschneehuhn

Lagopus muta

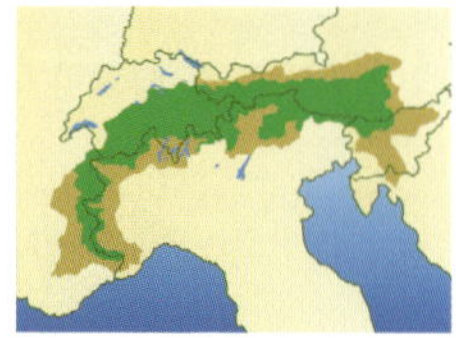

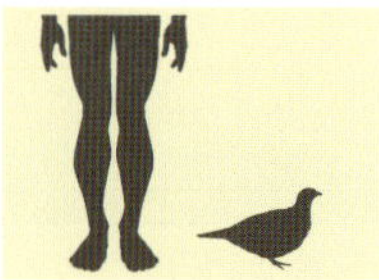

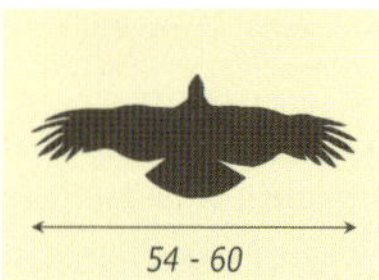

Perfekt an das Leben in höheren Lagen angepasst, lebt in der Hochgebirgs- und Schneestufe, oberhalb der Waldgrenze, während der Fortpflanzungsperiode meist zwischen 1800 m und 2700 m (Minimum um 1600 m), im Sommer und Herbst in der Regel oberhalb von 3000 m.

Bevorzugt Zwergstrauchheiden, trockene Gebirgsrasen und Almwiesen, Moränen- und Geröllrandgebiete sowie Schneetäler. Begibt sich während der kalten Monate an exponierte Hänge und in Gebiete, die früher abtauen (wie Steilhänge), dabei steigen sie häufig in leicht niedrigere Lagen als zur Brutzeit herab.

Unverwechselbares Raufußhuhn mit extrem unterschiedlichem Federkleid im Jahresverlauf. Im Winter gänzlich weiß, außer schwarzem Schwanz; das Männchen mit dünnem schwarzem Zügelstreif. Zu den anderen Jahreszeiten bleiben Flügel und Unterschwanzdecken weiß, während restliches Federkleid eine Tarnfärbung annimmt: graubraun beim Männchen und rötlich braun beim Weibchen, stets hell-dunkel gesprenkelt. Über dem Auge sticht ein roter Hautlappen hervor (Rose). Die Zehen sind weiß befiedert, von dieser Eigenart leitet sich auch der wissenschaftliche Name *Lagopus* («Hasenfuß») ab.

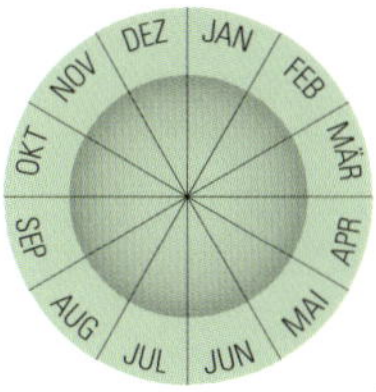

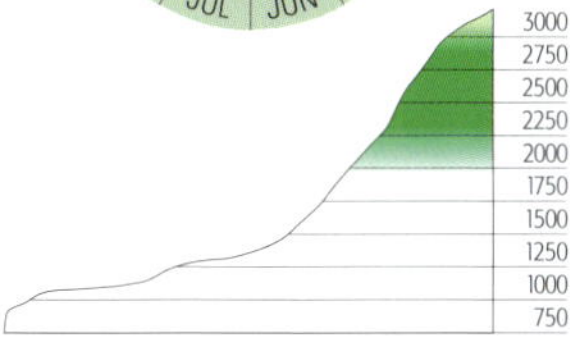

1. Männchen im Winterkleid: komplett weiß mit schwarzem Zügelstreif zwischen Auge und Schnabel, dieser fehlt beim Weibchen (Foto: M. Mendi).
2. Weibchen im Prachtkleid, charakteristische Braunfärbung mit dunklen Flecken (Foto: G. Conca).
3. Männchen im Frühlingskleid: Die dunklen Federn des Sommerkleides werden sichtbar (Foto: B. Caula).
4. Bei jedem Federkleid treten im Flug die weißen Flügel und die schwarzen Schwanzfedern hervor (Foto: M. Graziano).
5. Extrem an überwiegend felsiges Hochgebirge mit geringer Vegetation gebunden.

Die Art ist recht ruffreudig, besonders in der Brutzeit (März–Juni), wenn der Hahn auf seinem spektakulären Balzflug einen rauen und gutturalen Gesang anstimmt: Auf einen steilen Anflug folgt ein Gleitflug, mit aufgefächertem Schwanzgefieder und heftigem Flügelschlag kurz vor der Landung. Ein Bodengelege pro Jahr mit 5–8 Eiern, die Jungen folgen dem Weibchen schon kurz nach dem Schlüpfen. Gesellige Art, bildet manchmal bereits zum Ende des Sommers individuenreiche Trupps; zuerst sammeln sich Jungvögel und Weibchen, dann folgen Männchen.

Im Winter vergraben sie sich zum Schutz vor der nächtlichen Kälte 20–30 cm tief im Schnee, bei Unwettern lassen sie sich ganz bedecken.

Ernähren sich nahezu ausschließlich vegetarisch: Blätter, Knospen, Früchte und Samen der Gebirgspflanzen. Dunkelbraune, typisch zylindrisch geformte Exkremente mit einem weißen, abgerundeten Ende.

Das Alpenschneehuhn stellt in den Alpen ein Eiszeitrelikt dar und ist durch eine Reihe von Faktoren, wie klimatische Veränderungen, menschliche Störungen aufgrund von Hochgebirgstourismus und übermäßiger Bejagung, extrem gefährdet.

6. Ausprägung des weißen Gefieders am Unterkörper variiert je nach Zeitpunkt der Mauser (Foto: M. Graziano).
7. Männchen im Winterkleid; zu beachten sind die völlig befiederten Füße (Foto: M. Graziano).
8. Das Tarngefieder des Prachtkleides ist für die Weibchen, die am Boden brüten, von großem Vorteil (Foto: P. Casali).
9. Weibchen im Sommer: auffällig die weiße Flügelzone (Foto: F. Grazioli).
10. Adultes Männchen im Sommer: Die roten Augenflecke sind sehr auffällig, Federkleid gräulicher als beim Weibchen (Foto: L. Sebastiani).

Ordnung: **Hühnervögel**
(Galliformes)
Familie: **Raufußhühner**
(Tetraonidae)

Capercaillie
Grand Tétras
Gallo cedrone

Auerhuhn

Tetrao urogallus

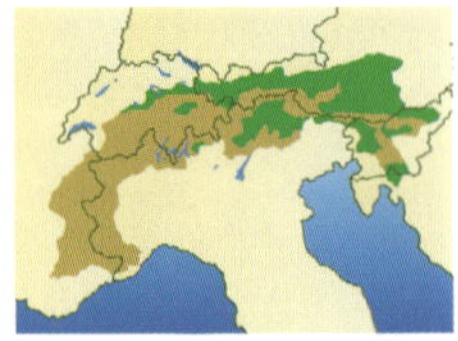

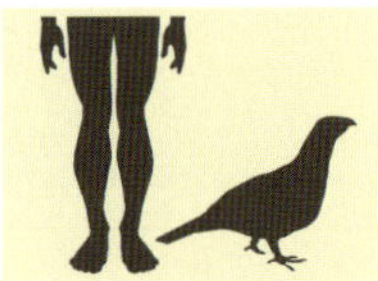

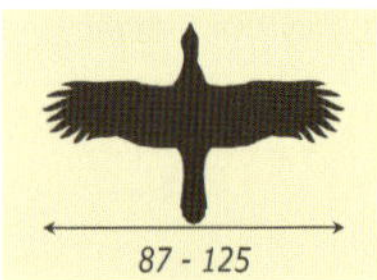

In Eurasien mit acht Unterarten vertreten, in den Alpen nur in den zentralen und östlichen Bereichen eingeschränkt verbreitet. In den Westalpen sind die Bestände seit der zweiten Hälfte des 20. Jahrhunderts drastisch zurückgegangen, die letzten Sichtungen in den französischen Alpen wurden im Jahr 2000 gemeldet.

Bevorzugt als Waldbewohner kühle und feuchte Nadelwälder mit altem, lichtem Baumbestand und dichter Bodenvegetation. Nistet mancherorts auch in Buchen- oder Waldföhrenwäldern. Das bevorzugte Habitat liegt zwischen 1100 m und 1600 m, kann aber bis auf 700 m und höchstens 2000 m reichen.

Aufgrund ihrer Größe und ihres Gewichtes von bis zu 5 kg ist die Art unverwechselbarer. Das Männchen hat ein dunkelgraues Körperfederkleid, metallisch schimmernd im Halsbereich und mit grün glänzendem Brustschild; die Flügel sind braun gefärbt. Schwanz, Schultern und Achselbereich deutlich weiß. Ein dicht gefiederter «Bart» ziert die Kehle, über dem Auge sticht eine rot gefärbte Hautstelle hervor. Das Weibchen hat ein tarnfarbig braunes Gefieder mit vielen schwarzen Einfärbungen, Kehle und Brustschild sind orangebraun. Beide Geschlechter haben befiederte Füße und borstige Zehen.

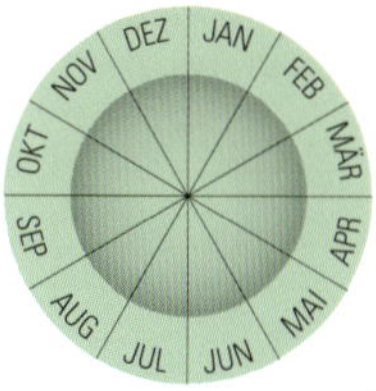

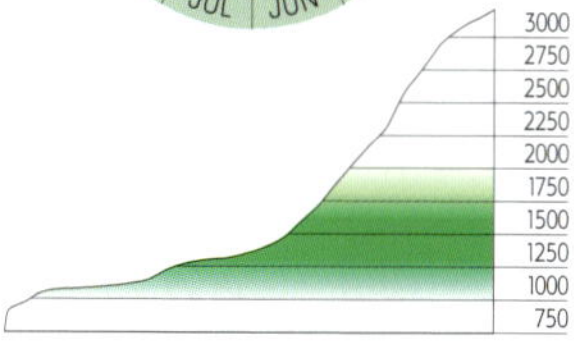

1. Adultes Männchen in territorialer «Schauposition», mit fächerartig geöffnetem Schwanzgefieder, halb abgespreizten Flügeln und aufgeplustertem Gefieder unverkennbar (Foto: M. Graziano).
2. Weibchen mit Tarngefieder, bräunlich mit vielen Sprenkeln und rostbraunem Brustschild (Foto: P. Kuhno).
3. Oberseite des Männchens braun gefärbt, Rest des Körpers dunkelgrau bis schwarz mit unterschiedlichem Weißanteil in den unteren Bereichen (Foto: T. Pospisil).
4. Adultes Männchen: weißlicher Schnabel, rote Hautstellen über dem Auge, metallisch grüne Halsbasis (Foto: P. Kuhno).
5. Meist sehr scheu, kann am besten in den frühen Morgenstunden beobachtet werden (Foto: B. Caula).

6. Das balzende Männchen gibt mit hochgestrecktem Kopf und ruckartigen Bewegungen eine Reihe charakteristischer Laute von sich (Foto: K. Rainio).
7. Weibchen: Ängstlich und zurückhaltend, wird es überrascht, fliegt es geräuschvoll auf und verschwindet flink in der Vegetation (Foto: M. Mendi).
8. Ein Zusammentreffen mit dieser Art wird immer seltener aufgrund des immer kleiner werdenden Lebensraums (Foto: M. Vogrin).
9. Das Männchen betont sein Territorialverhalten durch Aufplustern des Kehlgefieders (Foto: M. Vogrin).
10. Lebensräume sind alte Nadel- oder Mischwälder mit reicher Bodenvegetation und ohne störenden menschlichen Einfluss.

Das Lautrepertoire dieser Art ist umfangreich und ihr Gesang, frühmorgens auf einem Baumwipfel, besteht aus einer Reihe gutturaler und schnalzender Laute.

Das Balzverhalten wird charakterisiert durch Balztanz und Kämpfe unter den Männchen in Arenen (Leks). Nach ihrem Gesang in den Baumwipfeln nehmen die Hähne ritualisierte Haltungen ein: Sie schwellen die Brust, halten die Flügel nach unten gerichtet und stellen den Schwanz zu einem Fächer auf. Sie treten sich mit Sprüngen und energischem Flügelschlagen gegenüber, dabei kann es auch zu Schnabelhieben kommen, die zu ernsthaften Verletzungen führen können. Nach den oft polygamen Paarungen isolieren sich die Männchen, während die Weibchen sich um die Brutpflege (5–9 Eier) und die Jungenaufzucht kümmern. Ab Herbst bilden die Weibchen und Jungvögel Gruppen.

Auerhühner bewegen sich sowohl auf dem Boden als auch auf den Bäumen sehr gewandt und verbringen die Nacht meist auf einem hochgelegenen Ast, geschützt vor am Boden jagenden Raubtieren. Werden sie am Boden in dichter Vegetation überrascht, fliegen sie geräuschvoll auf, um dann flink zwischen den Bäumen davonzufliegen. Im Winter ernährt sich diese Art vegetarisch von Samen, Knospen, Beeren und Baumnadeln. Im Sommer werden auch Würmer und Ameisen verspeist.

Ein interessantes Verhalten dieser Raufußhühner ist das extreme Territorialverhalten, das einige «verrückte» Männchen an den Tag legen: Sie legen jegliche Zurückhaltung ab und werden auch gegenüber Menschen aggressiv. Die Ursache für dieses Verhalten ist noch nicht geklärt, man vermutet, dass physiologische Veränderungen infolge der extremen Aufsplitterung der Populationen eine Rolle spielen.

6

Diese im ganzen Alpenraum stets seltener werdende Art ist von einer Vielzahl menschlicher Einflussfaktoren bedroht, darunter zunehmende Störungen während der Fortpflanzungszeit.

Ordnung: **Hühnervögel** *(Galliformes)*
Familie: **Raufußhühner** *(Tetraonidae)*

Black Grouse
Tétras lyre
Fagiano di monte

Birkhuhn

Tetrao tetrix

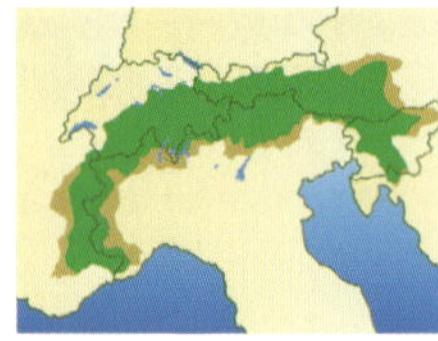

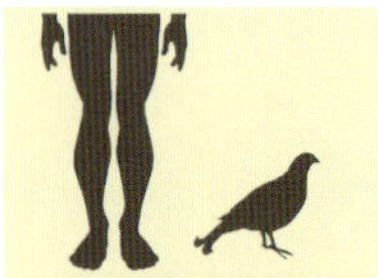

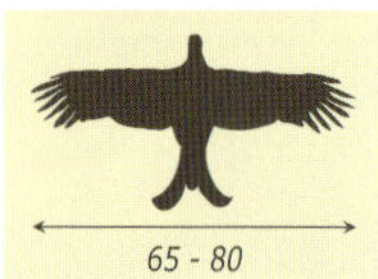

Ist im ganzen Alpenraum verbreitet und lebt in Höhenlagen zwischen 1000 m und 2400 m, Untergrenze in den Voralpen bei 700 m. Bevorzugter Lebensraum ist die obere Nadelbaumgrenze, auch gemischt mit Laubbäumen, sowie der obere Übergangsbereich zu Zwergsträuchern (Alpenrose und Heidelbeere, Alpenerle, Wacholder, Heidekrautgewächse usw.), die in Almwiesen übergehen. Nistet in niedrigeren Lagen auch am Rand von Buchen-Nadel-Mischwäldern und von Nadelwaldanpflanzungen. Meist werden die kühleren und feuchteren Nordhänge bewohnt.

Mittelgroßes Raufußhuhn mit ausgeprägtem Geschlechtsdimorphismus. Das Männchen ist am Oberkörper nahezu komplett schwarz mit einem auffälligen, weißen Flügelband, während an der Unterseite das Weiß der Flügel- und Schwanzunterseite hervorsticht. Die äußeren Schwanzfedern sind zu nach außen gebogenen «Sicheln» umgebildet und die roten Augenflecke deutlich sichtbar. Das Weibchen ist überwiegend bräunlich rot mit analogen weißen Körperteilen.

Aufgrund der bodennahen Lebensgewohnheiten und des recht dichten Lebensraums ist die Art schwer zu beobachten. Beim Auffliegen schlägt das Tier heftig mit den Flügeln und überwindet lange Strecken

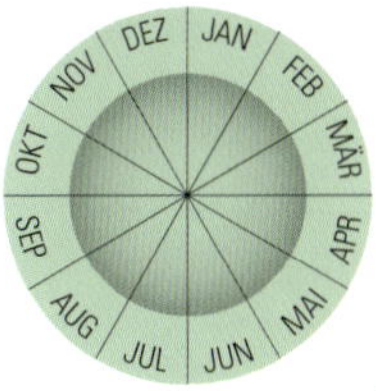

1. Adultes Männchen, unverwechselbar aufgrund seiner sichelförmigen äußeren Schwanzfedern (Foto: M. Graziano).
2. Ruht oft auf den Bäumen, trotz seiner Größe sehr wendig (Foto: J. Tenovuo).
3. Hinterlässt beim Abflug charakteristische Spuren im Schnee (Foto: B. Caula).
4. Kräftiger und schneller Flug mit steifen Flügelschlägen, oft im Wechsel mit langen Gleitphasen mit angewinkelten Flügeln (Foto: T. Pospisil).
5. In der Balzzeit fordern sich die Männchen in offenen Arenen (Leks) heraus (Foto: M. Graziano).

im Gleitflug mit abgeknickten Flügeln. Leichter ist es, seinen Gesang zu hören, vor allem in der Paarungszeit: eine Reihe tiefer Zisch- und Gurrlaute, die auf weite Entfernung zu hören sind.

Wie beim Auerhuhn besteht das Balzverhalten des Birkhuhns aus ritualisierten Balztänzen der Männchen in regelrechten Arenen (Leks). Dort fordern sich die Gegner vor den Augen der Weibchen heraus, nehmen brustgeschwellte Haltungen ein, mit weit aufgefächerten Schwanzfedern, und springen mit gespreizten Flügeln, um das Weiß des Unterschwanzes zu zeigen. Körperkontakte sind nicht selten und oft mit schweren Verletzungen verbunden.

Nach der Paarung isolieren sich die Weibchen und kümmern sich um die Brutpflege und Jungenaufzucht. In einem Bodennest werden im Mai/Juni bis zu 12 Eier gelegt und ca. 25 Tage lang bebrütet.

Gesellige Art, individuenreich im Herbst/Winter. Wie andere Raufußhühner gräbt sie im Winter Schneehöhlen zum Schutz vor der Kälte, die Unterschlüpfe sind nicht tief, aber bis zu 50 cm lang.

Die Ernährung besteht aus Knospen, Samen, Beeren und Baumnadeln, im Sommer auch von Würmern und Insekten.

Das Birkhuhn ist vor allem durch Umweltveränderungen, übermäßige Bejagung und Störungen durch den Menschen während der Brutzeit bedroht.

6. Während des Werberituals stellen die Männchen ihre roten Hautlappen über dem Auge zur Schau und plustern die weißen unteren Schwanzfedern auf (Foto: M. Graziano).
7. Weibchen bedeutend bescheidener, bräunlich mit dunklen Flecken (Foto: M. Graziano).
8. In den Gesangsarenen stoßen die Männchen ein umfangreiches Repertoire an Zisch- und Gurrlauten aus (Foto: M. Graziano).
9. Die Weibchen bleiben am Rand der Arenen, werden hin und wieder aggressiv gegenüber anderen Weibchen (Foto: M. Graziano).
10. Bewohnen mit verschiedenen Zwergsträuchern bewachsene Nadelwaldränder, meist an Nordhängen.

 Ordnung: **Hühnervögel**
(Galliformes)
Familie: **Raufußhühner**
(Tetraonidae)

Hazel Grouse
Gélinotte des bois
Francolino di monte

Haselhuhn

Bonasa bonasia

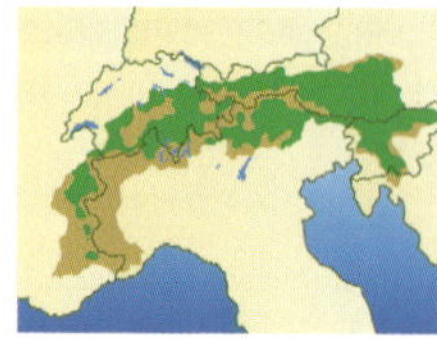

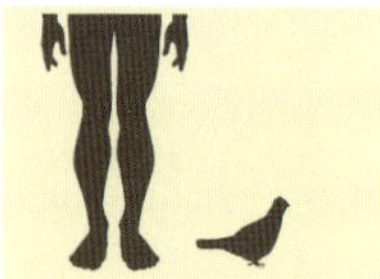

Mittelgroßer Hühnervogel, Standvogel, brütet in den zentralen und östlichen Alpen und sehr vereinzelt in den westlichen Gebieten, wo sich der Bestand teilweise zu erholen und zuzunehmen scheint. Ausschließlicher Waldbewohner, an dichte Nadel- und Mischwäldern mit ausgeprägter Kraut- und Strauchschicht und einigen verbuschten Lichtungen gebunden; in den Voralpen bis auf 1900 m Höhe verbreitet.

Einzelgänger und sehr scheu; ein schwer zu beobachtendes Raufußhuhn, denn häufig ist es in der dichten Bodenvegetation unterwegs, und wenn es auf Bäumen oder Sträuchern ruht, ist es fast immer gut im Blattwerk versteckt. Im Unterholz gestört, fliegt es in schnellem Zickzack durch die Bäume, wobei der Flügelschlag ein charakteristisches Summen erzeugt.

Der Gesang ist unverwechselbar und stammt nur vom Männchen: eine Reihe schnell aufeinanderfolgender, zischender Pfeiflaute hoher Frequenz (daher nicht immer leicht zu vernehmen) und allmählich abnehmender Tonhöhe.

Das hervorragend mimetisch gefärbte Federkleid ist eine Mischung aus braunroten, grauen und weißen Farbtönen. Der graue Schwanz sticht durch seine breite schwarze Endbinde hervor. Recht ausgepräg-

1

ter Geschlechtsdimorphismus, das Männchen hat eine markante Kopfzeichnung, einen kleinen Federkamm und eine schwarze, weiß umrandete Kehle.

Monogam und einzelgängerisch, zeigt bereits im Winter ein Territorialverhalten (besetzt ein Gebiet und sucht nach einem Weibchen). Im April–Juni werden die Eier (5–14) in einer kleinen Bodenkuhle gelegt, häufig in der Nähe eines Baumstamms. Die Jungen können schon nach 30 Tagen fliegen. Variationsreiche, hauptsächlich vegetarische Ernährung: Im Frühling Knospen und Blüten von Laubbäume, im Sommer und Herbst Früchte und Beeren, im Winter Baumnadeln und andere pflanzliche Nahrung.

Starke Bestandsschwankungen; die größte Bedrohung stellen Umweltveränderungen, veränderte Forstwirtschaft und zunehmende Störungen durch den Menschen dar.

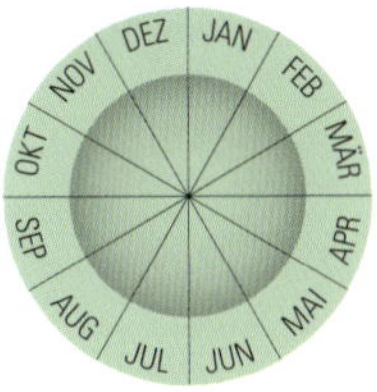

1. Zurückhaltend und sehr scheu, gedrungener, runder Körperbau, braun-grau gesprenkeltes Gefieder (Foto: A. Mähönen).
2. Männchen mit grauem Rücken und schwarzem Schwanzende; am Hals schwarzer Kehlfleck (Foto: A. Mähönen).
3. Weibchen. Beide Geschlechter haben einen kleinen Federkamm auf dem Kopf (Foto: J. Tenovuo).
4. Die Jungvögel, Nestflüchter, zeigen sofort die Angewohnheit, sich auf Baumäste zu setzen (Foto: J. Tenovuo).
5. Bevorzugter Lebensraum sind Nadel- oder Mischwälder mit dichtem Unterholz und verbuschten Lichtungen.

Ordnung: **Hühnervögel** *(Galliformes)*
Familie: **Fasanenartige** *(Phasianidae)*

Rock Partridge
Perdrix bartavelle
Coturnice

Steinhuhn

Alectoris graeca

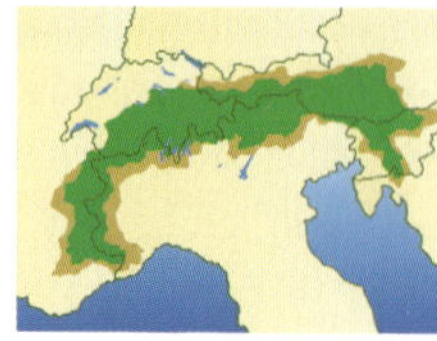

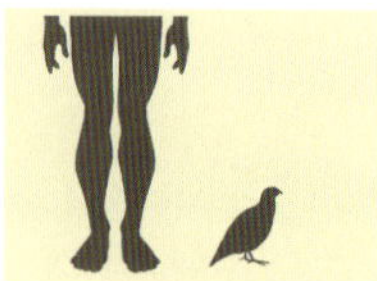

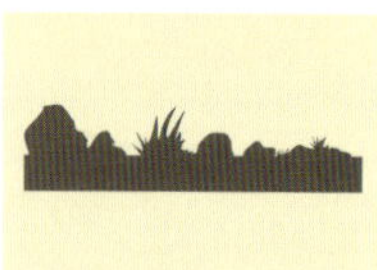

Mittelgroßer Hühnervogel, kaum größer als das Rothuhn (mit dem es in der Natur hybridisiert), gedrungener Körperbau, kurzer Schwanz und weite, gerundete Flügel. Wangen und Kehle sind weiß mit einem feinen schwarzen Kragen, der sich als Band bis zu den Augen und zum Schnabel zieht. Der Oberkörper ist graubraun gefiedert, die Flanken braunschwarz-weiß gebändert. Der Bauchbereich ist gelblich orange, Füße und Schnabel leuchtend rot. Beide Geschlechter ähnlich.

Ist im gesamten Alpenraum verbreitet, bewohnt sonnige und trockene, manchmal sehr steile Grashänge, auch sehr steile, felsige und steinige Hänge mit wenig Strauchbewuchs. Brütet in Höhenlagen zwischen 500 m und 2700 m.

Die Paare bilden sich gegen Ende des Winters. Die Eier (meist bis zu 15) werden am Boden gelegt, im Schutz eines Gebüsches oder eines Felsens, beide Elternteile kümmern sich um die Brut und die Aufzucht der Jungen, die Nestflüchter sind. 1–2 Gelege pro Jahr.

Ausgesprochener Bodenvogel, bei Störung läuft das Tier weg und versteckt sich zwischen Felsen oder Sträuchern oder fliegt plötzlich mit schnellen und geräuschvollen Flügelschlägen, gefolgt von einem langen Gleitflug talwärts.

Schwer zu beobachten; zur Brutzeit ist eine Reihe harter, schnell wiederholter Töne zu hören. Hauptsächlich vegetarische Ernährungsweise.

Standvogel, gesellige Art, schließt sich im Herbst/Winter zu teils größeren Gruppen mit Dutzenden von Individuen zusammen, wenn, bei starkem Schneefall, niedrigere Lagen aufgesucht werden.

Der Bestand in den Alpen ist seit einigen Jahrzehnten rückläufig; Ursachen sind Umweltveränderungen, genetische Verunreinigungen und Seuchen (verursacht durch für die Jagd ausgesetzte Tiere), übermäßige Bejagung.

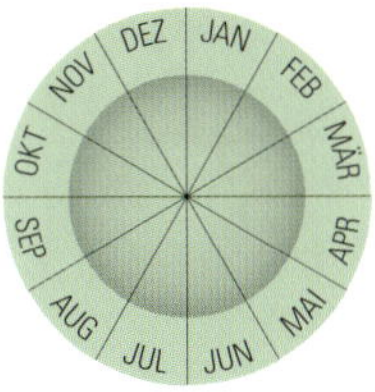

1. Ein schwarzes Band trennt weißes Gesicht und Kehle vom restlichen grauen Kopf (Foto: M. Giordano – G. Nicolazzi).
2. Stämmiger, untersetzter Körperbau, kurzer Schwanz und ockerfarbene Brust (Videofotografie: M. Andreini).
3. Flanken eng schwarz-weiß gebändert, Schnabel und Füße korallenrot (Foto: F. Gaydou).
4. Trotz seines scheuen und zurückgezogenen Verhaltens kann es manchmal auf Felsen überrascht werden (Foto: M. Giordano – G. Nicolazzi).

Ordnung: **Hühnervögel**
(Galliformes)
Familie: **Fasanenartige**
(Phasianidae)

Grey Partridge
Perdrix grise
Starna

Rebhuhn

Perdix perdix

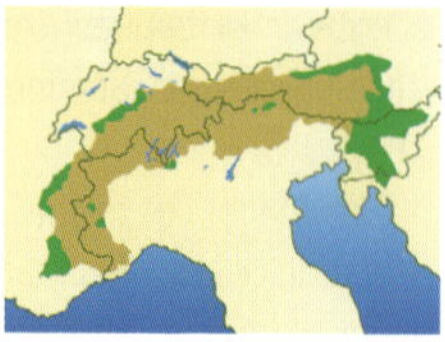

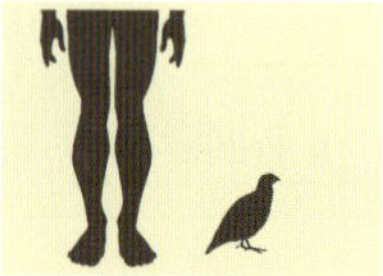

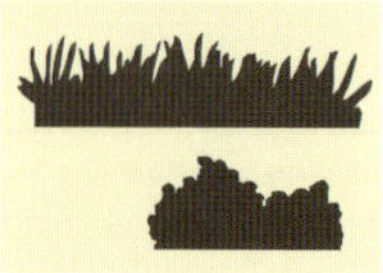

Mittelgroßer Hühnervogel, kompakter Körperbau, kurzer Schwanz und kurzer Hals, weite, gerundete Flügel. Aus der Nähe unverwechselbar aufgrund des dunkelgelben Kopfes, der Graufärbung an Hals und Brust und der hufeisenförmigen, rostroten Bauchzeichnung. Geschlechter ähnlich.

Typische Art in offenen, trockenen Grünflächen mit Sträuchern, Naturwiesen, Hecken, Gebüschen und unkultivierten Flächen. In seinem europäischen Verbreitungsgebiet lebt die Art dort, wo noch traditionelle und Getreidelandwirtschaft betrieben wird. In den Alpen, in denen sie einst verbreitet war, kommt sie nur noch in wenigen Regionen vor, vor allem in den Voralpen bis auf 1000 m, in den westlichen Gebieten bis maximal 2000–2100 m.

Stand- und Bodenvogel, hauptsächlich bei Sonnenaufgang und am Abend aktiv. Flink am Boden, in Gruppen laufen sie häufig in einer Reihe hintereinander. Geräuschvoller Abflug, gefolgt von kurzen Flügelschlägen und Gleiten mit extrem nach unten gebogenen Flügeln. Monogam, Bodenbrüter in kleinen Löchern, in die bis zu 20 Eier gelegt werden, überwiegend vom Weibchen bebrütet, welches sich auch um die Jungenaufzucht kümmert. Der Ruf, beider Geschlechter, gleicht einem

schrillen «kierr-er-er». Ausgesprochen gesellig, sammeln sich gegen Ende des Sommers zu Gruppen mit mehreren Dutzend Individuen.

Die Art ist vor allem infolge Lebensraumverlust, Einsatz von Pflanzenschutzmitteln, intensiver Landwirtschaft und genetischer Verunreinigung, verursacht durch für die Jagd ausgesetzte Tiere, stark bedroht.

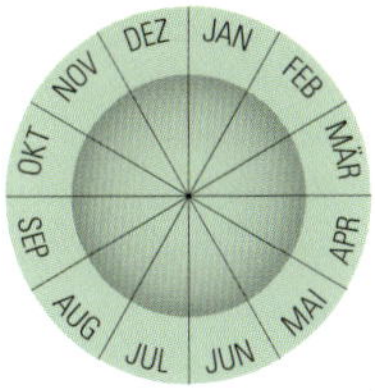

1. Untersetzte Erscheinung, orangefarbenes Gesicht und rotbraune Flankenbänder (Foto: F. Grazioli).
2. Sehr gesellige Art, sammelt sich in Familienverbänden, größere Trupps werden «Volk» genannt (Foto: W. Vivarelli).
3. Die Geschlechter unterscheiden sich kaum; der dunkle Bauchfleck ist beim Männchen größer (Foto: J. Tenovuo).
4. Schneller Flug, mit heftigen Flügelschlägen, meist in Bodennähe. Rötlicher Schwanz (Foto: Z. Tunka).
5. In den wenigen Alpengebieten, in denen es noch vorkommt, bewohnt das Rebhuhn offene Gras- und Gebüschflächen.

Ordnung: **Hühnervögel**
(Galliformes)
Familie: **Fasanenartige**
(Phasianidae)

Common Quail
Caille des blés
Quaglia comune

Wachtel

Coturnix coturnix

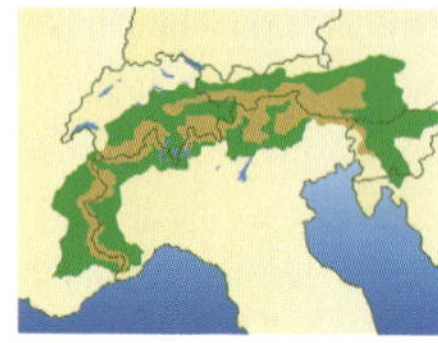

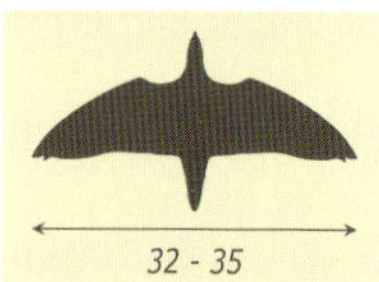

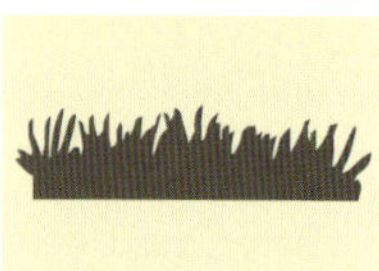

Langstreckenzieher, im Alpenraum während Zugpausen und in der Brutzeit anzutreffen. Lebt in offenen Grasflächen ohne Baum- und Strauchbewuchs, wie Wiesen, Brachflächen, Getreidefeldern und Weiden, bis über 2000 m.

Kleinwüchsiger, rundlicher Körperbau (spindelförmig), kleiner Kopf, kurzer Schwanz und Hals, zugespitzte Flügel. Das Gefieder weist kaum Unterschiede zwischen den Geschlechtern auf, großteils bräunlich rot, oben etwas dunkler und mit schwarzen und rötlichen Absätzen und Streifen. Die Unterseite ist etwas heller. Die Kopfzeichnung ist sehr unterschiedlich, im Allgemeinen charakterisiert durch dunklen Scheitel und Augenstreif, breiten, hellen Überaugenstreif und weiße Schnabelzone, zur Kehle hin verwischt.

Scheu, ist gut getarnt und bewegt sich stets zwischen hohen Gräsern, wo sie schwierig auszumachen ist. Fühlt sie sich gestört, bleibt sie unbeweglich und gut versteckt: Fliegt nur auf, wenn sie aus der Nähe aufgeschreckt wird, und überwindet dann eine kurze, gerade Strecke, bevor sie wieder in der Vegetation verschwindet. Der Ruf, der oft auch nachts erklingt, ist ein flüssiges, dreisilbiges «pick-bi-bick», das bis zu einem Dutzend Mal wiederholt wird und auf große Entfernung gut hörbar ist.

Brütet von Mai bis August, in höheren Lagen nur, wenn genügend hohe Grasflächen vorhanden sind. Nistet am Boden und legt bis zu 15–18 Eier, diese werden vom Weibchen ca. 20 Tage lang bebrütet. Die Küken sind Nestflüchter.

Ihre Ernährung basiert auf Samen und Knospen.

In ganz Mitteleuropa starke Bestandsrückgänge, in den Alpen liegt die Ursache dafür hauptsächlich im Verlust von Brutgebieten, vor allem in tiefen bis mittleren Lagen.

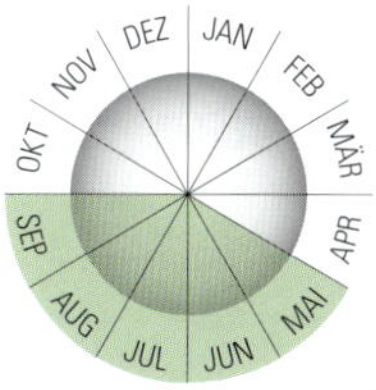

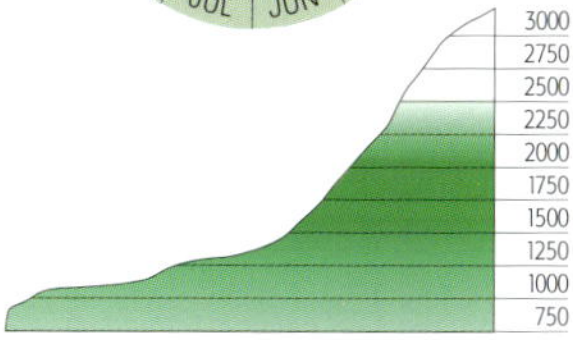

1. Kompakter, spindelförmiger Körper mit kleinem Kopf und sehr kurzem Schwanz, einheitliches Gefieder mit braunen Sprenkeln (Foto: G. Conca).
2. Beide Geschlechter ähnliches Gefieder, Weibchen im Kehlbereich meist weniger markant (Foto: O. Plantema).
3. Sehr scheue Art, sehr schwer in der Vegetation auszumachen (Foto: K. Mauer).
4. Das Männchen hebt beim Territorialgesang seine dunkel gezeichnete Kehle hervor (Foto: M. Gottenbos).
5. Lebt in offenen Wiesenflächen, auch mit spärlichem Strauchbewuchs.

Ordnung: **Ruderfüßer**
(Pelecaniformes)
Familie: **Kormorane**
(Phalacrocoracidae)

Great Cormorant
Grand Cormoran
Cormorano

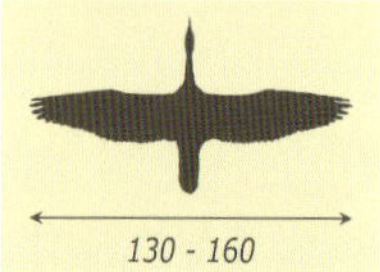

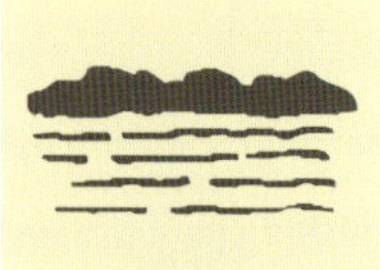

Kormoran

Phalacrocorax carbo

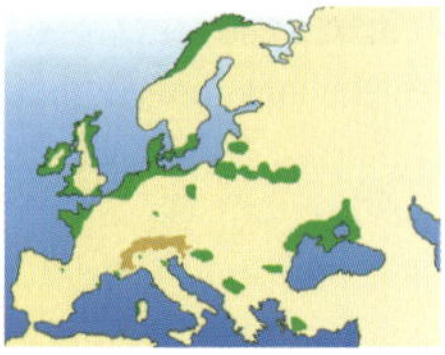

Fischfressender Wasservogel, lebt in flachen Feuchtgebieten, sowohl in Süß- als auch in Salzwasser. Erreicht ungefähr Gänsegröße, hat ein dunkles Gefieder, mit weißen Stellen, besonders ausgeprägt an der Unterseite, variiert je nach Alter. Im Flug nimmt er mit dem langen Schwanz und dem ausgestreckten Hals eine charakteristische kreuzförmige Haltung an. Schneller Flügelschlag, fliegen in Gruppen entweder hintereinander oder in recht ungeordneten Formationen. Wenn der Vogel sich in Wassernähe niederlässt, verharrt er häufig unbeweglich und mit ausgebreiteten Flügeln.

In den letzten Jahren sind vor allem im Herbst/Winter regelmäßig Durchzügler und Wintergäste aus den Brutkolonien in Nord- und Osteuropa im Alpenraum anwesend.

Er legt täglich bis zu Dutzende Kilometer auf der Jagd zurück; auf Futtersuche (Forellenfische) zieht er einzeln oder in Gruppen die Alpenhaupttäler hinauf, auch bis in relativ hohe Lagen (1500–1600 m). Auf der Jagd taucht er nach Fischen und verschlingt diese in einem Stück, jagt vor allem in stehenden Gewässern (Seen, künstliche Becken, gesperrte Gewässer), in denen viel Fisch für die Sportfischerei ausgesetzt wird.

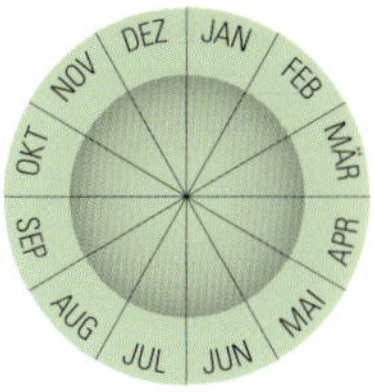

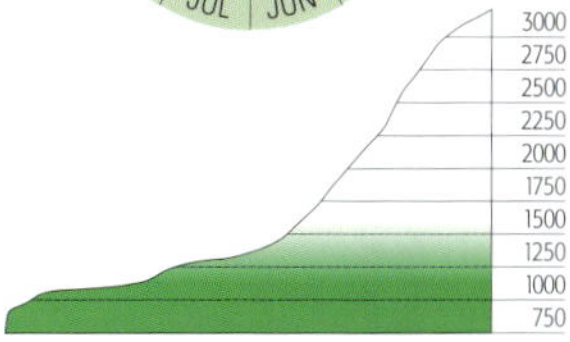

1. Kreuzförmige Silhouette im Flug, Jungvögel mit weißlicher Unterseite (Foto: F. Grazioli).
2. Hervorragender Schwimmer, langer, hochgestreckter Hals (Foto: J. Tenovuo)
3. Adulttier im Winterkleid: komplett schwarzbraun, mit nackten Stellen um den Schnabel, grüne Augen (Foto: B. Caula).
4. Adulte im Prachtkleid haben weiße Federn an der Kopfseite und je einen weißen Fleck am Schenkelansatz (Foto: B. Caula).
5. Stark gruppenbildend, hohe Individuenzahl, vor allem an Ruhe- und Schlafplätzen (Foto: B. Caula).

Ordnung: **Schreitvögel**
(Ciconiiformes)
Familie: **Reiher**
(Ardeidae)

Grey Heron
Héron cendré
Airone cenerino

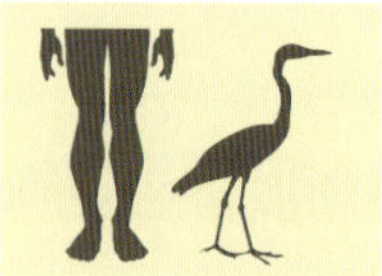

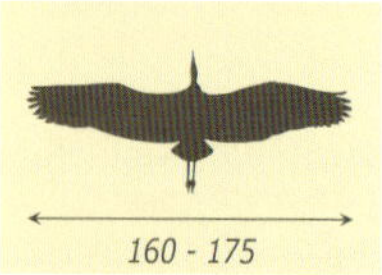

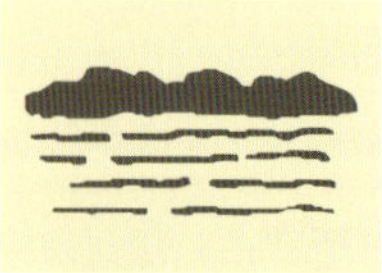

Graureiher

Ardea cinerea

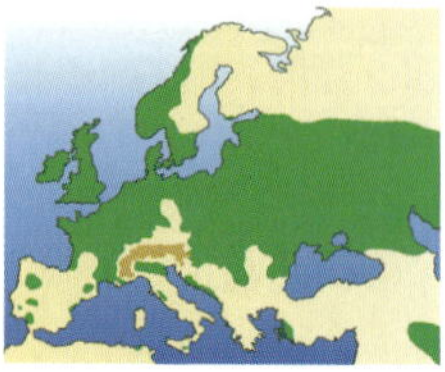

Großwüchsiger Reiher mit überwiegend grauem Gefieder und weißlichem Kopf und Hals. Die langen Beine und der lange, kräftige Schnabel sind gelborange. Fliegt meist mit nach hinten gestreckten Beinen, bis auf die Schultern zurückgezogenem Kopf, S-förmig gekrümmtem Hals und über den kurzen Schwanz gestreckten Beinen. Langsame Flügelschläge, oft begleitet von einem lauten, rauen «kronk». In allen Feuchtgebieten der Küste und des Landesinneren weit verbreitet, brütet in häufig sehr individuenreichen Kolonien und zusammen mit anderen Reiherarten. Kann auch über 500 m nisten, maximal bis zu 1000 m. Im Alpenraum kommt er regelmäßig vor und ist zu jeder Jahreszeit einzeln oder in kleinen Gruppen bis in 2000 m zu beobachten. Auf der Futtersuche zieht er die Täler hinauf und legt bis zu 20 km täglich zurück, selbst im Winter hält er sich in manchmal sehr individuenreichen Gruppen in der Nähe stehender oder gestauter Gewässer auf. Ernährt sich von Fischen, Amphibien, Reptilien und anderen kleinen Wirbeltieren wie Mäusen und Wasserratten. Jagt im Flachwasser, wobei er vor allem in ruhiger Stellung verharrt und den Schnabel als Harpune einsetzt. In den Alpen nutzt er alle vorhandenen Feuchtgebiete: Bäche, Staugewässer, Alpenseen und -teiche, Moore. Manchmal seltsamerweise fern vom Wasser, auf einem Fels oder einem Nadelbaum, zu beobachten.

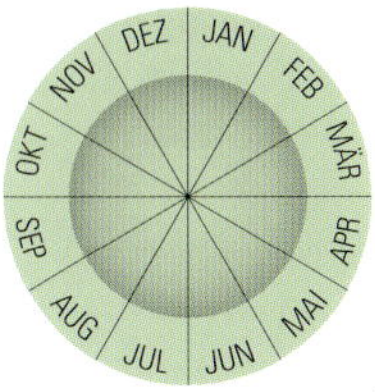

1. Langgestreckte Körperform, S-förmiger Hals mit kleinem Kopf und kräftigem Schnabel (Foto: M. Mendi).
2. Häufig auf Bäumen zu beobachten, im Herbst/Winter weniger kontrastreiches Gefieder (Foto: B. Caula).
3. Hals im Flug zurückgezogen, die Beine ragen deutlich über den Schwanz hinaus (Foto: M. Mendi).
4. Adulttier im Prachtkleid mit schwarzen Schmuckfedern im Nacken; der Schnabel wird rotorange (Foto: Z. Tunka).
5. Nistet in Kolonien; bauen ein etwas unordentliches Nest aus Zweigen in Baumwipfeln (Foto: B. Caula).

Ordnung: **Greifvögel** *(Falconiformes)*

Familie: **Habichtartige** *(Accipitridae)*

Honey Buzzard

Bondrée apivore

Falco pecchiaiolo

Wespenbussard

Pernis apivorus

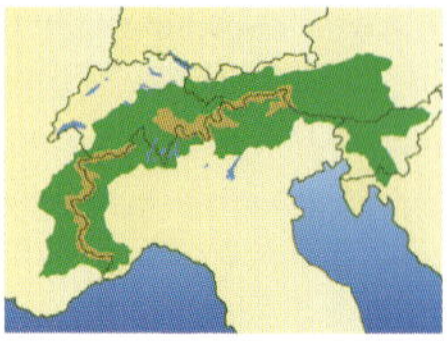

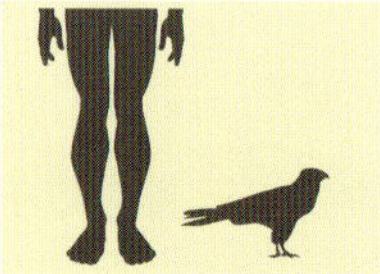

Mittelgroßer Tagraubvogel (Flügelspannweite ca. 125–145 cm), ähnelt sehr dem Mäusebussard, mit dem er leicht verwechselt werden kann, hat aber im Unterschied zum Mäusebussard zum Beispiel kein helles Brustband. Sehr variables Unterseitengefieder, von dunkelbraun bis weiß; beim Kreisen sind auf kurze Entfernung deutlich die dunklen Schulterflecke und drei, voneinander abgegrenzte, schwarze Querbinden am Schwanz zu erkennen. Kleiner, im Flug vorgestreckter Kopf (oft als «taubenartig» bezeichnet), Kopf beim adulten Männchen aschgrau. Der Ruf ist ein wimmerndes «fliii-iu». Charakteristischer Balzflug, steigt auf, fliegt Wellenbahnen und schlägt die Flügel etliche Male hintereinander über seinem Rücken zusammen. Langstreckenzieher, fliegt in Gruppen, Ankunft in Europa im Mai und Abflug im September.

2

3

1

Zwischen Ende August und Anfang September werden durch das Monitoring jeweils mehrere Tausend Individuen erfasst, die die Alpen überqueren. In diesem Zeitraum kann der Wespenbussard überall in Gruppen von bis zu einem Dutzend Tieren beobachtet werden. Eng an Wälder gebundene Art, nistet in den Alpen in Laub-, Nadel- und Mischwäldern, ist recht häufig zwischen 400 m und 1000 m, maximale Nisthöhe bei 1800 m. Ernährt sich hauptsächlich von Bienen-, Wespen- und Hummellarven (soziale Hautflügler); läuft auf dem Boden und gräbt die Waben aus. Die starren Federn um Schnabel und Augen schützen den Wespenbussard vor Insektenstichen.

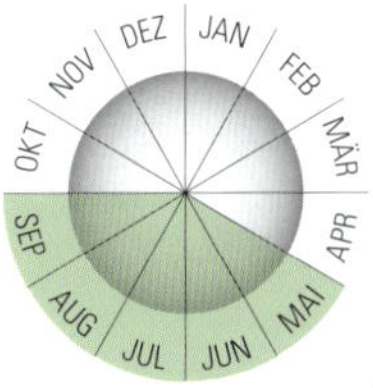

1. Im Flug fallen die dunklen Schulterflecke, die Querstreifen an Schwanz und Flügelunterseite sowie der kleine, vorgestreckte Kopf auf (Foto: L. Sebastiani).
2. Adultes Männchen: Unterseitenfärbung sehr variabel, von weiß bis schwarzbraun (Foto: M. Giordano – G. Nicolazzi).
3. Kreist mit flachen, ausgestreckten Flügeln, der Schwanz ist lang und rechteckig. Das Weibchen zeigt enger liegende Querstreifen (Foto: M. Giordano – G. Nicolazzi).
4. Der rundliche Kopf und der «taubenähnliche» Ausdruck sind charakteristisch; beim Männchen ist der Kopf grau, beim Weibchen braun (Foto: A. Turri).
5. Jungvogel: dunkle Iris, schuppige Federn um den Schnabel als Schutz vor Insektenstichen (Foto: M. Giordano – G. Nicolazzi).

Ordnung: **Greifvögel**
(Falconiformes)
Familie: **Habichtartige**
(Accipitridae)

Bearded Vulture
Gypaète barbu
Gipeto

Bartgeier

Gypaetus barbatus

★ = Freisetzungsorte

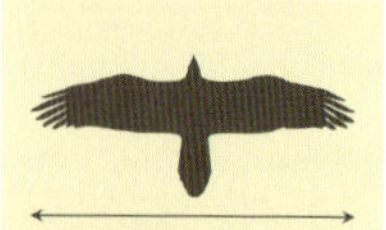

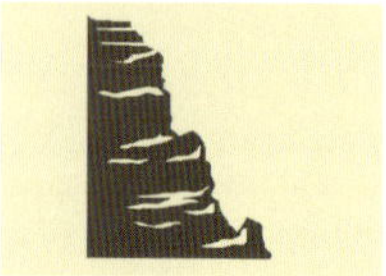

Als Brutvogel in den Alpen Anfang des 20. Jahrhunderts aufgrund der Verfolgung durch den Menschen ausgestorben (die letzte Tötung wurde 1914 im Aostatal dokumentiert). Dank eines seit 1986 laufenden internationalen Wiederansiedlungsprojekts ist er heute wieder in den Alpen heimisch; über 180 Tiere wurden in Österreich, der Schweiz, Frankreich und Italien mit dem Ziel ausgewildert, eine lebensfähige Population in den Alpen aufzubauen. Die ersten Brutversuche wurden 1993 registriert; 2008 brüteten 15 Paare, eine Erfolgsbilanz dieses bedeutenden Projekts.

Größter Vogel der Alpenwelt, hat eine Flügelspannweite von bis zu 3 m. Im Flug ist er unverkennbar aufgrund der kreuzförmigen Silhouette mit schmalen, spitzen Flügeln, hervorstehendem Kopf und langem Keilschwanz. Extrem wendig, ausgezeichneter Segler, mit flach ausgestreckten Flügeln, die er beim Gleiten etwas gebogen hält. Das dunkelgraue Gefieder der Adulttiere, ab dem 5. Lebensjahr, kontrastiert stark mit Kopf, Hals und Unterseite, die eine weißliche bis rötliche Färbung aufweisen. Die starren Borsten um die Augen verlängern sich entlang des Schnabels bis hin zu einem beidseitigem «Bart» an der Schnabelunterseite; diesem seltsamen Merkmal hat er seinen deutschen Namen

1

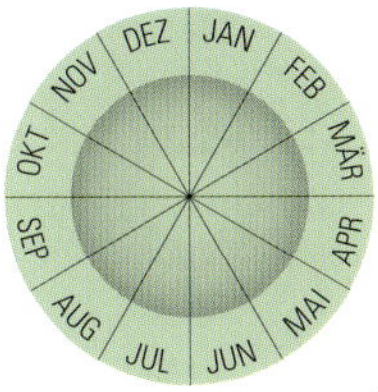

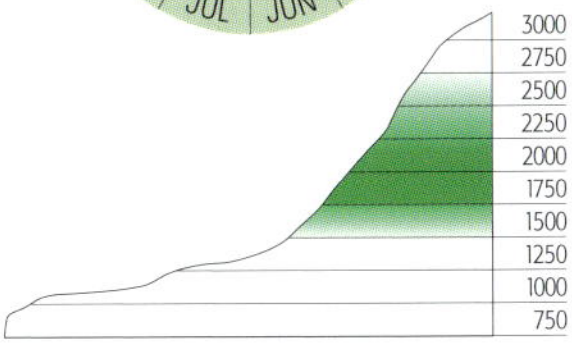

1.–4. Trotz seiner enormen Größe ist der Körper schlank und elegant, mit langen Flügeln und Schwanz. Kreist mit flach ausgestreckten Flügeln, schwebt dabei oft nahe an Felswänden entlang (Foto: M. Giordano – G. Nicolazzi).

2. Der Jungvogel ist einheitlich dunkel gefärbt, graubraun mit etwas hellerem Rückenbereich (Foto: M. Giordano – G. Nicolazzi).

3. Dem charakteristischen Borstenbüschel an den Schnabelseiten hat er seinen Namen «Bartgeier» zu verdanken (Foto: M. Mendi).

5. Man kann beobachten, wie er Knochen, von denen er sich ernährt, in die Luft trägt und aus der Höhe fallen lässt, damit sie zersplittern (Foto: M. Giordano – G. Nicolazzi).

6. Teilt den Lebensraum mit dem Steinadler, mit dem er sich oft spektakuläre Luftkämpfe liefert (Foto: M. Giordano – G. Nicolazzi).
7. In seinem Flugbild sticht der lange, durch die verlängerten Mittelfedern keilförmige Schwanz hervor (Foto: M. Giordano – G. Nicolazzi).
8. Nutzt häufig alte Steinadlerhorste, macht sie mit Haaren, Wolle und Essensresten zurecht (Foto: M. Giordano – G. Nicolazzi).
9. Adulttier. Sehr wendiger Flug, segelt über weite Strecken ohne jeglichen Flügelschlag (Foto: M. Giordano – G. Nicolazzi).
10. Das Adulttier ist unverwechselbar: orange-ockerfarbene Unterseiten infolge «Rotbadens» (Foto: M. Mendi).

zu verdanken. Beim Jungvogel und im Jugendalter ist das Gefieder der Bauchseite mehr oder weniger hellgrau, der Kopf im starken Kontrast dunkel gefärbt.

Einzelgänger und territorial, lebt in felsigen, unwegsamen Gebieten, baut seinen Horst in hohen, meist nur aus der Luft erreichbaren Felswänden, in den Alpen meist in 1400 m bis 2400 m. Manchmal nutzt er alte Steinadlerhorste. Zwei Eier werden gelegt, aber nur ein Junges großgezogen. Zur Nahrungssuche begibt er sich in offenes Gelände wie Almwiesen und abschüssige Berghänge. Ernährt sich von Aas und Knochenresten; Letztere verschlingt er unzerkleinert (bis zu 25 cm Länge) oder lässt sie aus großer Höhe auf Felsen fallen, damit sie zersplittern und er an das nahrhafte Mark gelangt. Haben die einzigartige Angewohnheit, regelmäßige Schlammbäder in eisenhaltigem Grund zu nehmen, durch den roten, breiigen Schlamm wird dabei das weiße Hals- und Brustgefieder zu lebhaftem Gelborange eingefärbt («Rotbaden»).

8

9

10

Ordnung: **Greifvögel** *(Falconiformes)*
Familie: **Habichtartige** *(Accipitridae)*

Griffon Vulture
Vautour fauve
Grifone

Gänsegeier

Gyps fulvus

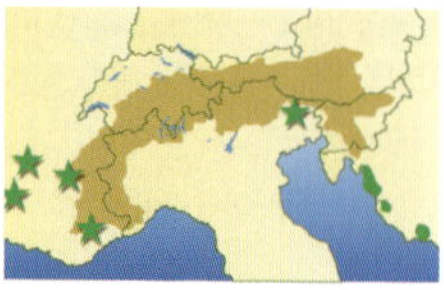

★ = Freisetzungsorte

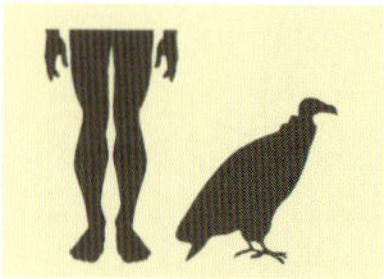

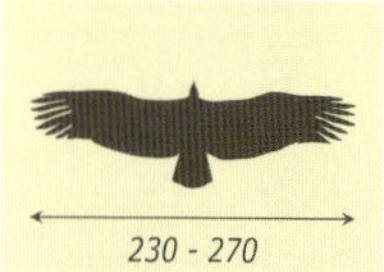

Großwüchsige Geierart (Flügelspannweite 230–270 cm), stämmiger Körperbau, charakteristische gelblich weiße, flaumige Halskrause. Hals und Kopf sind nur von winzig kleinen Federn bedeckt. Körpergefieder und Armdecken sind gelblich bis rötlich braun, damit kontrastiert das Schwarz der Schwingen und des kurzen Schwanzes.

Ist im mediterranen Gebiet verbreitet, die europäische Population lebt vorwiegend in Spanien. In den Alpen, in denen er vielleicht einst genistet hat, ist er in den Ostalpen (Julischen Alpen) ein regelmäßiger

Sommerbesucher; hier finden sich viele Tiere aus kroatischen Kolonien zusammen. Vereinzelte Brutvorkommen in den östlichen Voralpen sind auf freigelassene Vögel zurückzuführen. Im westlichen Alpenraum und vor allem in den Grenzgebieten ist die Art hingegen immer häufiger, auch in recht individuenreichen Gruppen, dank der erfolgreichen Wiederansiedlungsprojekte in Mittel- und Südfrankreich.

Ausgezeichneter Segler, kann weite Distanzen zurücklegen, kreist ausdauernd über der offenen Landschaft auf der Suche nach Nahrung, ernährt sich hauptsächlich vom Aas größerer Nutztiere oder wilder Huftiere.

Fliegt mit eingezogenem Hals und V-förmiger, nach vorne gezogener Flügelstellung. Weit ausholender, langsamer Flügelschlag lässt ihn «schwerfällig» erscheinen.

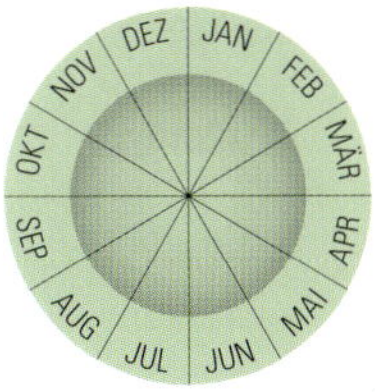

1. Der nackte Hals mit Federkranz am Ansatz und der kleine, relativ kräftige Schnabel sind Anpassungen an die aasfressenden Nahrungsgewohnheiten (Foto: J. Tenovuo).
2. Flugbild mit großen, eckigen Flügeln mit verlängerten «Fingern», kurzem, keilförmigem Schwanz, sehr kleinem Kopf (Foto: J. Tenovuo).
3. Kontrastreiches Gefieder, Schwingen und Schwanzfedern dunkelbraun, Armdecken und Körperfedern gelblich braun (Foto: M. Giordano – G. Nicolazzi).
4. Jungvogel: gelblich brauner Hals (bei Adulten weiß) und grauschwarzer Schnabel (bei Adulten hell) (Foto: G. Conca).
5. Sehr gesellige Art, sammelt sich in großen Gruppen, um Kadaver größerer Säugetiere zu fressen, sowohl Nutz- als auch Wildtiere (Foto: B. Caula).

Ordnung: **Greifvögel** *(Falconiformes)*
Familie: **Habichtartige** *(Accipitridae)*

Short-toed Eagle
Circaète Jean-le-Blanc
Biancone

Schlangenadler

Circaetus gallicus

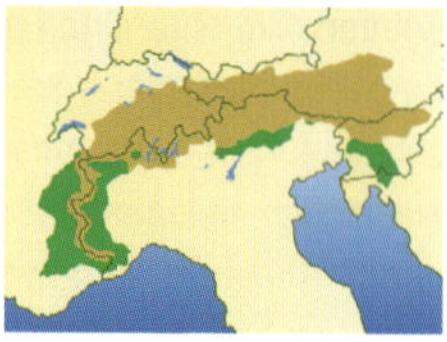

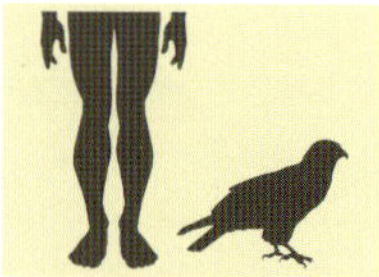

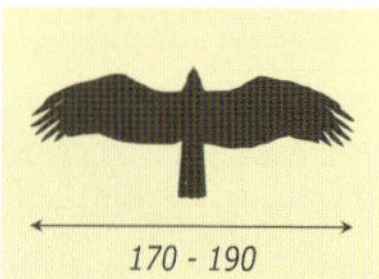

Großer Raubvogel (Flügelspannweite 170–190 cm), ähnelt durch seinen großen, rundlichen Kopf mit hervorstechenden, großen gelben Augen dem Steinadler. Obere Körperpartien graubraun gefiedert, Unterseite weiß mit dunklen, individuell variablen Flecken auf Brust und Flügeln. Auf dem Schwanz meist 3–4 gut sichtbare, dunkle, klar getrennte Bänder.

Nur in der Zeit des Nestbaus ruffreudig, dann stößt er, oft mehrfach im Flug, ein melodiöses «Kiiii-jo» aus.

Ist in Europa eher in den südwestlichen Regionen und im Balkan verbreitet; kommt zwischen Ende Februar und April aus dem afrikanischen Winterquartier, um im September wieder zurückzufliegen. Die alpinen Populationen konzentrieren sich hauptsächlich auf Frankreich und Italien, wo sie bevorzugt in warmen, trockenen Tälern in lichten Laub- und Nadelwäldern bis 1700 m nisten. Bauen ihr voluminöses Nest auf Bäumen, auch niedrigen, und legen nur ein Ei, das ca. 50 Tage lang bebrütet wird.

Jagt bis in höhere Lagen (2500–2700 m) an exponierten, nackten Felshängen, auf Almweiden und Schuttflächen. Die Nahrung besteht aus Reptilien, insbesondere Schlangen, die im Suchflug ausgemacht

werden; im charakteristischen Standschwebeflug («Rüttelflug»), bei dem der Vogel mit ausgebreiteten Flügeln und gesenktem Kopf, manchmal mit hängenden Fängen, in der Luft an Ort verharrt. Mit den mit harten Schuppen bedeckten Fängen wird die Beute bewegungsunfähig gemacht und mit dem Schnabel getötet. Manchmal kann ein Schlangenadler im Flug mit einer halb verschlungenen Schlange im Schnabel beobachtet werden.

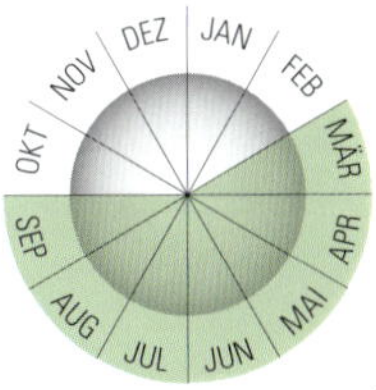

2

1. Großer Greifvogel, Unterseite überwiegend weiß, mit bräunlichen Querbändern und Flecken (Foto: M. Giordano – G. Nicolazzi).
2. Großer, rundlicher Kopf mit gelben Augen, ähnlich einem Nachtraubvogel (Foto: M. Mendi).
3. Adulte fast immer mit einer mehr oder weniger markanten, dunkel gefiederten «Kappe» (Foto: G. Conca).
4. Charakteristische Jagdtechnik ist der Standschwebeflug, auch «Rüttelflug» genannt (Foto: W. Vivarelli).
5. Jungvögel meist heller, Kopf und Unterseite nahezu strahlend weiß (Foto: W. Vivarelli).

3

4

5

Ordnung: **Greifvögel**
(Falconiformes)
Familie: **Habichtartige**
(Accipitridae)

Sparrowhawk
Épervier d'Europe
Sparviere

Sperber

Accipiter nisus

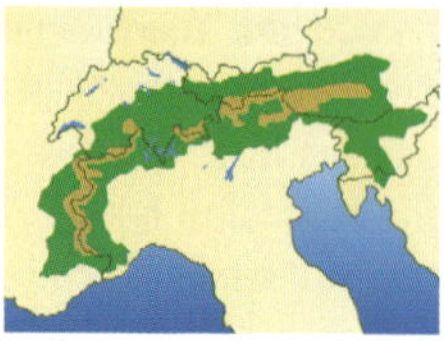

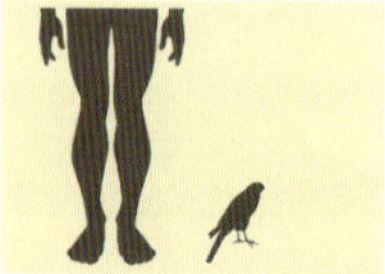

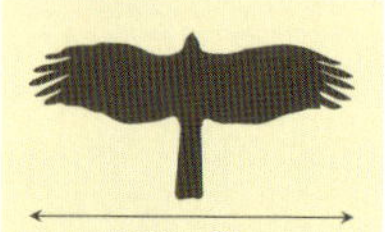

60 - 80

Typisch und verbreitet in allen Waldgebieten, von Meereshöhe bis 1700 m in den Alpen, die höchsten Nistplätze wurden bei 1900 m registriert. Bevorzugt dichte Waldbestände, auch junge Wälder, seien es Laub- oder Nadelwälder, die von natürlichen oder bewirtschafteten Freiflächen umgeben sind, auf denen er jagt. In der Gefiederfärbung, den breiten, gerundeten Flügeln und dem langen Schwanz dem Habicht ähnlich, ist aber deutlich kleiner als sein Verwandter, von dem er nicht selten erbeutet wird.

Adulttiere dunkle Oberseite (das Männchen schiefergrau), mit heller, eng rotbraun gebänderter Unterseite; Flanken des Männchen gelblich orangefarben. Der Schwanz hat breite, dunkle Querbänder. Der Kopf hat eine Kappe, unauffällige Überaugenstreifen und orangegelbe Augen. Oberseite des Jungvogels bräunlich, Unterseite hell, dicht braun gesprenkelt. Erheblicher Größenunterschied zwischen den Geschlechtern, Weibchen deutlich größer. Scheu und schwer zu beobachten, außer er kreist oder begibt sich mit einer Reihe schneller, weiter Flügelschläge, unterbrochen von kurzen Gleitflügen, in offenes Gelände. Bei Störung im Brutrevier stößt er ein durchdringendes und wiederholtes «ki-ki-ki-ki» aus. Er bleibt dem Brutgebiet treu und baut jedes Jahr ein

1

neues Nest, in dem er 4–5 Junge aufzieht. Jungtiere werden Ende Juli/August flügge. Überraschungsjäger, im Tiefflug über dem Boden schießt er plötzlich auf die Beute zu und packt diese mit den Krallen. Ernährt sich fast ausschließlich von Vögeln, das Weibchen erbeutet diese bis zu Taubengröße, das Männchen hält sich vorwiegend an kleine Sperlingsvögel.

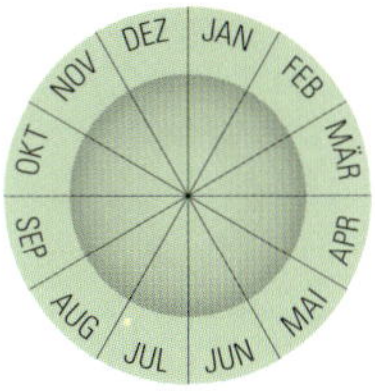

1. Klein und schmächtig, aber mit kräftigem Schnabel und Krallen (Foto: L. Sebastiani).
2. Kurze, gerundete Flügel; fliegt mit kräftigen, schnellen Flügelschlägen (Foto: L. Sebastiani).
3. Charakteristische Silhouette im Gleitflug: halb geschlossene Flügel und schmaler, gestreckter Schwanz (Foto: P. Marotto).
4. Helle Unterseiten mit engen Querbändern (Foto: M. Mendi).
5. Geschickter Vogeljäger, bevorzugt Sperlingsvögel: hier ein Jungvogel mit erbeutetem Star (Foto: G. Conca).

Ordnung: **Greifvögel**
(Falconiformes)
Familie: **Habichtartige**
(Accipitridae)

Goshawk
Autour des palombes
Astore

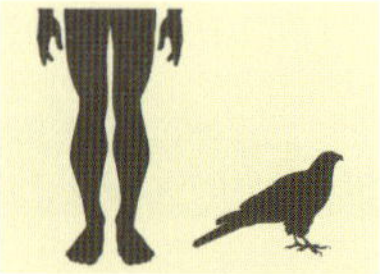

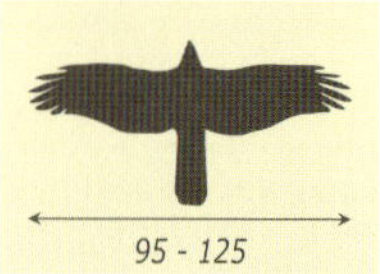

Habicht

Accipiter gentilis

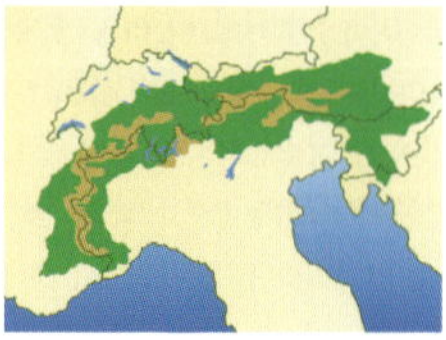

Mittelgroßer Tagraubvogel (Flügelspannweite 95–125 cm); sein Körperbau ermöglicht müheloses Fliegen durch Wälder (keine extremen Geschwindigkeiten, jedoch hohe Wendigkeit auf engem Raum), breite, gerundete Flügel und langer Schwanz. Adulttiere mit einheitlich dunklem Gefieder auf Rücken und Flügeloberseite, Unterseite weiß, eng schwarz gebändert. Der lange, gerundete Schwanz zeigt 3–4 dunkle Querbinden. Am Kopf sticht ein deutlicher, weißer Überaugenstreif hervor, der ihm zusammen mit dem kräftigen Schnabel einen ernsten Ausdruck verleiht. Jungvögel mittelbraun, unterseits auf beigem Grund sattbraune Längsstreifen. Markanter Größenunterschied zwischen den Geschlechtern, Weibchen deutlich größer. Eng an Wald gebunden, nistet im Alpenraum in Hochwäldern mit altem Baumbestand bis etwa 1900 m. Scheu und schwer zu beobachten, außer während des Territo-

2

1

rial- oder Balzfluges, wenn er mit aufgeplustertem, strahlend weißem Unterschwanzgefieder über den Baumkronen kreist und lautstark sein «gig-gig-gig» wiederholt. Das Nest wird hoch oben in den Baumwipfeln gebaut und häufig über mehrere Jahre genutzt, wirkt aufgrund des ständigen Anbaus neuer Zweige sehr voluminös. Eiablage März–April, Nestlingsdauer (meist zwei Nestlinge) 36–40 Tage.

Jagt vom Ansitz aus oder im niedrigen Suchflug, nutzt den Überraschungseffekt, indem er sich unerwartet auf die Beute stürzt und diese mit den Krallen packt. Erbeutet hauptsächlich Vögel, aber auch Säuger.

Hauptbedrohung ist derzeit die extensive Waldnutzung.

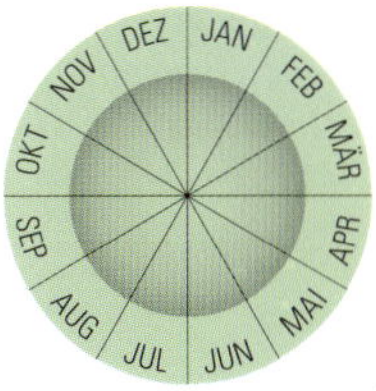

1. Greifvogel mit geradem, kräftigem Flug, dank Flügel- und Schwanzform überaus wendiger Flieger (Foto: J. Tenovuo).
2. Jungvögel sind mittelbraun, mit rostbraun unterlaufener Längstüpfelung (Foto: L. Sebastiani).
3. Ist deutlich größer als der Sperber, mit dem er aufgrund ähnlicher Gefiederfärbung und Zeichnung verwechselt werden kann (Foto: W. Vivarelli).
4. Großer, runder Kopf; orangegelbe Iris; breiter, weißer Überaugenstreif (Foto: T. Pospisil).
5. Lebt ausschließlich in ausgedehnten Waldgebieten mit altem Baumbestand.

Ordnung: **Greifvögel** *(Falconiformes)*
Familie: **Habichtartige** *(Accipitridae)*

Common Buzzard
Buse variable
Poiana

Mäusebussard

Buteo buteo

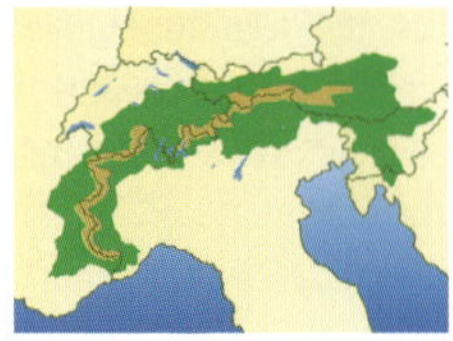

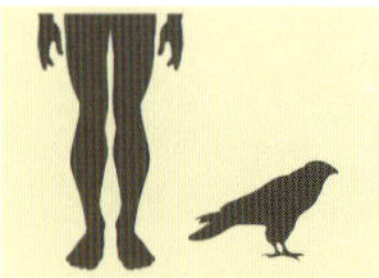

Einer der häufigsten Tagraubvögel und leicht zu beobachten, verbreitet in Waldgebieten und anderen Baumbeständen, einschließlich Küstenzonen und Kulturflächen in den Niederungen.

Mittelgroßer Körperbau (Flügelspannweite 115–135 cm), wirkt sitzend gedrungen. Im Flug breite, gerundete Flügel, relativ kurzer Schwanz. Sehr variable Färbung, in Mittel- und Südeuropa Körper und Flügeldecken meist dunkelbraun, mit deutlichem hellem Brustband, das häufig hilft, ihn vom Wespenbussard zu unterscheiden. Flügel unterseitig helle Bereiche, die mit den dunklen Schulterflecken kontrastieren. Heller Schwanz mit deutlich dunklem Endband.

Kreist oft lange im Segelflug, wobei er die Thermik ausnutzt, dabei hebt er die Flügel leicht V-förmig an. Im aktiven Flug macht er weit ausholende, langsame Flügelschläge, im Gleitflug hält er die Flügel horizontal. Sehr ruffreudig in der Balzzeit, gibt einen ziemlich langen, abfallenden Laut von sich: «hiäh», ähnlich einem Miauen.

Nistet in den Alpen in allen mit Laub- oder Nadelbäumen bewaldeten Bereichen, meist bis auf 1500 m, maximal bei 1900 m. Jagt meist über offenem Gelände, natürlichen oder landwirtschaftlich genutzten Flächen. Fängt normalerweise kleine Beutetiere am Boden (Würmer und

Larven, Insekten, Reptilien, Feld- und Wühlmäuse), kann aber auch Hasen und kleinere Vögel schlagen.

Ansitzjäger, häufig auf einer Baumspitze, einem Mast oder sonstigen Ansitzen zu beobachten, von wo aus er den Boden nach Beute absucht. Hält sich häufig zur Nahrungssuche direkt auf dem Boden auf, sowohl auf Wiesen und Feldern als auch auf Gebirgsrasen, in denen sich Ende des Sommers zahllose Heuschrecken finden. Wie Schlangenadler und Turmfalke nutzt er manchmal den Schwebeflug gegen den Wind und den sogenannten Rüttelflug.

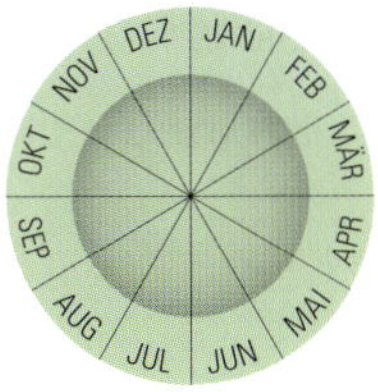

3

4

1. Bräunliches, variationsreiches Gefieder, aber stets mit einem hellen «U» auf der Brust und breitem, dunklem Flügelrand (Foto: M. Graziano).
2. Ansitzjäger, sitzt auf Pfählen oder Bäumen (Foto: W. Vivarelli).
3. Im Gleitflug hält er die Flügel flach; die Oberseite ist einheitlich braun (Foto: W. Vivarelli).
4. Umfangreicher Speiseplan; im Sommer fängt er gerne größere Insekten (Foto: F. Grazioli).
5. Zum Beutespektrum gehören auch Kleinsäuger wie diese Wühlmaus (Foto: M. Giordano – G. Nicolazzi).

5

Ordnung: **Greifvögel** *(Falconiformes)*
Familie: **Habichtartige** *(Accipitridae)*

Golden Eagle
Aigle royal
Aquila reale

Steinadler
Aquila chrysaetos

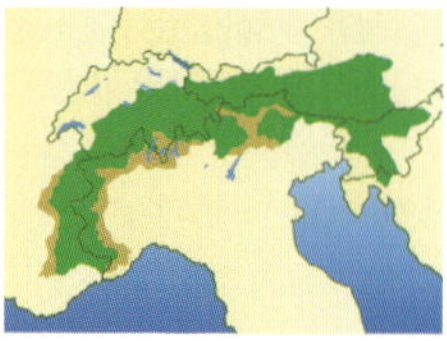

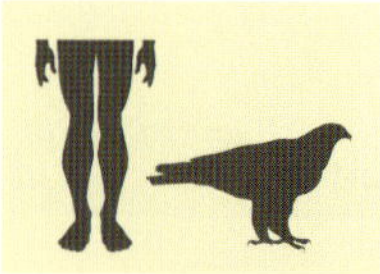

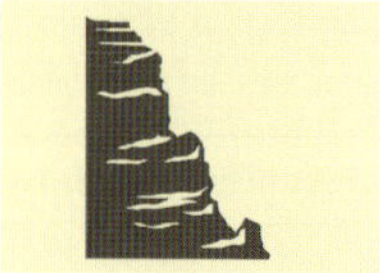

Der Steinadler, Symbol für Kraft und Macht, ist der bekannteste Greifvogel und wird seit Jahrhunderten auf Wappen, Emblemen und Flaggen abgebildet. Majestätische Erscheinung, mit seiner Flügelspannweite von über zwei Metern (190–240 cm) eine der größten Adlerarten. Der Blick, ernst und stolz, verbirgt eine sprichwörtliche Sehkraft, dank der er auch die kleinste Bewegung aus 800–1000 m Entfernung wahrnehmen kann. Mit dem starken Schnabel und den kräftigen Krallen tötet er auch größere Beutetiere. Adulttiere einheitlich braunes Gefieder, Kopf und Nacken goldgelb getönt; beim Jungvogel, bis mindestens 4 Jahre, kontrastiert das dunkelbraune Gefieder mit größeren, weißen Flecken auf Flügeln und Schwanz. Weibchen deutlich größer als Männchen.

Trotz seiner Größe beweglich und leicht, hält beim Kreisen die Flügel V-förmig angehoben, im Flug abwechselnd lange, kräftige Flügelschläge oder Gleiten. Spektakulär sind seine Balzflüge (Dezember–Februar) mit Sturzflügen und schnellen Aufstiegen. Weltweit lebt er in wiesen- und weidereichen Berggebieten.

Nistet in Felswänden, seltener in Bäumen. Jedes Brutpaar benutzt abwechselnd zwei oder drei Horste, in der Regel legt das Weibchen zwei Eier (März–April). Fast immer wird jedoch nur eines der Jungen

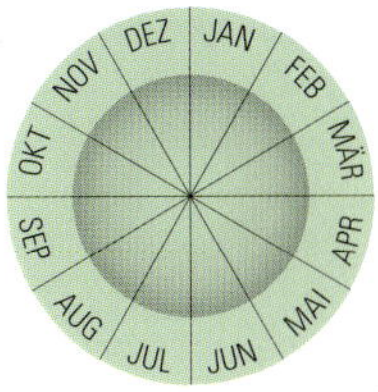

1. Stolze und mächtige Erscheinung, fast einheitlich dunkel gefärbt, je nach Alter helle Stellen (Foto: Z. Tunka).
2. Flugbild mit langen Flügeln und aufgefingerten Enden, eckiger, recht langer Schwanz (Foto: M. Giordano – G. Nicolazzi).
3. Legendärer Jäger, flink und mächtig, Schnabel und Krallen perfekt ausgebildet (Foto: W. Vivarelli).
4. Hals und Nacken goldgelb getönt, Adulte auf der Oberseite teils gefleckt (Foto: Mendi).
5. Steinadler-Silhouette am Himmel, ein charakteristisches Naturschauspiel in den Alpen (Foto: M. Giordano – G. Nicolazzi).

6. Adulttier: Die Unterseite ist einheitlich gefärbt, braungraue Schwingen und dunkelbraune Deckenfedern (Foto: M. Giordano – G. Nicolazzi).
7. Zum Beutespektrum gehören Vögel und Säuger, wie dieser Hase (Foto: M. Mendi).
8. Jungvogel: breite, weiße Stellen an den Flügeln, Schwanzbasis weiß, das Profil des Flügelrands bildet ein «S» (Foto: M. Giordano – G. Nicolazzi).
9. Horste werden mehrere Jahre lang benutzt, durch stets zusätzlich herangetragenes Material entstehen beachtliche Dimensionen (Foto: B. Caula).
10. Nistet in ruhigen, ungestörten Felswänden in der Nähe der Jagdreviere.

flügge: Das ältere Junge tötet in den ersten Lebenswochen oft das jüngere. Dieser sogenannte Kainismus tritt vor allem bei Nahrungsknappheit auf. Die Jungen verlassen das Nest nach 65–80 Tagen und sind noch weitere 2–3 Monate von den Eltern abhängig.

Die Nahrung besteht aus Beutetieren unterschiedlicher Größe, von Wühlmäusen bis zu jungen Gämsen oder Rehen. In den Alpen sind die Jagdgebiete Waldränder, Wiesen und Gebirgsrasen, meist oberhalb des Nistplatzes; hier schlägt er seine Hauptbeute, Murmeltiere, sowie Hasen, Raufuß- und Steinhühner. Im Winter ernährt er sich häufig von Aas (vor allem durch Lawinen getötete Tiere).

Die alpine Population, seit den 1980er-Jahren zunehmend, zählt derzeit 1100–1200 Brutpaare. Hauptbedrohungen sind Umweltveränderungen (Waldschlag), Störungen durch den Bau neuer Höhenstraßen, oft nahe der Nistwände, zunehmender Tourismus mit den damit verbundenen Aktivitäten (Segelfliegen, Klettern usw.) bis hin zu illegalen Tötungen (Wilderei und Vergiftung).

8

9

10

Ordnung: **Greifvögel**
(Falconiformes)
Familie: **Falkenartige**
(Falconidae)

Kestrel
Faucon crécerelle
Cheppio

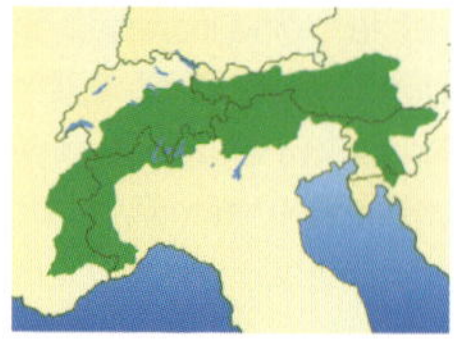

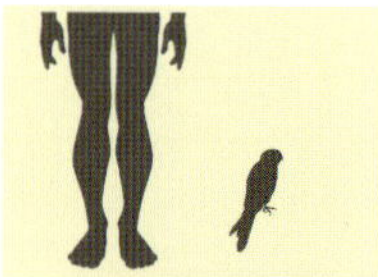

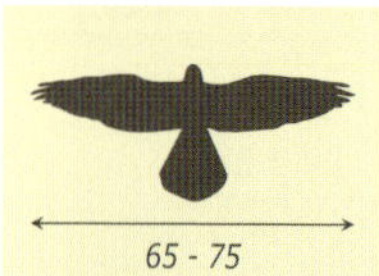

Turmfalke

Falco tinnunculus

Am weitesten verbreitete Falkenart Europas, auch in den Alpen häufig bis 2000 m, gelegentlich bis 2500–2800 m. Lebt in offenen Landschaften mit Felswänden, auf denen er nisten kann, wie exponierte nackte Hänge, Grasland, Gebirgsweiden, Geröll- und Schutthalden. In niedrigeren, felsarmen Lagen bezieht er vorjährige, verlassene Baumnester anderer Vogelarten (Rabenvögel), Fels- oder Gebäudenische oder auch Nistkästen.

Rötliche Falkenart mit kleinem bis mittelgroßem Körperbau, spitzen Flügeln und langem Schwanz, der ihr ein typisches Flugbild verleiht. Beim Männchen Rücken und Teile der Flügel ziegelrot mit spärlichen schwarzen Flecken, unterseits cremefarben und leicht schwarz gestreift. Kopf und Schwanz hellgrau, Schwanz mit breitem, schwarzem Endband. Weibchen oberseits einheitlich rötlich und gefleckt, einschließlich Kopf und Schwanz, unterseits ähnelt wie Männchen.

1

2

In den Bergen häufig anzutreffen. Man kann ihn beobachten, wie er mit schnellen Flügelschlägen entlang von Felswänden fliegt, manchmal beim Versuch, einen größeren Greifvogel, wie den Steinadler, zu «mobben». Häufig auf Weiden und Gebirgswiesen anzutreffen, wo er einige Meter über dem Boden im Rüttelflug mit nach unten geneigtem Kopf nach Beute ausschaut hält. Vielseitige Art mit umfangreichem Speiseplan: Würmer und Larven, Insekten, Reptilien, kleine Nager. Nicht selten fängt er kleine Sperlingsvögel.

Monogam, nutzt den gleichen Nestplatz über mehrere Jahre. Nistet in Felsnischen, -spalten und -bändern, ein Gelege mit 4–5 Jungen. Manchmal befinden sich mehrere Brutpaare in derselben Wand, auch nur einige Dutzend Meter voneinander entfernt. In der Brutzeit sehr ruffreudig, stößt in schneller Folge verschiedene Erregungs- und Alarmrufe aus: «ki-ki-ki».

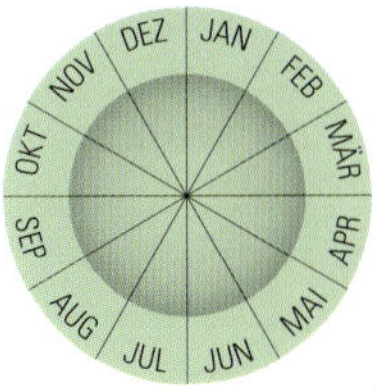

1. Jungvögel und Weibchen einheitlich rötlich braun, mit dunklen Flecken, schwärzliche Markierung unter dem Auge (Foto: W. Vivarelli).
2. Nutzt häufig eine charakteristische Jagdtechnik mit Standschwebeflug (Foto: M. Mendi).
3. Männchen grauer Kopf, schwarze Schwanzendbinde (Foto: F. Grazioli).
4. Im Flugbild schmale, zugespitzte Flügel, mit langem Schwanz und heller, schwarz gefleckter Unterseite (Foto: M. Giordano – G. Nicolazzi).
5. Nistet auch in kleineren Felswänden.

Ordnung: **Greifvögel**
(Falconiformes)
Familie: **Falkenartige**
(Falconidae)

Peregrine Falcon
Faucon pèlerin
Falco pellegrino

Wanderfalke

Falco peregrinus

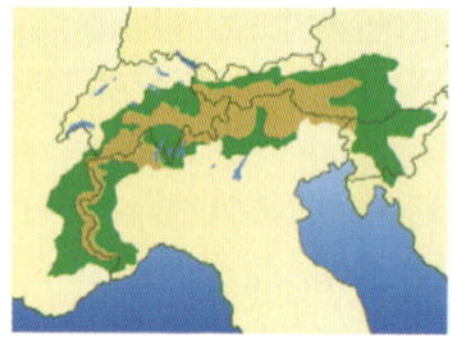

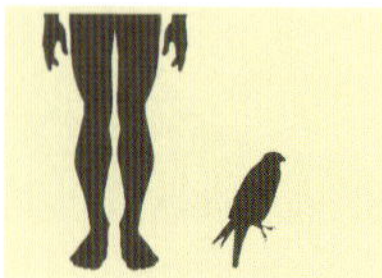

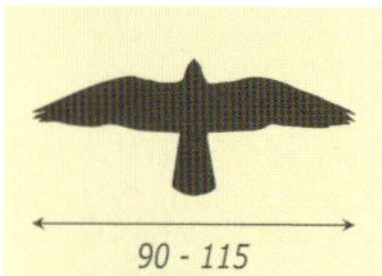

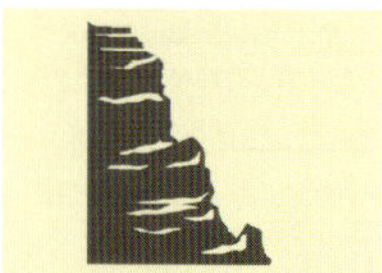

Mit Ausnahme der Antarktis auf allen Kontinenten verbreitet, die Nominatform *(peregrinus)* nistet selten, aber gut verteilt in den Alpen.

Große Falkenart mit kräftiger Erscheinung, stolzem Ausdruck und legendärer Sehkraft, charakteristisches Flugbild: Flügel mit breitem Ansatz und zugespitzt, kurzer Schwanz, kompakter, kräftiger Körper mit breiter Brust. Adulttiere unverwechselbar aufgrund des starken Kontrasts zwischen weißer, gebänderter Unterseite und dunkelblaugrauer Oberseite, die besonders deutlich an der Kopfhaube hervorsticht. Ein breiter Bartstreif zieht sich die Wangen hinunter. Jungvögel unregelmäßig rötlich braun gefärbt, mit markanten schwarzen Bruststreifen und deutlicher Schwanzendbinde. Ausgeprägter Geschlechtsdimorphismus, Weibchen wiegt im Schnitt 1000 g, Männchen 600 g, Letzteres wirkt zierlicher und schlanker, vor allem in Sitzposition.

Typischer Felsbewohner, nistet in den Alpen bevorzugt auf kalkhaltigem Gestein. Besetzt normalerweise weite Klippen und Steilhänge bis 2000 m, nistet in witterungsgeschützten Felsspalten und seltener in verlassenen Nestern anderer Felsbewohner (Steinadler und Kolkrabe). Baut wie alle Falken kein Nest, sondern begnügt sich mit ein bisschen Erde, in die das Weibchen eine kleine Mulde für die

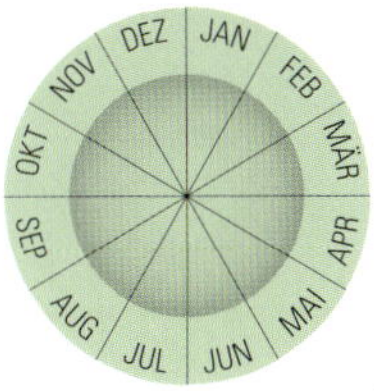

1. Falke mit kräftigem Körperbau, breitem Flügelansatz und relativ kurzem Schwanz (Foto: Z. Tenovuo).
2. Effizienter Jäger, schlägt Vögel im Flug mit schnellen und schwindelerregenden Sturzflügen (Foto: Z. Tunka).
3. Adulttier graue Oberseite, dunkler Kopf mit breiten, auffallend schwarzen Wangenstreifen (Foto: W. Vivarelli).
4. Von oben im Flug zeigt er ein einheitlich graues Federkleid mit etwas hellerem Bürzel (Foto: W. Vivarelli).
5. Jungvögel schwarzbraun, mit rötlich brauner Unterseite (Foto: W. Vivarelli).

Eiablage gräbt. Frühreifer Brutzyklus, Jungvögel fliegen meist schon Ende Mai/Juni.

Schneller Flieger mit kraftvollen, schnellen Flügelschlägen. Kann im Sturzflug Geschwindigkeiten von über 200 km/h erreichen. Ist darauf spezialisiert, Vögel im Flug zu schlagen; nachdem er sie von hohen Ansitzwarten aus oder am Himmel kreisend entdeckt hat, schlägt er sie im Sturzflug oder nach kurzer Verfolgung, die Beute wird meist allein durch die Wucht des Aufpralls getötet. Beutevögel sind kleiner und mittlerer Statur, in den Alpen bis hin zum Birkhuhn.

Nach einem Bestandsrückgang vor einigen Jahrzehnten infolge Pestizideinsatz (halogenorganische Verbindungen, DDT und Derivate) hat sich der Bestand heute erholt. In den Alpen besteht die Hauptbedrohung in direkter Störung in den Nistwänden, in erster Linie durch Klettersportler.

6. Aus der Nähe betrachtet fällt die leuchtende Gelbfärbung der nackten Beine, des Schnabels und der Augen auf (Foto: Z. Tunka).
7. Die flüggen Jungvögel sind noch einige Wochen von den Eltern abhängig (Foto: W. Vivarelli).
8. Fliegt mit kräftigen, sehr schnellen Flügelschlägen, schneller und geradliniger Flug (Foto: W. Vivarelli).
9. In Tallagen siedelt er auch auf Brücken, Viadukten oder anderen Bauwerken (Foto: B. Caula).
10. Eng an Felswände gebunden, auch in verlassenen Steinbrüchen, die er zum Nisten und als Ansitz nutzt.

Ordnung: **Kranichvögel**
(Gruiformes)
Familie: **Rallenvögel**
(Rallidae)

Corn Crake
Râle des genêts
Re di quaglie

Wachtelkönig

Crex crex

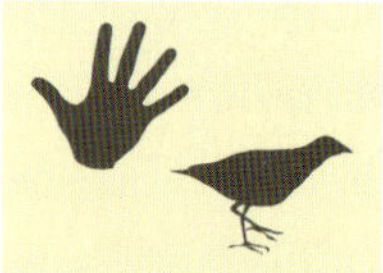

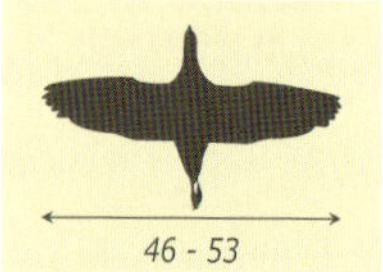

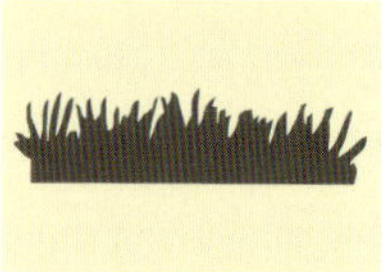

Zugvogel, kommt Mitte April nach Europa und fliegt August/September Richtung Mittel- und Südafrika, wo er überwintert.

Mittelgroß und rundlich, kurzer, kräftiger Schnabel, oberseits gelblich braun, mit dunklen Flecken gezeichnet, die dunkle Längslinien bilden. Hals und Brust grau, Kopf teilweise grau, Flanken weiß gebändert. Im Flug im oberen Flügelbereich zentrale ziegelsteinfarbene Zone gut sichtbar.

Hervorragend an das Leben in natürlichen und extensiv genutzten Grasflächen angepasst, brütet im zentralen und östlichen Alpenraum, hauptsächlich zwischen 500 m und 1500–1600 m. In den Westalpen, wo er einst vermutlich ein lokaler Brutvogel war, vereinzelte Sommerbesucher oder Vögel auf dem Zug anzutreffen. Sein Lebensraum sind feuchte, üppige, dicht bewachsene Wiesenlandschaften, wie Heuwiesen, Weidewiesen und traditionell bewirtschaftete Flächen.

Sehr scheu und schwer zu beobachten; Bodenbewohner, der sich mit Leichtigkeit in der dichten, deckungsreichen Vegetation bewegt, manchmal fast kriechend oder bei Störung rennend. Fliegt in seinem Territorium nur selten und stets kurze Strecken, fliegt mit hängenden Beinen.

Einzelgängerische und territoriale Art, ruft vor allem in der Dämmerung und nachts; teilweise stundenlang vorgetragener Gesang, der sich aus einem hölzern knarrenden Doppellaut zusammensetzt: «rerrp-rerrp».

Singt in aufrechter Position mit langgestrecktem Hals, meist auf dem Boden, oft auf einer Warte (Fels, Erdhaufen, Mauer); manchmal schaut auch nur der Kopf aus der Vegetation hervor. Bodenbrüter, Brut und Aufzucht übernimmt das Weibchen.

Eine der stark gefährdeten Arten in Europa, besonders aufgrund der Umweltveränderungen, die zu Brutplatzverlust führen; wurde einst aktiv zusammen mit der gewöhnlichen Wachtel gejagt.

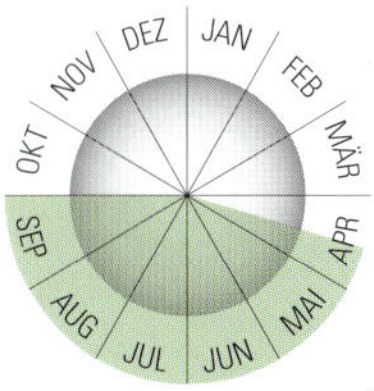

1. Untersetzter Körper, recht langer Hals mit kleinem, rundlichem Kopf; konischer Schnabel (Foto: M. Mendi).
2. Gesicht und Brust grau gefärbt (beim Männchen intensiver), Flanken weiß gebändert (Foto: P. Casali).
3. Scheu und sehr schwierig zu beobachten; leichter hört man seinen charakteristischen, unermüdlich wiederholten Ruf (Foto: M. Mendi).
4. Manchmal singt das Männchen außerhalb der Deckung auf einer Erhebung (Foto: P. Saj).
5. Nutzt sowohl in der Brutzeit als auch während des Zugs dicht bewachsenes Gelände.

Ordnung: **Regenpfeiferartige** *(Charadriiformes)*
Familie: **Regenpfeifer** *(Charadriidae)*

Dotterel
Pluvier guignard
Piviere tortolino

Mornell-Regenpfeifer

Charadrius morinellus

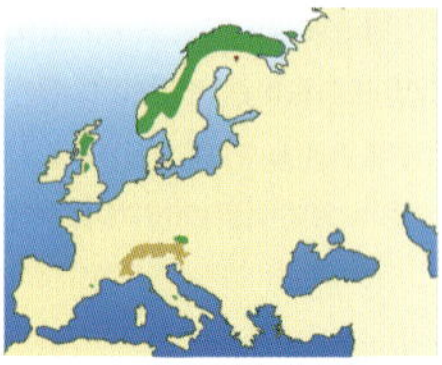

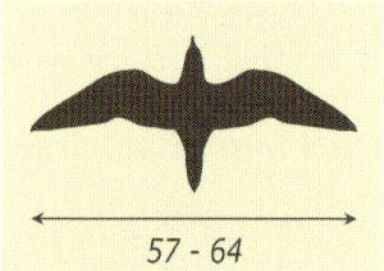

Einer der wenigen Watvögel (Limikolen), der an ein Leben fern vom Wasser angepasst ist; Zugvogel mit großem Radius, nistet in offenen, steinigen Regionen mit niedriger, spärlicher Vegetation, in den Tundren und Heiden Nordeuropas. In Südeuropa nistet er eher unregelmäßig in den größeren Gebirgen, gelegentlich auch in den Zentralen Ostalpen, wo er die Gipfelregionen über 2000 m gleich nach der Schneeschmelze (Mai/Juni) besiedelt. Regelmäßig kommt er in den Alpen jedoch während der Zugzeiten vor, vor allem im Herbst (August–November), wenn Einzeltiere oder kleine Gruppen oft einige Tage lang im steinigen, offenen Gelände der Höhenlagen rasten. Dann kann man ihm mit etwas Glück begegnen und sich ihm bis auf wenige Meter annähern; denn beim Anblick eines Menschen erstarrt das Tier häufig und vertraut allein auf sein Tarngefieder.

Charakteristisch sind die kleine bis mittlere Größe, die aufrechte Haltung und der kurze Schnabel; ist im Prachtkleid unverwechselbar. Kopf mit dunklem Scheitel und breitem weißem Überaugenstreif, der sich vom Auge bis in den Nacken zieht. Rostrote Brust und Flanken durch weißes Brustband vom grauen Hals abgesetzt. Oberseite grau, rötlich gesäumt. Herbst- und Jugendgefieder durchwegs weniger auffällig.

Diese Art zeigt ein besonderes Fortpflanzungsverhalten, das Weibchen paart sich mit mehreren Männchen (Polyandrie) und legt daraufhin mehrere Gelege. Um diese kümmern sich die jeweiligen Männchen bis zur Selbstständigkeit der Jungvögel.

Nahrungsspektrum: Insekten, Larven, Würmer.

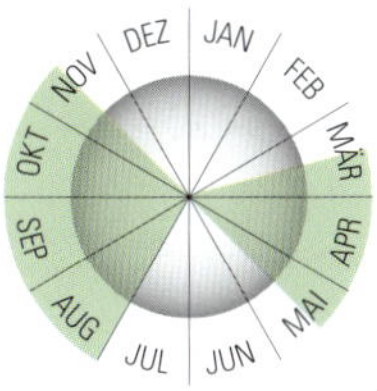

1. Typisches Aussehen eines Watvogels: untersetzter Körper, relativ lange Beine; wie bei allen Regenpfeiferarten ist der Schnabel sehr kurz (Foto: W. Vivarelli).
2. Jungvögel und Adulte im Schlichtkleid haben eine blasse Gefiederfärbung ohne lebhafte Farben (Foto: B. Caula).
3. Brutkleid unverkennbar, Brust und teils Unterseite rötlich, schmales weißes Brustband (Foto: M. Saarinen).
4. Hat stets einen breiten, hellen Überaugenstreif, der sich bis in den Nacken zieht (Foto: P. Kuhno).
5. In den Alpen rastet er in steinigem Gipfelgelände, eine Umgebung, in der er schwer auszumachen ist (Foto: B. Caula).

Ordnung: **Regenpfeiferartige** *(Charadriiformes)*
Familie: **Schnepfenvögel** *(Scolopacidae)*

Woodcock
Bécasse des bois
Beccaccia

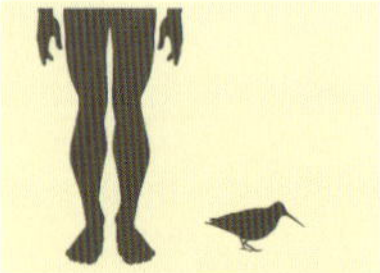

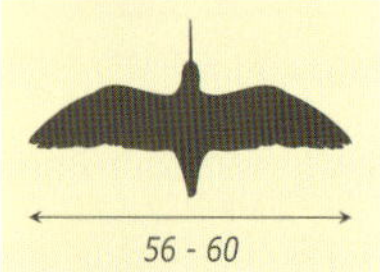

Waldschnepfe

Scolopax rusticola

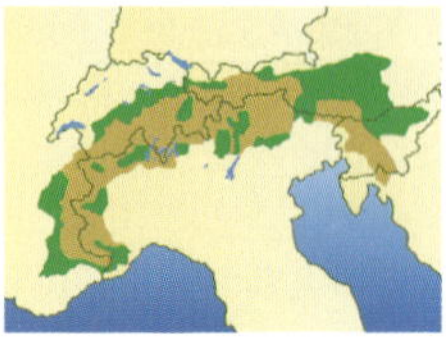

Watvogel mit untersetztem Körperbau, charakteristisch sind die kurzen Beine und der lange Schnabel. Flugbild: gerundete Flügel, gedrungener Körperbau, Schnabel nach unten gerichtet. Stark tarnfarbenes Gefieder, oberseitig braunrot, mit dichten hellen und dunklen Sprenkeln. Kopf mit einer Reihe breiter, dunkler Flecken zwischen Scheitel und Nacken sowie einer schwarzen Linie, die Auge und Schnabelansatz verbindet. Sehr weit seitlich liegende Augen, mit denen ein Blickfeld von 360° überschaut werden kann. Ohröffnungen befinden sich nicht wie bei anderen Vogelarten hinter den Augen, sondern davor, dadurch können Geräusche und Schwingungen der Beute im Boden leichter wahrgenommen werden.

Einzelgänger und Zugvogel, hauptsächlich dämmerungs- und nachtaktiv. Scheu und schwierig zu beobachten, lebt in feuchten, kühlen Laub- und Nadelwäldern, nutzt aber häufig deren Randgebiete, Lichtungen und Wiesen für die Nahrungssuche. Hauptnahrung sind Regenwürmer, stochert mit dem langen Schnabel im Boden, um sie zu ergreifen. Im Wald aufgescheucht fliegt der Vogel geräuschvoll auf und verschwindet mit schaukelndem Flug zwischen den Bäumen.

Brütet in den Alpen selten, aber recht weit verteilt, häufiger im südöstlichen Gebiet, zwischen 500 m und 1200 m. Bodenbrüter, legt normalerweise vier Eier. Die Küken sind Nestflüchter. Der Ruf des Männchens beim Balzflug in der Dämmerung ist ein typisches «quorr-quorr-quorr».

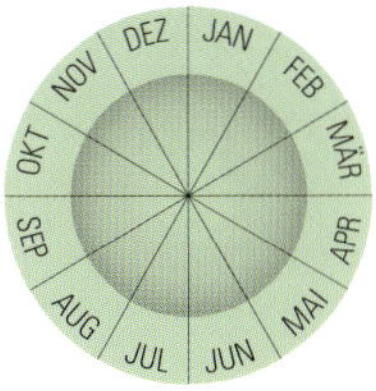

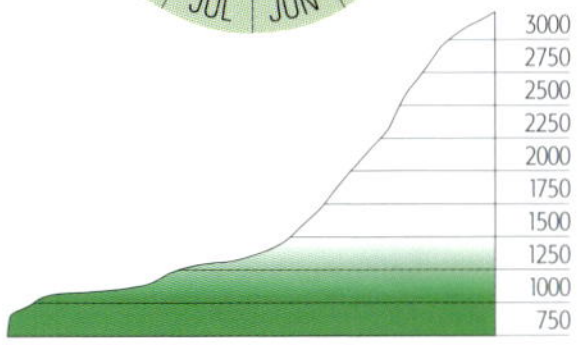

1. Untersetzter, rundlicher Körperbau, sehr kurze Beine, langer Schnabel, spezialisiert auf die Nahrungssuche im Boden (Foto: L. Sebastiani).
2. Charakteristisch ist die seitliche Position der Augen, die einen Rundumblick ermöglicht (Foto: F. Grazioli).
3. Starke Tarnfärbung, unterschiedlich gesprenkelt, unterseits eng gebändert (Foto: L. Sebastiani).
4. Balzflug erfolgt in der Dämmerung, wobei ein charakteristischer Kehllaut ausgestoßen wird (Foto: A. Mahönen).
5. Scheu und einzelgängerisch, bleibt tagsüber im Dickicht, kommt erst in der Dämmerung zur Nahrungssuche hervor (Foto: P. Pirinen).

Ordnung: **Regenpfeiferartige**
(Charadriiformes)
Familie: **Schnepfenvögel**
(Scolopacidae)

Common Sandpiper
Chevalier guignette
Piro piro piccolo

Flussuferläufer

Actitis hypoleucos

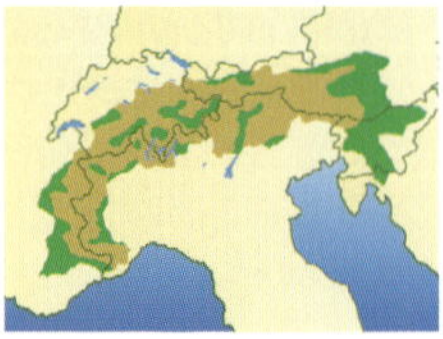

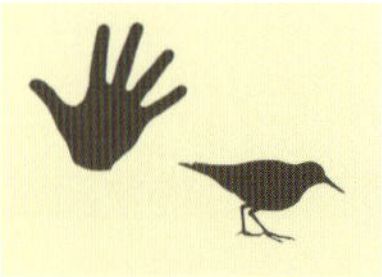

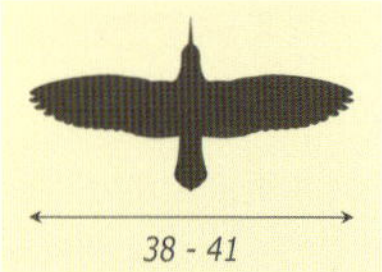

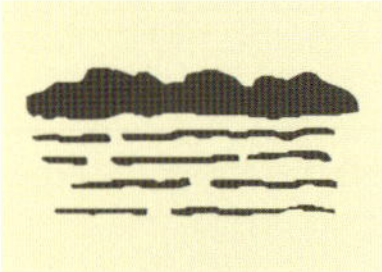

Kleiner Watvogel, charakteristisch sind die kurzen Beine, der kurze Hals und die gerundeten Flügel, weiße Flügelbinde im Flug gut erkennbar. Oberseits dunkelbraun, einschließlich Kopf und Hals, unterseits weiß. Auffällig am Kopf sind ein schmaler, heller Überaugenstreif und ein dunkles Augenband, das sich vom Schnabel bis in den Nacken zieht.

Ist am Boden sitzend aufgrund seines ständig wippenden Hinterkörpers leicht zu erkennen. Flug meist geradlinig und nahe der Wasseroberfläche, mit steif nach unten gebogenen Flügeln, abwechselnd schnelle Flügelschläge und kurze Gleitstrecken.

In Europa weit verbreitet und typisch für Flussgebiete, brütet an naturnahen Fließgewässern, bevorzugt Kiesflächen.

In den Alpen steigt er in größeren Tälern Flüsse und Bäche soweit hinauf, bis die Sand- und Kiesbänke nicht mehr groß genug sind, in der Regel bis 1000–1200 m, aber mancherorts auch bis 1600–1700 m. Während des Zugs auch an Alpenseen bis über 2000 m anzutreffen.

Sein Speiseplan basiert auf wasserlebenden Wirbellosen.

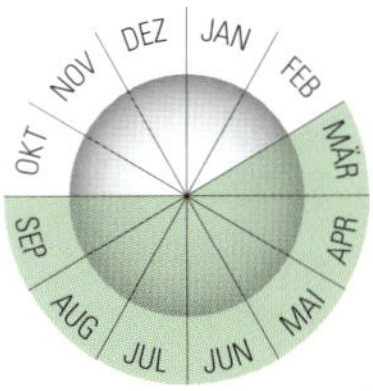

1. Kleiner Watvogel mit kurzem Hals und kurzen Beinen, Schnabel relativ lang (Foto: F. Grazioli).
2. Das breite weiße Flügelband ist im Flug sehr gut sichtbar (Foto: W. Vivarelli).
3. An Seeufern und Wasserläufen auf Nahrungssuche, wippt dabei immer wieder mit dem Hinterkörper (Foto: M. Mendi).
4. Kennzeichnend sind der weiße Keil vor dem geschlossenen Flügel und der rötliche Brustfleck (Foto: W. Vivarelli).
5. An Feuchtgebiete gebunden, sowohl zur Brut als auch zur Futtersuche.

Ordnung: **Taubenvögel** *(Columbiformes)*
Familie: **Tauben** *(Columbidae)*

Woodpigeon
Pigeon ramier
Colombaccio

Ringeltaube

Columba palumbus

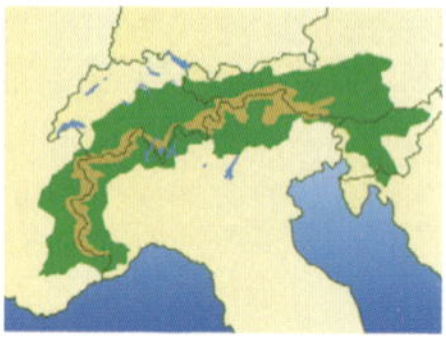

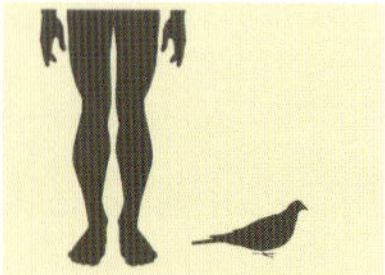

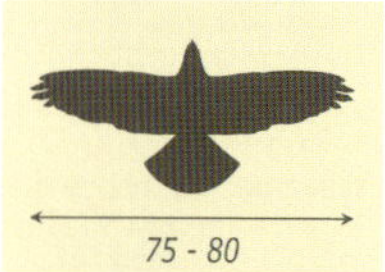

Große, kräftig gebaute Taube; in Kontinentaleuropa nahezu überall weit verbreitet, in den südlichen und westlichen Breiten Standvogel, in den nördlichen und östlichen Zugvogel. Sehr gesellige Art, vor allem nach der Brut, wenn sich zur Überwinterung oder für den Zug bis zu Zehntausende Individuen zusammenfinden, über einigen Alpenpässen treten starke Zugkonzentrationen auf.

An offene Waldgebiete gebunden, brütet in den Alpen bis 1500–1600 m in Laub- und Nadelwäldern, auch in Mischwald.

Vegetarische Ernährung, vor allem Samen und Beeren.

Verfügt über das typische Aussehen einer Taube, oberseits komplett grau gefiedert, unterseits helle Färbung, die von rötlich bis weiß variiert. Im Flug Flügelquerbinde gut sichtbar, Schwanz mit breiter schwarzer Endbinde. Weißer Fleck seitlich am Hals.

Geradliniger, kraftvoller, schneller Flug. Wellenartiger Balzflug: steiler Aufstieg mit klatschenden Flügelschlägen, dann Gleitphase abwärts mit steifen Flügeln und gespreiztem Schwanz. Fliegt bei Störung lautstark zwischen den dichten Baumwipfeln davon.

Brutzeit zwischen März und August; 1–2 Gelege pro Jahr. Nest grob aus dünnen Zweigen gebaut, meist auf Bäumen oder großen Sträuchern.

Gelege besteht in der Regel aus zwei Eiern, wird von beiden Geschlechtern bebrütet. In den ersten Lebenstagen werden die Nestlinge mit der sogenannten Taubenmilch gefüttert, einem sehr proteinreichen Sekret, das vom Adulttier ausgewürgt wird.

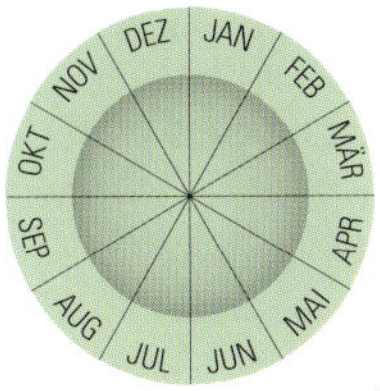

1. Große Taube mit grauem Gefieder und weißem Fleck am Hals (Foto: M. Mendi).
2. Die Brust ist rötlich grau, im Nacken grün metallisch schimmernde Federn (Foto: P. Casali).
3. Im Flug weißes Flügelband auch auf große Entfernung gut sichtbar (Foto: J. Tenovuo).
4. An Waldgebiete gebunden, auch in Stadtparks und -gärten zu beobachten (Foto: A. Turri).
5. Sammeln sich zum Zug oder zur Überwinterung in teils äußerst individuenreichen Gruppen (Foto: B. Caula).

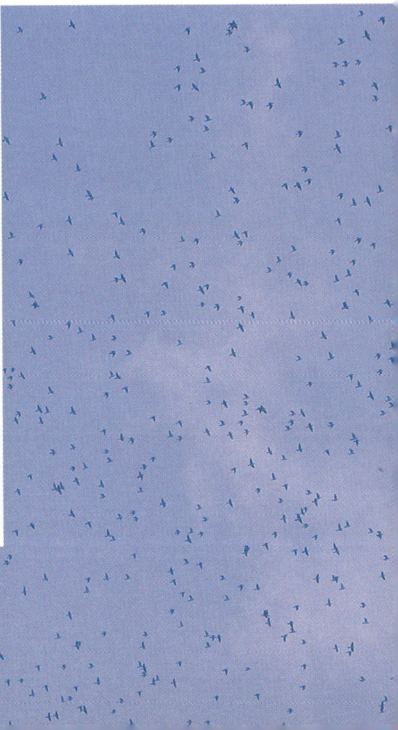

Ordnung: **Taubenvögel** *(Columbiformes)*
Familie: **Tauben** *(Columbidae)*

Collared Dove
Tourterelle turque
Tortora dal collare

Türkentaube

Streptopelia decaocto

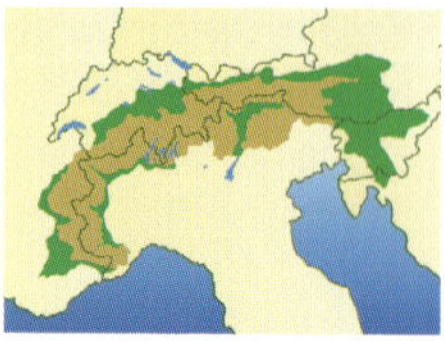

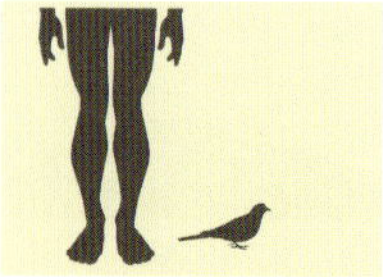

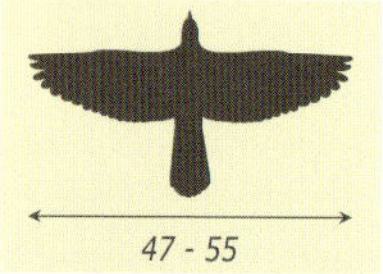

Stammt ursprünglich aus Mittelostasien, ist seit den 19030er-Jahren in ganz Europa bis zur Iberischen Halbinsel eingewandert. Kulturfolger, lebt in Parks und Gärten in Siedlungsnähe, auch in ruhigen Wohngebieten im Stadtinneren.

Weit verbreitet bis 500–600 m, ist seit Kurzem auch in den Alpenraum vorgedrungen, wo sie in größeren Tälern und immer in engem Kontakt zum Menschen vorkommt und bis in Lagen um 1600 m brütet.

Elegante Taube, schlanker, länglicher Körperbau mit hellgrauem Gefieder, das mit dunkel gefärbten Handschwingen und Schwanzansatz kontrastiert. Schwanz mit breiter, heller Endbinde. Schwarzer Nackenring.

In der Brutzeit territorial und aggressiv gegenüber Artgenossen, singt von erhöhten Warten aus ein tiefes, dreisilbiges «gu-guu-gu», mit Betonung auf der 2. Silbe. Der Balzflug ist ein schneller Aufstieg mit lautem Flügelschlag, gefolgt von einem spiralförmigen Gleiten mit gefächertem Schwanz und Flügeln. Brütet ganzjährig, vor allem in Siedlungsgebieten, bis zu 5–6 Gelege. Das aus Zweigen geformte Nest wird auf Bäumen oder an Gebäuden (Fensterbänken, Blumenkästen, Simsen usw.) angelegt. Suchen ihre Nahrung am Boden (Samen, Getreide, Früchte), häufig in Gruppen.

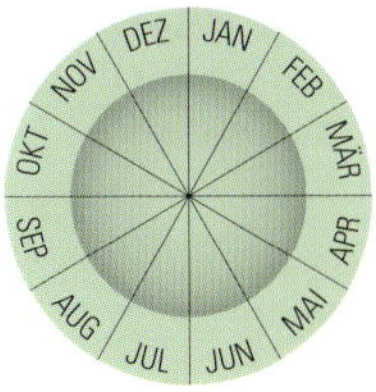

1. Schlanke, elegante Taube mit hellem Gefieder und langem Schwanz (Foto: L Sebastiani).
2. Kleiner, rosafarbener Kopf mit roten Augen und dunklem Nackenring (Foto: B. Caula).
3. Im Flug gerundete Flügelspitzen, Flügelunterseite grau, Schwanzansatz schwarz (Foto: L. Sebastiani).
4. Das Nest ist eine einfache, ungeordnete Ansammlung von Zweigen, wird häufig im Schutz von Gebäuden gebaut (Foto: M. Pettavino).
5. Kulturfolger, kommt in Parks, Gärten und Straßen mit Bäumen in kleinen und größeren Siedlungszentren vor (Foto: P. Casali).

Ordnung: **Kuckucksvögel** *(Cuculiformes)*
Familie: **Kuckucke** *(Cuculidae)*

Cuckoo
Coucou gris
Cuculo

Kuckuck

Cuculus canorus

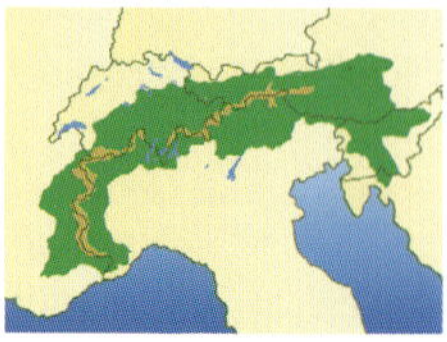

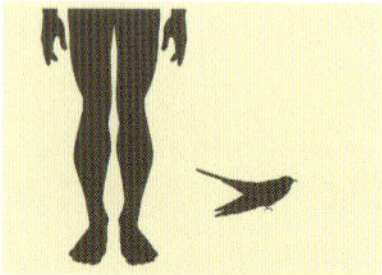

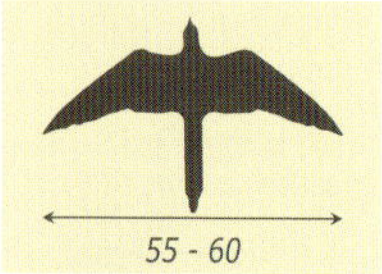

In den Alpen allgemein weit verbreitet, von nicht allzu dichten Wäldern im Tal bis auf 1700 m, Brutgrenze in der alpinen Zwergstrauchstufe bei 2400 m. Langstreckenzieher, überwintert im tropischen Afrika, kommt zwischen März und Mai nach Europa. Einzelgänger, scheu und schwer zu beobachten, leicht über den Gesang auszumachen, oft bis Anfang Juni vorgetragene lange Sequenzen: ein unverkennbares «ku-kuh».

Schlanker Vogel mit langem Schwanz, zugespitzten Flügeln und kleinem Kopf; kann im Flug aufgrund des Flugbildes und des Flügelschlags mit einem Turmfalken verwechselt werden. Männliches Gefieder oberseitig schiefergrau, unterseitig breite grau-braune Bänderung. Weibchen ähnelt dem Männchen sehr, obwohl es manchmal eine «rötliche Erscheinung» zeigt: Oberseite rötlich braun und dunkel gebändert, Unterseite rötlich und dunkel gebändert.

Brutparasit, legt seine Eier in die Nester anderer Vögel, in Abwesenheit des Weibchens ersetzt er ein Ei im Nest durch ein eigenes. Wirtsvögel sind Dutzende Arten kleiner Sperlingsvögel, häufige Opfer in den Alpen sind Heckenbraunelle und Steinschmätzer. Unmittelbar nach dem Schlüpfen und noch blind wirft der Kuckucksnestling die anderen Eier oder Küken aus dem Nest, indem er sie auf dem Rücken an den Nest-

rand hievt. Auf diese Weise wird er als einziger von den Adoptiveltern großgezogen, selbst wenn er bereits wesentlich größer ist als diese.

Insektenfresser, ernährt sich vorwiegend von Schmetterlingen, einschließlich der Raupen des Pinien-Prozessionsspinners (eines parasitären und giftigen Schmetterlings).

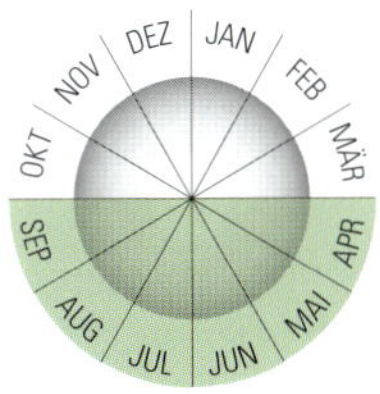

1. Recht groß, aber im Sitz schwer zu entdecken, graufarben, langer Körper, sehr kurze Beine (Foto: L. Sebastiani).
2. Jungvogel wird von einem Gartenrotschwanz gefüttert, eine häufig als Wirtsvogel genutzte Art (Foto: L. Sebastiani).
3. Grauer Kopf und Hals, Unterseite und Flügelunterseite eng gebändert, Steuerfedern mit hellen Flecken (Foto: F. Grazioli).
4. Im Flug ähnelt er mit ausgestreckten, zugespitzten Flügeln und langem Schwanz einem Falken (Foto: W. Vivarelli).
5. Zum Ende des Sommers hat der Jungvogel ein rötliches Gefieder mit einem hellen Nackenfleck (Foto: M. Giordano – G. Nicolazzi).

Ordnung: **Eulen** *(Strigiformes)*
Familie: **Eigentliche Eulen** *(Strigidae)*

Scops Owl
Petit-duc scops
Assiolo

Zwergohreule

Otus scops

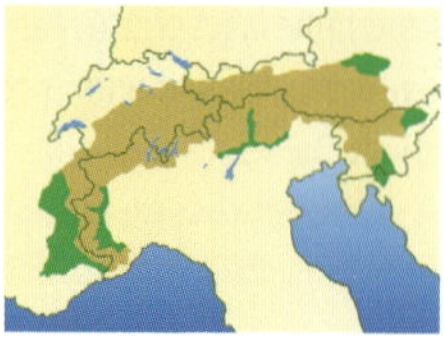

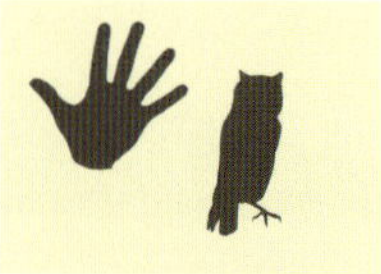

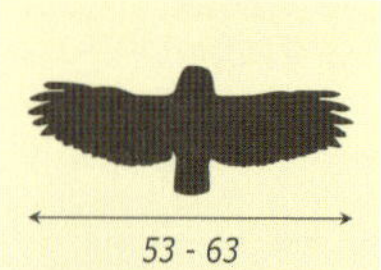

Einziger Nachtraubvogel unter den Zugvögeln in den Alpen, kommt im März und April in die Brutgebiete Mittel- und Südeuropas. Von kleiner Gestalt, etwas kleiner als der Steinkauz, liebt warme und sonnige Landschaften mit lichtem Baumbestand. In den Alpen selten, hält sich an den exponierten Südhängen breiterer Täler auf, bis in 1300 m, einige Tiere wurden über ihren Ruf auch auf über 1600 m registriert.

Spindelförmiger Körper mit großem Kopf, gelben Augen und kleinen Federohren, die besonders bei Beunruhigung deutlich aufgerichtet sind. Grundfarben des Gefieders Grau und Rostrot, mit cremefarbenen Sprenkeln. Dieses «rindenfarbene» Federkleid bietet eine perfekte Tarnung, wenn der Vogel tagsüber auf einem Ast dicht am Stamm ruht.

Obwohl sie häufig in Menschennähe lebt, selbst in Wohngebieten, ist die nachtaktive Art schwer zu beobachten. Ihr monotoner und unverwechselbarer Ruf dagegen ist in warmen Sommernächten sehr oft zu vernehmen: «diü», in regelmäßigen Intervallen von wenigen Sekunden oft stundenlang wiederholt.

Territorial und monogam, nistet in Baumhöhlen oder Gebäuden.

Ernährung beruht fast ausschließlich auf Insekten, vor allem Springschrecken und Schmetterlingen, die im Flug oder auf dem Boden erbeutet werden.

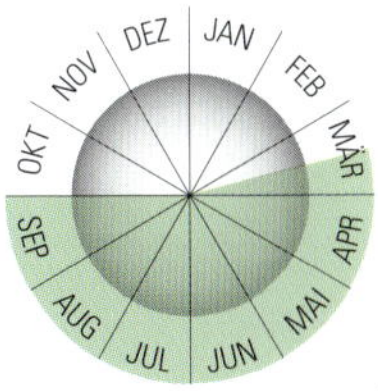

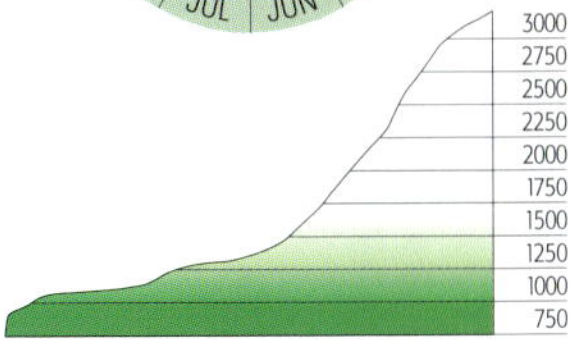

1. Klein, mit breitem Kopf, Federohren und großen, gelben Augen (Foto: J. Tenovuo).
2. Können nachts bei der Insektenjagd beobachtet werden (Foto: W. Vivarelli).
3. Wie bei allen Nachtraubvögeln sind die Jungen, noch bevor sie fliegen können, gewandte Kletterer (Foto: M. Giordano – G. Nicolazzi).
4. Das ausgeprägte Tarngefieder macht es schwer, die Eule tagsüber beim Ruhen zu beobachten (Foto: G. Conca).
5. Bevorzugt in den Alpentälern sonnige, offene Gebiete mit lichtem Baumbestand.

Ordnung: **Eulen**
(Strigiformes)
Familie: **Eigentliche Eulen**
(Strigidae)

Eagle Owl
Grand-duc d'Europe
Gufo reale

Uhu

Bubo bubo

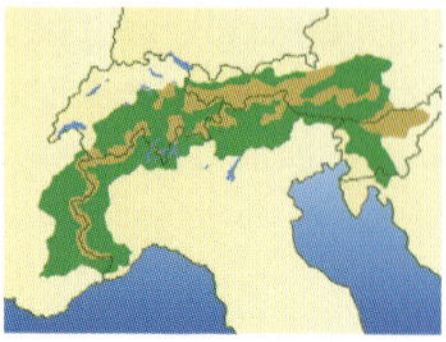

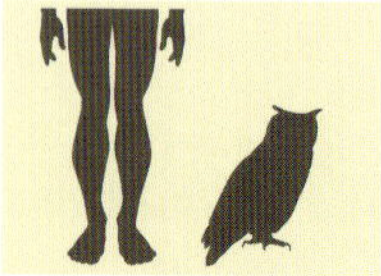

Nachtaktiver Standvogel, größte europäische Eulenart. Mit einer Höhe von über 70 cm und einer Flügelspannweite, die über 180 cm betragen kann, eine beeindruckende Erscheinung. Massiger Körperbau, großer, rundlicher Kopf mit hervorstechenden orangegelben Augen und langen, schwarzen Federohren. Gefieder bräunlich mit dichten, dunklen Flecken und Streifen. Beine bis zu den Zehen befiedert, mit langen, kräftigen Krallen. Weibchen kräftiger gebaut als Männchen.

Diese in Eurasien und Nordafrika verbreitet Eulenart kommt in den Alpen häufig vor, allerdings in den Westalpen etwas seltener. Bewohnt felsige Gebiete in der Nähe von natürlichen oder bewirtschafteten Freiflächen, die als Jagdgebiet dienen.

Nistet bis 1600–1700 m, ausnahmsweise auch über 2000 m in Felswänden, Nischen, Felsbändern, manchmal in Siedlungsnähe. Ganzjährig standorttreu, markiert sein Territorium von einer erhöhten Warte aus mit seinem Ruf, den er bei Sonnenuntergang oder nachts (hauptsächlich von Winterende bis Frühlingsanfang) ausstößt: zweisilbiges, tiefes und weit hörbares «bu-hoo».

Eiablage im März/April, Brutdauer ca. 35 Tage, Brutpflege und Anfangsphase der Jungenaufzucht (in den Alpen normalerweise 1–2 Nest-

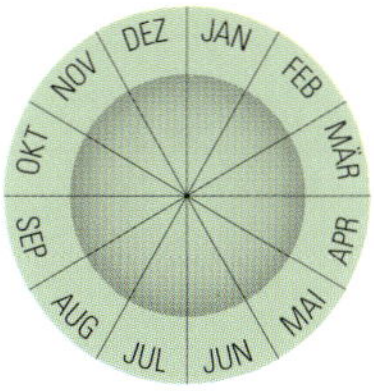

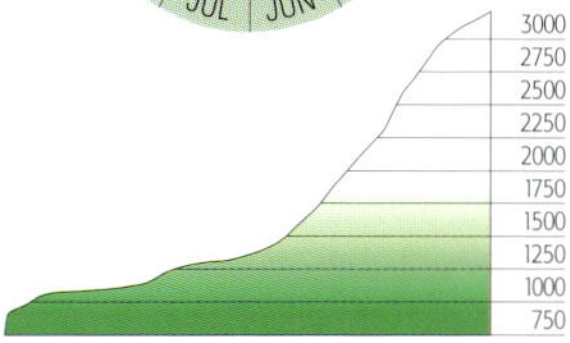

1. Adultes Männchen auf dem Tagesruheplatz: lange Federohren, dunkel geflecktes Gefieder (Foto: B. Caula).
2. Größte europäische Eulenart, massiger Körperbau und stolzer Ausdruck (Foto: T. Pospisil).
3. Hervorragender Jäger, auch viele Greifvögel stehen auf seinem Speiseplan, hier ein Sperber (Foto: B. Caula).
4. Jungvogel, mit feinem, stark tarnfarbenem Gefieder («Zwischenfeder»), im Alter von wenigen Wochen beginnt er, aus dem Nest herauszukommen (Foto: B. Caula).

5. Beim Jungvogel entwickeln sich zuerst die Flugfedern, die ihm für die ersten Schritte in Nestumgebung nützlich sind (Foto: B. Caula).
6. Würgt wie alle Eulen ein ca. 7–8 cm langes Gewölle mit den unverdaulichen Beuteteilen hervor (Foto: B. Caula).
7. Trotz seiner Größe ist er tagsüber schwer auszumachen (Foto: M. Mendi).
8. Die «echten» Ohren liegen unter dem Gefieder verborgen seitlich am Kopf (Foto: M. Giordano – G. Nicolazzi).
9. Jedes Burtpaar ist ganzjährig an den zum Jagdgebiet strategisch günstig gelegenen Brutplatz gebunden.
10. Das Nest liegt, möglichst gut vor der Witterung geschützt, in einer Felsspalte oder auf einem Felsband (Foto: P. Beraudo).

linge) Aufgabe des Weibchens; Männchen geht auf die Jagd. Die Jungvögel verlassen das Nest nach 30 Tagen, laufen und klettern in dessen Nähe herum und sind nach zwei Monaten flügge. Nach Sonnenuntergang werden die Jungen sehr ruffreudig und fordern mit einem charakteristischen, gedehnten, zischenden, rauen Laut vehement Nahrung von den Eltern ein. Jungvögel wie Adulte zeigen bei Störung ohne Fluchtmöglichkeit ein Drohverhalten: Sie sträuben das Gefieder, fächern ihren Schwanz auf, breiten ihre Flügel aus und fauchen laut.

Als kräftiger Jäger hat er ein breites Beutespektrum, darunter verschiedene Vogelarten (auch andere Greifvögel) und Säuger bis zur Größe eines Hasen oder eines jungen Rehs. Jagt von einem Ansitz aus oder im Flug dicht über dem Boden und im Schutz von Felswänden.

In den Alpen ist diese Art, die sich andernorts in Expansion befindet, hauptsächlich durch Stromtod (Kollision mit Stromleitungen oder Liftanlagen), Abnahme der Beutetierpopulationen und direkte Störungen an den Nistwänden (Klettern usw.) gefährdet.

Ordnung: **Eulen** *(Strigiformes)*
Familie: **Eigentliche Eulen** *(Strigidae)*

Tawny Owl
Chouette hulotte
Allocco

Waldkauz

Strix aluco

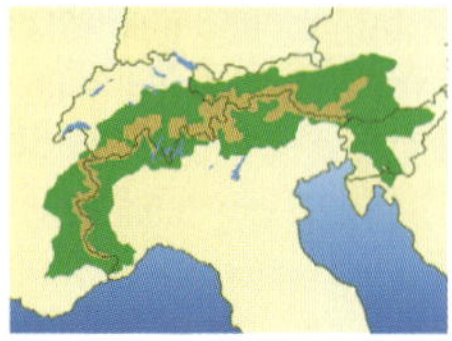

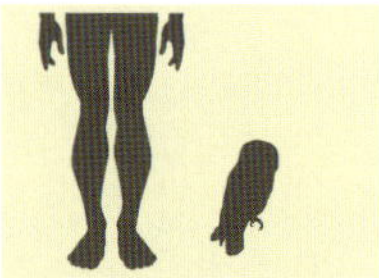

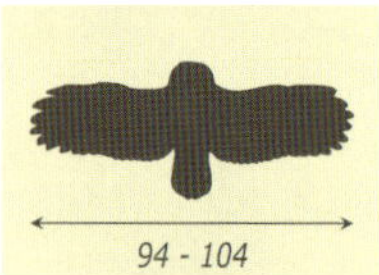

Mittelgroßer Nachtraubvogel, gedrungener Körperbau mit voluminösem, rundlichem Kopf, ohne Federohren. Zeigt wie die Zwergohreule zwei typische Formen: Grundfarbe des Gefieders rindengrau oder rötlich braun. In beiden Fällen sowohl ober- wie unterseitig dunkel gestreift und hell gefleckt, hervorragende Tarnfärbung. Markanter Gesichtsschleicher, große, schwarze Augen.

Standvogel; lebt in Waldgebieten, vor allem in Laubwäldern mit vielen alten und morschen Bäumen, deren Höhlungen er als Versteck und Nistplatz nutzt; besiedelt auch Parkanlagen, Gärten oder Friedhöfe.

In den Alpen bis 1000–1200 m häufig, dichtere Populationen in Kastanien- und Buchenwäldern. Hält sich selten in Nadelbeständen auf, kann dennoch bis 1800–1900 m vorkommen. Einzelgänger, scheu und ausgesprochen nachtaktiv, versteckt sich tagsüber im Blattwerk der Bäume nahe am Baumstamm oder häufiger in Baum- oder Felshöhlen.

Schwer zu beobachten, verrät seine Anwesenheit durch den Ruf des Männchens, der regelmäßig schon ab Spätherbst (Balzzeit) vor allem an ruhigen und nebligen Abenden ausgestoßen wird: heulendes, gedehntes «huh-huhuhu-huuuh» mit zittrigem Ende, auch auf große Entfernung hörbar. Reichhaltiges Lautrepertoire.

Brütet manchmal vorzeitig, in seltenen Fällen gar mitten im Winter in niedrigen Lagen und Stadtgebieten; meist werden nicht mehr als zwei Junge aufgezogen.

Kleinsäuger sind ein wichtiger Bestandteil seiner Ernährung, frisst aber auch Vögel (einschließlich anderer kleinerer Nachtraubvögel wie Raufußkauz). Ansitzjäger, verlässt sich auf sein feines Gehör, um im Dunkeln kleine Beutetiere auszumachen. Vögel werden in der Regel an ihrem Schlafplatz erbeutet.

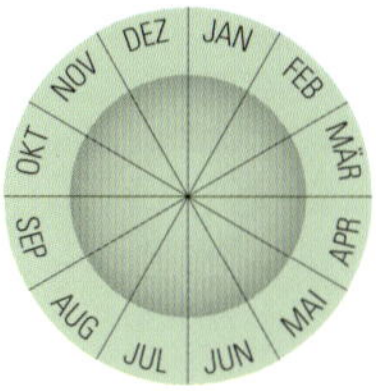

1. Mittelgroße Eule, kräftiger Körperbau, großer, runder Kopf, keine Federohren (Foto: Z. Tunka).
2. Die großen schwarzen Augen sind charakteristisch; zwei Farbvarianten: rötlich braun und rindengrau (Foto: F. Grazioli).
3. Breite, gerundete Flügel; wie bei allen Nachtraubvögeln ist der Flug äußerst leise (Foto: J. Tenovuo).
4. Nistet bevorzugt in Baumhöhlen in Laubwäldern (Foto: L. Sebastiani).
5. Jungvögel ähneln den Adulttieren, sind aber in den ersten Lebensmonaten dicht grauweiß bedunt (Foto: B. Caula).

3

4

5

Ordnung: **Eulen**
(Strigiformes)
Familie: **Eigentliche Eulen**
(Strigidae)

Ural Owl
Chouette de l'Oural
Allocco degli Urali

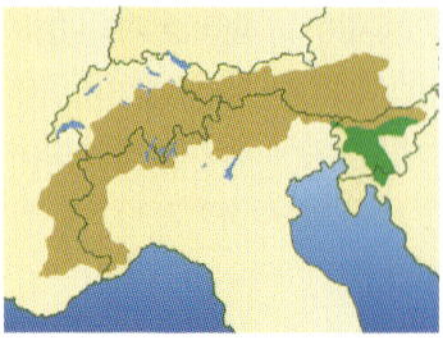

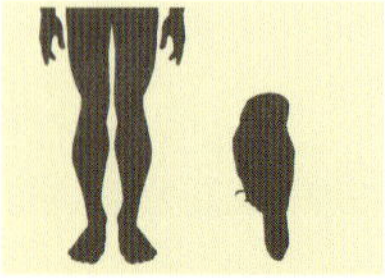

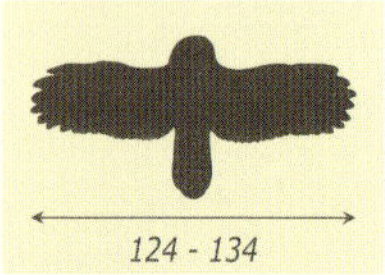

Habichtskauz

Strix uralensis

Typische Art der borealen Wälder und der Taiga, kommt in einigen Gebirgen Mittel- und Südosteuropas vor. Hält sich in den Alpen im äußersten Ostbereich auf, mit einem Bestand, der sich in Slowenien konzentriert und allmählich nach Italien ausbreitet, wo diese Art 1994 zum ersten Mal gebrütet hat (Friaul-Julisch Venetien) und ihre Westgrenze in den Vizentiner Alpen erreicht hat. Regelmäßig zum Überwintern auch in den niedrigeren Höhenlagen im slowenisch-kroatischen Grenzgebiet. Die alpinen Brutgebiete sind normalerweise alte Buchenwälder, auch vermischt mit Nadel- und anderen Laubbäumen.

Höhlen- und Halbhöhlenbrüter, kein eigenständiger Nestbau, brütet vorwiegend in Nestern anderer Arten (Tagraubvögel und Rabenvögel), nutzt aber auch Baumhöhlen und künstliche Nisthilfen.

Kräftig, ähnelt dem Waldkauz, ist jedoch erheblich größer, graubraunes Gefieder, unterseitig hell, oberseitig eng gemasert und dunkel gefleckt. Großer, runder Kopf mit markantem Gesichtsschleier, Augen schwarz und kleiner als beim Habichtskauz. Langer, gerundeter Schwanz; Schwanz und untere Flügelpartien mit deutlichen dunklen Querbändern.

Weittragender Gesang des Männchens, eine Reihe wohlklingender, schneller werdender Rufe: «hu...huhuhu».

Kann in Nestnähe bei Störung auch Menschen gegenüber sehr aggressiv werden.

Die Nahrung basiert auf Kleinsäugern; nicht selten fängt er auch Vögel mittlerer Größe. Ansitzjäger, jagt hauptsächlich auf Lichtungen und in offenem, waldnahem Gelände, selbst in der Nähe von Siedlungsgebieten.

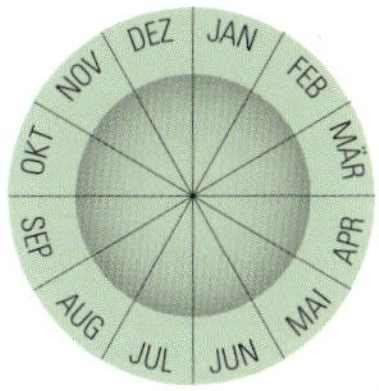

1. Ähnelt dem Waldkauz, ist aber wesentlich größer und hat schwarze, auffallend kleine Augen (Foto: B. Caula).
2. Hellgraue Gefiederfarbe mit braunen Flecken und Bändern, die eine gute Tarnung gewährleisten (Foto: M. van Duijn).
3. Der Jungvogel ähnelt dem jungen Waldkauz, hat aber einen gelblichen Schnabel (Foto: A. Topp).
4. Charakteristischer langer Schwanz, in Ruheposition gut erkennbar (Foto: M. van Duijn).
5. Hält sich in den Alpen in alten Buchenwäldern, auch mit Nadel- und anderen Laubbäumen vermischt, auf.

Ordnung: **Eulen**
(Strigiformes)
Familie: **Eigentliche Eulen**
(Strigidae)

Pygmy Owl
Chevêchette d'Europe
Civetta nana

Sperlingskauz

Glaucidium passerinum

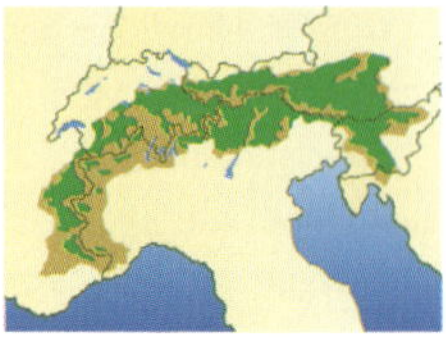

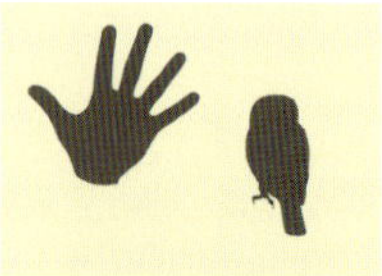

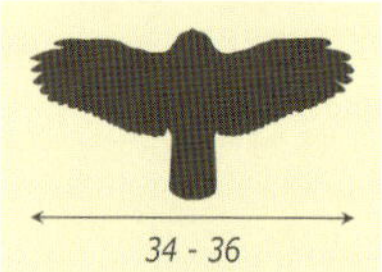

Kleinster Nachtraubvogel Europas, im Alpenraum vermutlich als Eiszeitrelikt verblieben. Lebt in alten Nadelwäldern, vor allem aus Fichte und Weißtanne, seltener Lärche, aber auch in Mischwäldern, hält sich in der Regel an kühlen Nordhängen auf. Jagt auf Lichtungen und an Waldrändern. Im ganzen Alpenraum verbreitet, im westlichen Bereich selten, erreicht dort jedoch die südlichsten Gebirgsausläufer. Nistet in natürlichen Baumhöhlen sowie in von Spechten (hauptsächlich Buntspecht) ausgehöhlten Nestern.

Sehr klein, aber mit robustem Körperbau, kurzer Schwanz, runder, relativ kleiner Kopf. Braune, weiß gefleckte Oberseite kontrastiert mit weißer, dunkel gefleckter Unterseite.

Dunkler, gefleckter Scheitel zieht sich bis zum Schnabel und den Augen hinab, mit auffallenden, hellen «Augenbrauen», was ihm einen besonders stolzen Ausdruck verleiht. In Nackenhöhe dienen zwei weiße Flecke als «falsche Augen», um Räuber zu irritieren.

Wellenförmiger Flug, ähnelt dem Flug eines Spechts. Weniger nachtaktiv als andere Artverwandte, jagt oft in den frühen Morgenstunden oder in der Dämmerung, wenn man ihn in den Baumwipfeln rufen hört. Nimmt dabei eine typische Haltung ein, mit vom Körper abstehendem

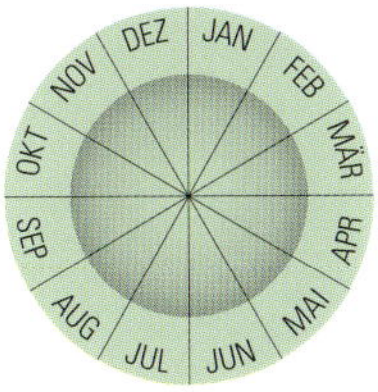

1. Kleiner, zierlicher Nachtraubvogel, ähnelt sehr dem Steinkauz, mit rundem Kopf ohne Federohren (Foto: J. Tenovuo).
2. Rücken braun, Unterseite hell mit Streifen auf der Brust und an den Flanken (Foto: B. Caula).
3. Der Kopf hat eine enge, helle Punktierung, die gelben Augen sind von einem auffälligen Überaugenstreif umrandet (Foto: M. Mendi).
4. Der Körper ist rundlich, mit zerzaustem Gefieder; der kurze Schwanz wird häufig hochgehalten (Foto: M. Giordano – G. Nicolazzi).
5. Sehr territorial, häufig auf einer Baumspitze sitzend zu beobachten (Foto: M. Pettavino).

Schwanz, mit dem er nervös seitlich und aufwärts wippt. Der Balzgesang des Männchens besteht aus einer schnellen Sequenz kurzer Pfeiftöne («düh»), die an den dezenteren Ruf des Gimpels erinnern; der Herbstgesang besteht aus einer Reihe scharfer, schneller werdender Töne und dient der Revierabgrenzung.

Standvogel, monogam und territorial, brütet im Allgemeinen zwischen 900 m und der Nadelbaumgrenze bis 1800 m.

Eiablage (5–7 Eier) zwischen April und Juni, Brutpflege ist Aufgabe des Weibchens, Jungenaufzucht zusammen mit dem Männchen. Die Jungen verlassen die Nesthöhle nach ca. 30 Tagen.

Auf seiner Speisekarte stehen, neben Würmern, Insekten und Kleinsäugern, viele kleinere Sperlingsvögel bis Singdrosselgröße. Während der Wintermonate legt er in Baumhöhlen regelrechte Nahrungsvorratslager an.

6. Trotz seiner geringen Größe ein guter Jäger, der auch gleichgroße Vögel jagen kann (Foto: B. Caula).
7. Während des Gesangs werden die weißen Halsfedern hervorgehoben (Foto: B. Caula).
8. Im Nacken befinden sich zwei «falsche Augen», die potenzielle Angreifer abschrecken sollen (Foto: J. Tenovuo).
9. Trotz seiner nächtlichen Gewohnheiten auch tagsüber oft aktiv (Foto: P. Marotto).
10. Stark an Nadelbäume, bevorzugt Fichten, auf kühlen Nordhängen gebunden.

Ordnung: **Eulen**
(Strigiformes)
Familie: **Eigentliche Eulen**
(Strigidae)

Little Owl
Chevêche d'Athéna
Civetta

Steinkauz

Athene noctua

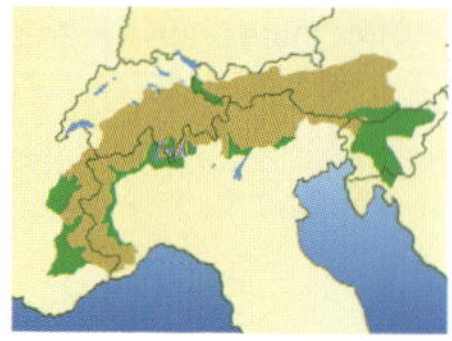

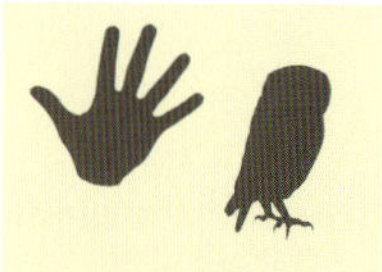

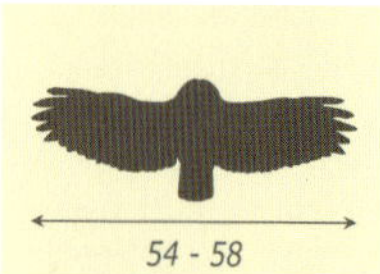

Standvogel, häufigster und am weitesten verbreiteter Nachtraubvogel in Europa. Lebt in offenen Kulturflächen und in bebauten, selten in bewaldeten Gebieten, in den Niederungen oder in Hügellandschaften, nutzt Gebäude oder andere Bauwerke zum Nisten (Dachböden, Heuschuppen, Höhlen usw.). In den Alpen kommt er in den weiten, bewirtschafteten Tälern vor und selten über 600 m, obwohl seine Anwesenheit lokal bis auf 1200 m registriert wurde.

Liebt die Dämmerung und die Nacht, zieht sich bei Tageslicht zurück, obwohl er manchmal auch tagsüber hervorkommt, vor allem im Winter, wenn man ihn auf einer erhöhten Warte, einem Dach oder einem Pfahl, entdecken kann, wo er sich von der Sonne wärmen lässt. In diesem Fall ist er durch seine charakteristische kleine und rundliche Erscheinung leicht zu identifizieren.

Gefieder oberseitig braun, weiß gefleckt, unterseitig hell mit rötlichen Bändern. Kopf am Scheitel abgeflacht, große gelbe Augen von auffälligen Überaugenstreifen umrahmt.

Im Flug gerundete Flügel, Fluglinie typischerweise wellig (wie beim Specht), mit schnellen Flügelschlägen im Wechsel zum Gleitflug mit geschlossenen Flügeln.

Umfangreiches Lautrepertoire, darunter schrille Alarmtöne («kju-kju-kju»), Gesang des Männchens gleicht einem klagenden Miauen.

Ernährt sich von Kleinsäugern, kleinen Vögeln und Wirbellosen, wie Regenwürmern, sucht nach dem Regen den feuchten Boden danach ab.

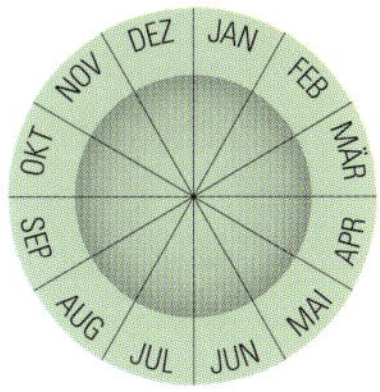

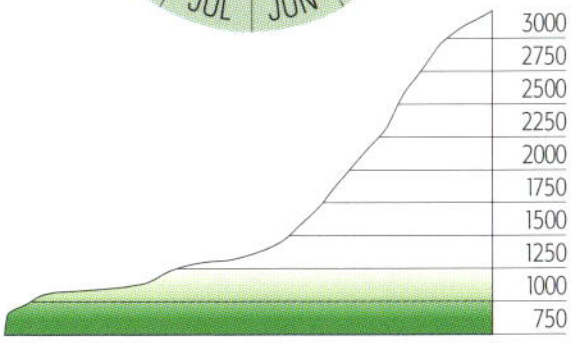

1. Untersetzter, kleiner Körper; großer, runder Kopf mit gelben, stolz blickenden Augen (Foto: F. Grazioli).
2. Oft auch tagsüber aktiv, nimmt bei Störung eine wachsame, aufgerichtete Haltung ein (Foto: W. Vivarelli).
3. Ganzjährig sehr ruffreudig, hat ein reiches Repertoire von schrillen Schreien und Miaulauten (Foto: W. Vivarelli).
4. Kurze, gerundete Flügel mit gebänderter Unterseite; schneller, wellenförmiger Flug (Foto: L. Sebastiani).
5. Nutzt häufig Gebäude als Versteck und Nistplatz (Foto: M. Mendi).

Ordnung: **Eulen**
(Strigiformes)
Familie: **Eigentliche Eulen**
(Strigidae)

Tengmalm's Owl
Chouette de Tengmalm
Civetta capogrosso

Raufußkauz

Aegolius funereus

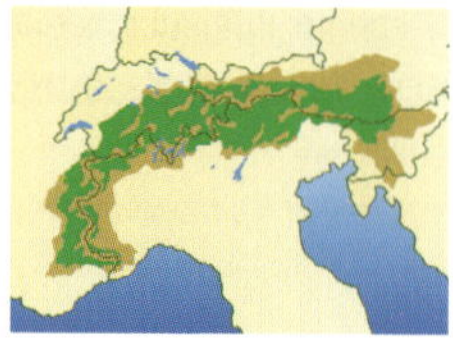

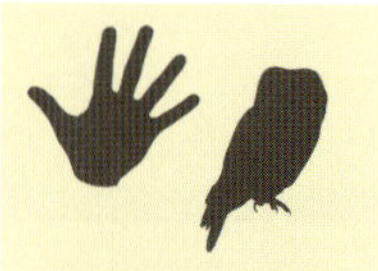

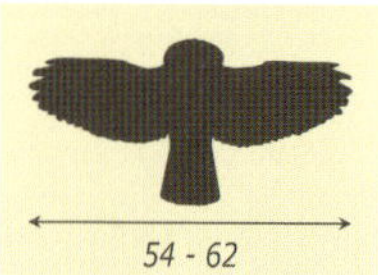

Hält sich wie der Sperlingskauz im Alpenraum in alten Nadelwäldern, oft mit Laubbäumen (Buchen) vermischt, auf. Nistet hauptsächlich an Nordhängen zwischen 900 m und 2000–2100 m, kommt aber regelmäßig auch in tieferen Lagen und sonnigeren Hängen vor. Seine Verbreitung ist eng an die Anwesenheit des Schwarzspechts gebunden, dessen Nesthöhlen er häufig zum Nisten nutzt. Nimmt auch gerne künstliche Nisthilfen an. Typisch ist, dass er bei Störung nur mit dem Kopf und weit geöffneten Augen aus dem Eingangsloch herausschaut.

Ausgesprochen nachtaktiv, verbringt den Tag versteckt in Nadelbaumkronen, kann daher hauptsächlich nachts und durch den Gesang wahrgenommen werden: ein langes «u-hu-hu-hu-hu» in schneller, ansteigender Folge, ist häufig vom Ende des Winters bis zum Frühlingsanfang zu hören.

Etwas größer als der Steinkauz, charakteristische Form durch den hervorstehenden, etwas länglichen Kopf, mit hellem Gesichtsschleier und auffallend gelben Augen. Die Stirn zieht sich V-förmig bis fast zum Schnabel. Bei Aufregung zeigt er einen äußerst stolzen Ausdruck. Gefieder oberseitig braun, mit weißen Sprenkeln bis zum Kopf, wo sie kleiner und dichter werden. In den ersten Lebenswochen sind die Nestlinge

aufgrund ihrer durchgehend dunkelbraunen Färbung nicht mit anderen jungen Nachtraubvögeln zu verwechseln.

Der Brutzyklus beginnt relativ frühzeitig, die Eiablage kann bereits Ende Februar erfolgen, doch in den höheren Lagen aufgrund der dortigen Schneeverhältnisse normalerweise später. 1–3 Jungen werden großgezogen, die nach ungefähr 30 Tagen flügge sind.

Die Nahrung besteht hauptsächlich aus Kleinsäugern und kleinen Vögeln, die sowohl auf Lichtungen wie auch im Walddickicht erbeutet werden. Die Beute wird während der anfänglichen Entwicklungsphase der Nestlinge angehäuft.

Die Art wird regelmäßig vom Waldkauz und vom Marder, der in die weiten Nestöffnungen eindringen kann, erbeutet.

Nicht besonders gefährdet, zur Erhaltung ist eine Waldpflege erforderlich, bei der die ältesten, morschen oder toten Bäume bestehen bleiben.

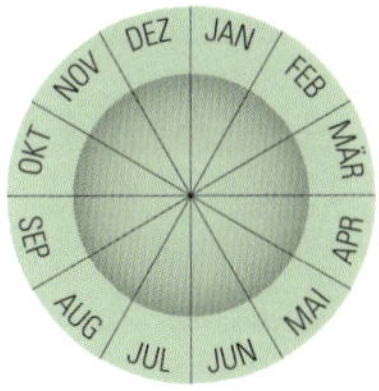

1. Ital. Namensgebung (capogrosso = großer Kopf) aufgrund des großen, breiten Kopfes mit hellem Gesichtsschleier (Foto: J. Tenovuo).
2. Nutzt gerne Nistkästen; Jungvögel mit typischer dunkelbrauner Färbung (Foto: B. Caula).
3. Gelbe Augen, die von hohen Überaugenstreifen überragt werden; gelblicher Schnabel (Foto: P. Saj).
4. Fast ausschließlich nachtaktiv, tagsüber, wenn er in Stammnähe oder im Pflanzendickicht ruht, schwer zu entdecken (Foto: P. Pirinen).
5. Nistet bevorzugt in reinen oder gemischten Nadelwäldern auf kühlen oder nordexponierten Hängen.

Ordnung: **Eulen**
(Strigiformes)
Familie: **Eigentliche Eulen**
(Strigidae)

Long-eared Owl
Hibou moyen-duc
Gufo comune

Waldohreule

Asio otus

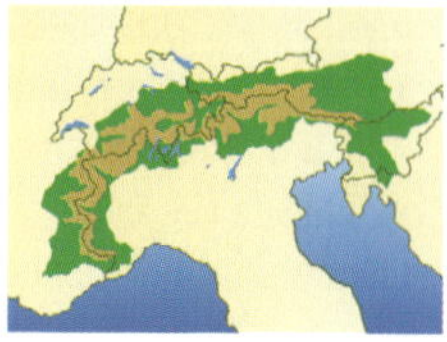

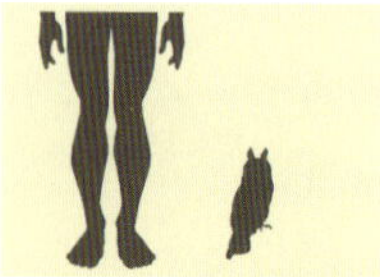

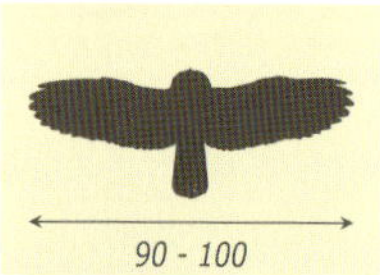

Mittelgroßer Nachtraubvogel, etwas kleiner als der Waldkauz, charakteristisch sind der recht zierliche Körperbau und die langen Federohren.

Das Gefieder variiert oberseitig von grau bis gelbbraun und ist rindenähnlich marmoriert; Hals, Brust und Flanken cremefarben und schwarz gebändert. Im Flug gut sichtbar ist die sehr helle Flügelunterseite, mit mehreren dunklen Querbändern an den Flügelspitzen und dunklem, sichelförmigem Bugfleck.

Hält sich in bewaldeten Landschaften mit viel Freifläche, auch bewirtschafteten oder bebauten Gebieten, auf. In den Alpen recht häufig in Laub- und Mischwäldern bis 1300 m. In höheren Lagen für gewöhnlich, wenn auch seltener, in Nadelwaldgebieten. Brütet bis über 1700 m, ihre Anwesenheit wurde bis auf 2000 m registriert.

Nutzt Nester anderer Vogelarten, vor allem von Rabenvögeln (Elster und Krähe), oft in Menschennähe. Im Alpenraum werden die Jungen normalerweise im Juni/Juli aufgezogen. Diese klettern, solange sie noch nicht fliegen können, in den Ästen rund um das Nest; rufen, oft die ganze Nacht lang, mit einem hohen, fiependen Klagelaut, der weithin hörbar ist. Der Gesang des Männchens ist ein tiefes, gedehntes «huh».

1
2

Vorwiegend nachtaktiv, versteckt sich tagsüber zwischen den Ästen, nimmt bei Störung eine typische, aufrechte Haltung mit senkrecht aufgerichteten Federohren ein.

Obwohl territorial und einzelgängerisch, neigt diese Eule während der kalten Monate zur Gruppenbildung an Tagesschlafplätzen (einzeln stehende Bäume, Wäldchen usw.).

Breites Nahrungsspektrum, vorzugsweise Kleinsäuger.

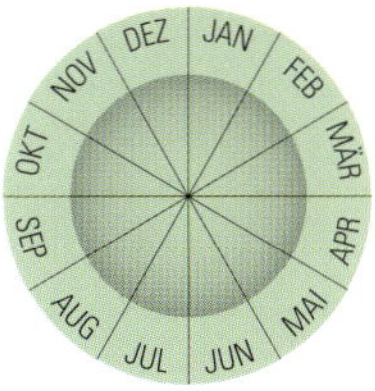

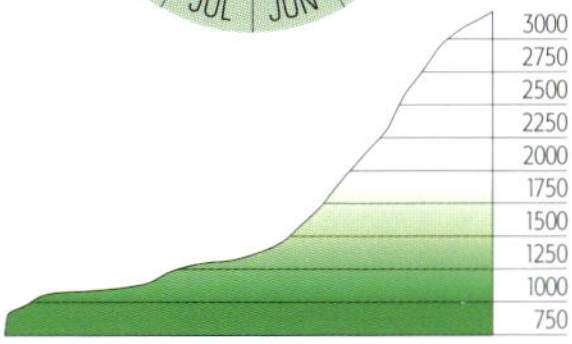

1. Schlanker Körper, vorstehender Kopf mit langen Federohren, intensiv gelborange Augen, schwarzer Schnabel (Foto: F. Grazioli).
2. Im Flug, helle Flügelunterseite mit dunkler «Sichel» am Handschwingenansatz (Foto: J. Tenovuo).
3. Jungvogel mit braungrauem Dunenkleid; gelbe Augen, Federohren bereits angedeutet (Foto: P. Saj).
4. Die Tarnfärbung des Gefieders fällt besonders deutlich während der Tagesruhe auf (Foto: F. Grazioli).
5. Im Winter sammeln sich am Tagesschlafplatz Gruppen, die auch individuenreich sein können. (Foto: F. Grazioli).

Ordnung: **Schwalmartige**
(Caprimulgiformes)
Familie: **Nachtschwalben**
(Caprimulgidae)

Nightjar
Engoulevent d'Europe
Succiacapre

Ziegenmelker

Caprimulgus europaeus

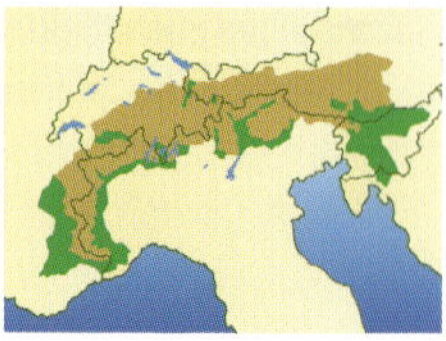

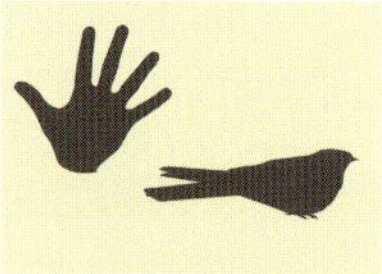

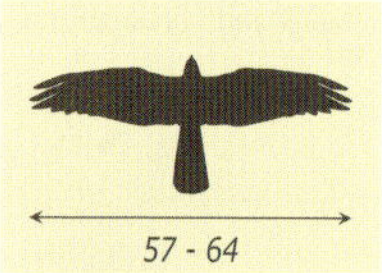

Einzige alpine Nachtschwalbenart, diese Vogelfamilie ist mit zahlreichen Arten auf allen Kontinenten vertreten und perfekt an das nächtliche Leben angepasst. Zugvogel, kommt Ende März nach Europa und bewohnt warme, trockene Gebiete mit viel Freifläche und geringem Baumbestand.

Lebt in den Alpen auf trockenwarmen, teilweise felsigen und bewaldeten Hängen. Recht häufig im Tiefland und bis 1000 m, steigt in stark exponierten Tälern bis 1400 m.

Ausgesprochenes Tarngefieder, braun, aber mit vielen grauen und schwarzen Flecken. Cremefarbener Streif unter den Augen und auf den Flügeln. Im Flug schlanke Form, mit langen, spitzen Flügeln und langem, rechteckigem Schwanz. Beim Männchen sind die weißen, im Flug gut sichtbaren Flecke an Flügelspitzen und Schwanz charakteristisch. Dämmerungs- und nachtaktiv, ruht tagsüber nahezu unsichtbar auf dem Boden oder auf einem Ast. Wird bei einbrechender Dämmerung aktiv, kann, wenn auch äußerst selten, im Jagdflug beobachtet werden; unregelmäßiger Flug mit häufigen Richtungswechseln. Oft bleibt er im «Rüttelflug» an Ort und Stelle, mit V-förmig erhobenen Flügeln und fast senkrechter Körperhaltung. Klatscht beim Balzflug die Flügel über dem

Rücken zusammen. Sein Gesang ist ein monotones, lang anhaltendes (manchmal minutenlanges), schnurrendes «errerrerrrr», das an die Lautäußerung der Maulwurfsgrille erinnert.

Ernährt sich von Nachtfaltern und anderen Fluginsekten, die in der Luft erbeutet und im Kehlsack gesammelt werden.

Bodenbrüter, verzichtet auf ein Nest, legt die Eier in eine leicht ausgepolsterte Bodenmulde am Fuß eines Baumes oder Strauches ab. Der umgangssprachliche wie auch der wissenschaftliche Name entstammen dem Volksglauben, dieser Vogel sauge nachts den Ziegen die Milch ab.

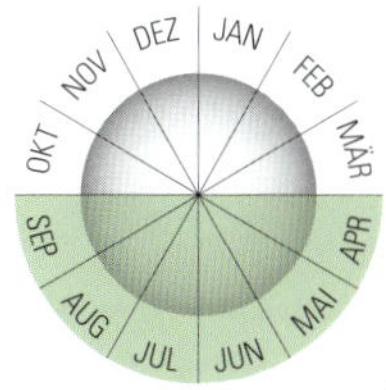

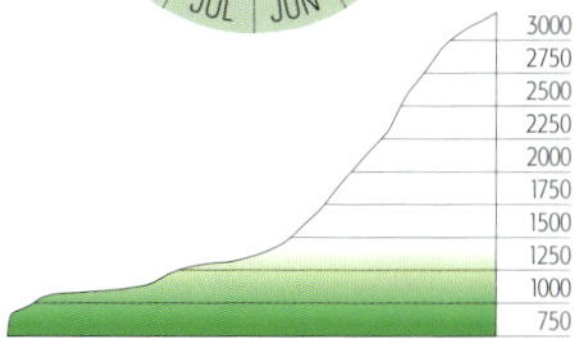

1. Ungewöhnliche und charakteristische Form: schlank, mit flachem Kopf, großen Augen und kurzem Schnabel (Foto: W. Vivarelli).
2. Lange Tastborsten rund um den großen Schnabel erleichtern im Dunkeln das Erbeuten von Nachtinsekten (Foto: F. Grazioli).
3. Ruht tagsüber mit zusammengelegten Flügeln und geschlossenen Augen auf dem Boden, ist dank seines Tarngefieders nahezu unsichtbar (Foto: A. Vezzani).
4. Das Männchen zeigt im Flug weiße Flecke an Flügelspitzen und Schwanzrändern, das Weibchen hat diese nicht (Foto: E. Torti).
5. Lebt auf warmen, besonnten Hängen und Talböden mit lockerem Baum- und Strauchbewuchs.

Ordnung: **Seglervögel** *(Apodiformes)*
Familie: **Segler** *(Apodidae)*

Alpine Swift
Martinet à ventre blanc
Rondone maggiore

Alpensegler

Apus melba

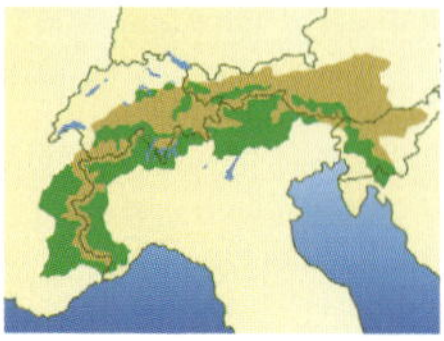

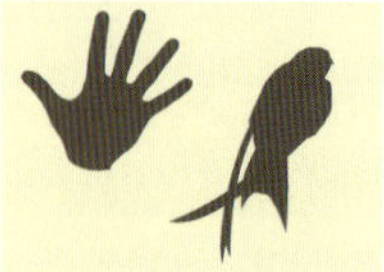

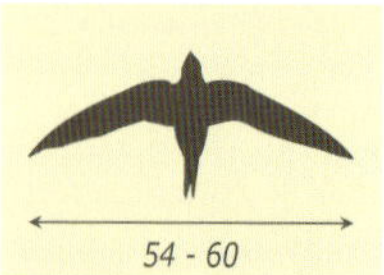

Mit einer Flügelspannweite von bis zu 60 cm größter in Europa vorkommender Segler. Im Flug sind die langen, spitzen Flügel stark nach hinten gebogenen, der Schwanz ist kurz und gegabelt. Man könnte vom Flugbild her auch an einen Falken denken, vor allem aufgrund der Flugart; fliegt normalerweise mit langsameren und regelmäßigeren Flügelschlägen als andere Segler und hat einen geradlinigeren Flug, oft charakterisiert durch lange Gleitphasen mit angewinkelten Flügeln. Aufgrund der großflächigen weißen Bauchpartie, die unterseits mit dem restlichen dunklen Gefieder kontrastiert, auch aus der Entfernung unverwechselbar. Die Oberseite ist fahl graubraun.

Langstreckenzieher, kommt zwischen März und April nach Europa, wo er in Kolonien in Felswänden, Küstenklippen, Nischen und Gebäuden, sowohl in Ortszentren als auch in freistehenden Strukturen, nistet. In den Alpen weit verbreitet, aber nicht sehr häufig, in den Voralpen und im Tiefland häufiger, jedoch auch mit einigen Kolonien bis 2000 m und höher vertreten, sowohl im westlichen als auch im mittleren und östlichen Alpengebiet.

Die alpinen Felskolonien bestehen meist aus wenigen Brutpaaren und nisten in Felsspalten, hauptsächlich in Kalkfelsflur, oft werden

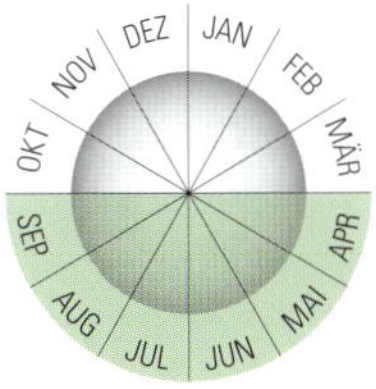

dieselben Nistplätze über mehrere Jahre belegt. Im Mittel werden zwischen Juni und August drei Eier gelegt.

Ist nur in der Brutzeit ruffreudig, dann stößt er einen charakteristischen, an- und absteigenden Triller aus.

Auf dem Speiseplan stehen Insekten und Spinnentiere, die ausschließlich im Flug erbeutet werden, oft in bemerkenswerter Höhe, im Alpenraum auch in über 3000 m.

1. Großer, mächtiger Segler mit langen, spitzen Flügeln, kleinem Kopf und kurzem, gegabeltem Schwanz (Foto: M. Mendi).
2. Die Oberseite ist einheitlich braun, aus der Entfernung erscheint sie schwarz (Foto: M. Mendi).
3. Kraftvoller, schneller Flug mit Sturzflügen und tiefen Flügelschlägen; Flugbild erinnert an einen kleinen Falken (Foto: M. Mendi).
4. Dank weißer Kehle und weißem Bauch auch aus der Entfernung unverwechselbar (Foto: P. Kuhno).
5. Brütet in den Alpen, neben bewohnten Gebieten, auch in Felswänden.

Ordnung: **Seglervögel** *(Apodiformes)*
Familie: **Segler** *(Apodidae)*

Common Swift
Martinet noir
Rondone comune

Mauersegler

Apus apus

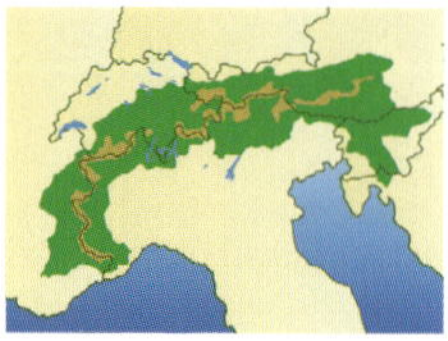

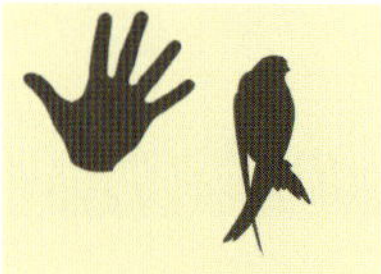

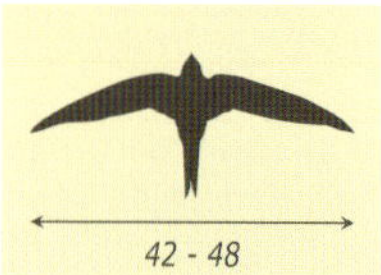

Unermüdlicher Flieger, fliegt den Großteil seines Lebens, ruht praktisch nur in der Brutzeit (Brutpflege und Jungenaufzucht). Die restliche Zeit, Tag und Nacht, verbringt er in der Luft: Jagt, legt Tagesstrecken von mehreren Hundert Kilometern zurück, schläft und paart sich gar in der Luft. Typischer Körperbau eines Seglers: lange, sichelförmige Flügel, kurzer, gegabelter Schwanz; das Gefieder ist dunkel, mit Ausnahme des grauweißen Kehlflecks.

Langstreckenzieher, ist zwischen Ende März und September in der ganzen Paläarktis verbreitet. Bewohnt praktisch alle Lebensräume, von der Steppe über Waldgebiete bis hin zur Tundra oberhalb des nördlichen Polarkreises. Nistete ursprünglich in natürlichen Baum- und Felshöhlen, hat sich ausgesprochen gut an die Anwesenheit von Menschen gewöhnt und nutzt Hohlräume in Steinbauten für Nistkolonien. In den Alpen stark an menschliche Siedlungen gebunden, nistet gelegentlich in freistehenden Gebäuden. Relativ häufig bis 1500 m, auch kleine Kolonien bis 2000 m.

In den Brutgebieten sehr ruffreudig, frühmorgens oder bei Einbruch der Dämmerung leicht zu beobachten, wenn sie in kleinen Gruppen um die Gebäude herumfliegen und ein typisches, durchdringendes «srieh-srieh» ausstoßen.

3

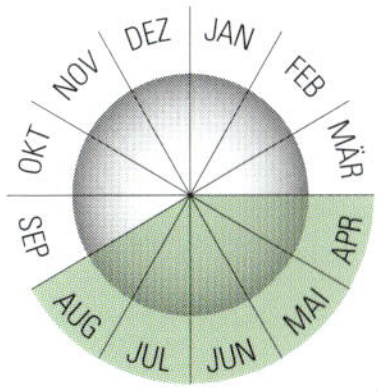

Kreist in den wärmeren Tagesstunden für gewöhnlich in großer Höhe auf der Suche nach Nahrung, die aus «Luftplankton» (Insekten und Spinnentieren) besteht, die er im Kehlsack sammelt, um sie dann den Nestlingen zu bringen.

Große Ansammlungen, die teils auch Hunderte von Individuen umfassen, können zum Ende des Sommers in hohen Lagen beobachtet werden.

1. Schneller Flug, schnelle Flügelschläge; verbringt den Großteil seines Lebens in der Luft, ernährt sich von Insekten (Foto: Z. Tunka).
2. Typischer Körperbau: lange, kräftige, sichelförmige Flügel und gegabelter Schwanz (Foto: W. Vivarelli).
3. Einheitlich braunschwarz gefärbt, mit hellem, schwer erkennbarem Kehlfleck (Foto: P. Casali).
4. Die Federn des Jungvogels sind mit hellen Rändern besetzt; er hat kurze Füße, aber kräftige Krallen, mit denen er sich an senkrechten Flächen festklammern kann (Foto: R. Ghiglia).
5. Sehr gesellige, Kolonien bildende Art, Kulturfolger, zur Brut an Gebäude in Siedlungsgebieten gebunden.

4

5

Ordnung: **Rackenvögel**
(Coraciiformes)
Familie: **Wiedehopfe**
(Upupidae)

Hoopoe
Huppe fasciée
Upupa

Wiedehopf

Upupa epops

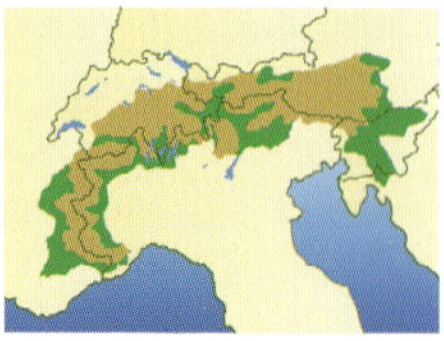

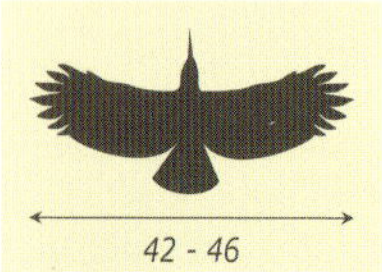

Schlanker, eleganter Vogel; unverkennbar, Merkmale: langer, gebogener Schnabel; aufrichtbare, rötliche Federhaube mit schwarzen Federspitzen; rostbraunroter Brust- und Oberkörperbereich, im Kontrast zu schwarz-weiß gebänderten Flügeln, Rücken und Schwanz. Im schmetterlingsartig gaukelnden, leicht wellenförmigen Flug sind die schwarzweißen Flecke auf den Flügeln auch auf Entfernung gut zu erkennen.

Transsaharazieher, kommt zwischen März und Mai nach Europa, bevorzugt warmes und trockenes Flach- und Hügelland mit viel bewirtschafteter oder unbewirtschafteter Fläche und vereinzelten Bäumen, kleinen Wäldern oder mit Trockenmauern durchsetzten Rebbergen. Kommt in den Alpen in den größeren Tälern vor, brütet regelmäßig in Tallagen und an besonnten Hängen bis 1000 m; seltene und lokale Vorkommen bis in höhere Lagen, wo er auch während des Zugs beobachtet werden kann.

Nistet in Baumhöhlen und Gebäudenischen, oft in trockenem Gemäuer, wo er bis zu 6 Eier legt, die nur vom Weibchen bebrütet werden. Charakteristisch ist der unangenehme Geruch, der aus dem Nesteingang strömt; dieser stammt von den Exkrementen der Nestlinge und soll vermutlich Jäger fernhalten.

Der Gesang ist ein tiefes, monotones «hu-hu-hu», das in langen und auf weite Entfernung hörbaren Sequenzen ausgestoßen wird.

Bodenvogel, sucht auf offenem Gelände nach Wirbellosen und kleinen Reptilien.

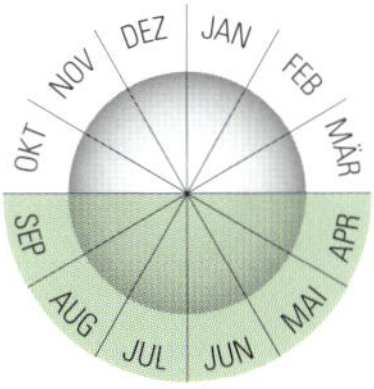

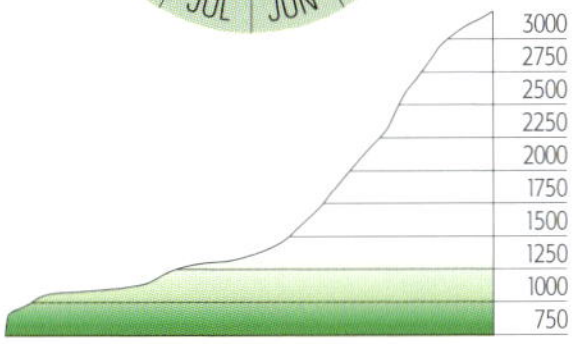

1. Absolut einzigartiger Vogel, langer Körper, schwarz-weiße Flügel; der Flug erscheint unregelmäßig. (Foto: P. Grazioli).
2. Trotz seines Aussehens ist er bei der Nahrungssuche am Boden nicht gut sichtbar (Foto: W. Vivarelli).
3. Der lange, gebogene Schnabel ist ideal für den Beutefang am Boden, vor allem bei größeren Insekten (Käfer, Grashüpfer usw.) (Foto: G. Conca).
4. Charakteristisches Gefiederelement ist die Federhaube, die bei Erregung aufgerichtet wird (Foto: W. Vivarelli).
5. Nistet in Höhlungen, wie in diesem alten Grünspechtnest (Foto: M. Graziano).

Ordnung: **Spechtvögel**
(Piciformes)
Familie: **Spechte**
(Picidae)

Wryneck
Torcol fourmilier
Torcicollo

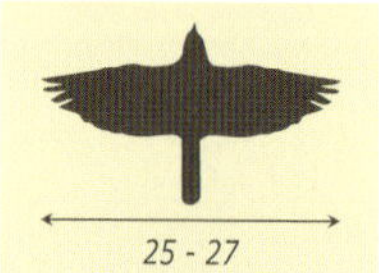

Wendehals

Jynx torquilla

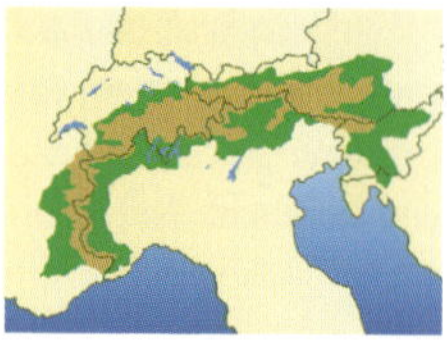

Kleiner Vogel (kaum größer als ein Spatz), doch im Gegensatz zu anderen Spechtarten klettert er nicht an Bäumen aufwärts und hackt mit dem Schnabel auch keine Löcher ins Holz; das liegt an seinem kleinen Kopf, dem empfindlichen Schnabel und den nicht steifen Schwanzfedern (die andere Spechtarten zum Abstützen am Stamm einsetzen). Ausgeprägtes Tarngefieder, oberseitig stark grau-braun gesprenkelt, Hals und Brust gelblich, schwarz gestreift. Dünne, schwarze Querbinden auf dem Schwanz, dunkler Augenstreif.

Einziger Zugvogel unter den europäischen Spechtarten, kommt in weiten Teilen Europas vor, wo er lichte Wälder und bewachsenes Bruchmauerwerk (auch Obstgärten) bevorzugt. In den Alpen in Talböden und auf Hängen bis 1200 m verbreitet. Kommt in höheren Lagen seltener vor, obwohl in der Brutzeit bis ca. 2000 m, auch in lichten Nadelwäldern.

Nistet in Baumhöhlen, einschließlich alter Spechthöhlen (vor allem des Buntspechts), sowie in Felsspalten und Gebäudenischen. Oft werden bereits besetzte Höhlen okkupiert und die Eier oder der vorhandene Nachwuchs entfernt, um die eigenen Eier abzulegen. Nicht selten werden zwei Gelege pro Jahr aufgezogen.

Sehr schwer zu beobachtende Art, am Gesang erkennbar: eine langanhaltende, klagende und gedämpfte Sequenz «gigigigigi», ähnlich dem Alarmruf eines kleinen Falken (z. B. Baumfalke).

Ernährt sich von Ameisen und deren Puppen, die er fast immer am Boden mit der langen, klebrigen Zunge aufnimmt. Die Beute wird in einen Kehlsack befördert, der Inhalt des Kehlsacks wird dann den Nestlingen verfüttert.

Eine merkwürdige Eigenart des Wendehalses (der er seinen Namen verdankt) ist sein Balz- und Drohverhalten: Er reckt seinen Hals, stellt seine Nackenfedern auf, dreht und wendet Hals und Kopf ruckartig und stößt zischende Laute aus, dass man meint, einer Schlange gegenüberzustehen.

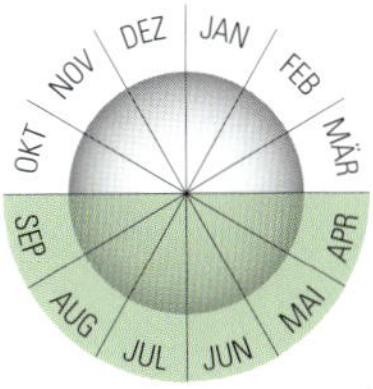

1. Ein untypischer Specht: kleiner, runder Kopf, kurzer, spitzer Schnabel und relativ langer Schwanz. Beide Geschlechter ähnlich (Foto: J. Tenovuo).
2. Das Tarngefieder, mit verschiedenen braunen, grauen und rötlichen Sprenkeln, macht es schwer, ihn zu entdecken (Foto: L. Sebastiani).
3. Braunrote Iris mit schwarzer Pupille, Hals und Unterseite rötlich braun gebändert. Kopfgefieder nur in Erregungssituationen gesträubt (Foto: L. Sebastiani).
4. Die Adulttiere füttern die Nestlinge, hier in einer alten Buntspechthöhle, hauptsächlich mit Ameisen und Ameisenlarven (Foto: M. Giordano – G. Nicolazzi).
5. Lebt in teilbewaldeten bis locker mit Bäumen bestandenen Landschaften, die genügend Nahrung bieten (Ameisen).

Ordnung: **Spechtvögel**
(Piciformes)
Familie: **Spechte**
(Picidae)

Lesser Spotted Woodpecker
Pic épeichette
Picchio rosso minore

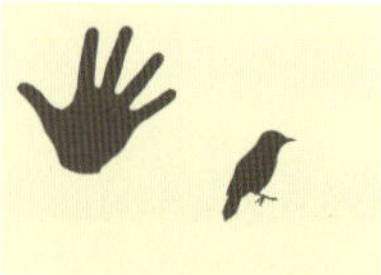

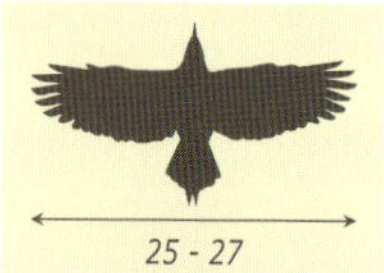

Kleinspecht

Dendrocopos minor

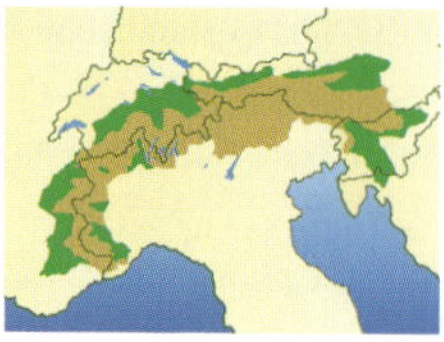

Kleinste europäische Spechtart und eine der sechs «schwarz-weißen Spechtarten» des Kontinents. Kompakter Körperbau mit kleinem, rundlichem Kopf und kurzem, spitzem Schnabel. Schwarze Oberseite vollständig weiß gebändert, auf dem Rücken enger und in Sitzposition gut sichtbar. Unterseite hell, Flanken und Brust zart gestrichelt, an den Unterschwanzdecken fehlt der rote Fleck, den beispielsweise der Buntspecht aufweist. Die Geschlechter unterscheiden sich in der Färbung des Scheitels: beim Männchen rot, beim Weibchen dunkel. Vom Schnabelansatz zieht sich ein schwarzer Bartstreif nach hinten, der sich nach unten Richtung Brust und nach oben Richtung Ohr teilt.

Lebt bevorzugt in offenen Laubwäldern mit vielen alten Bäumen und Totholz. Verbreitung in hohen Lagen abhängig vom Laubbaumbestand, in den Alpen in der Brutzeit nur selten über 1000 m. Es kommen häufiger Höhenirrtümer vor, bei denen diese Art auch im tiefen Winter in reinen Nadelwäldern auftaucht, in Ausnahmefällen bis 2000 m.

Nistet in Höhlen, die er in Stämme oder dünne Äste zimmert, der Ast oder Stamm muss aber morsch oder abgestorben sein (dadurch wird das Holz weich, sodass der kleine Specht es bearbeiten kann). Der Nesteingang hat einen Durchmesser von ca. 3 cm.

Ausgesprochen territorial, ruft häufig auch außerhalb der Brutzeit und stößt dabei eine Reihe hoher, metallisch klingender «ki-ki-ki-ki» aus; diese erinnern entfernt an die Rufe des Turmfalken. Sein Trommeln ist sehr schnell und im Allgemeinen kräftiger als dasjenige des Buntspechts.

Ernährt sich von Insekten, die er in Stämmen, an Ästen und im Blattwerk sucht, steigt dabei auch auf die kleinsten Zweige und bewegt sich nicht wie ein Specht, sondern eher wie eine Meise. Kann Insekten auch im Flug erbeuten.

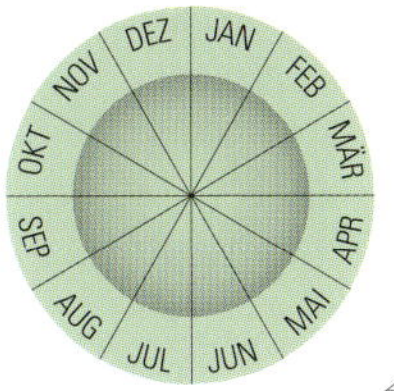

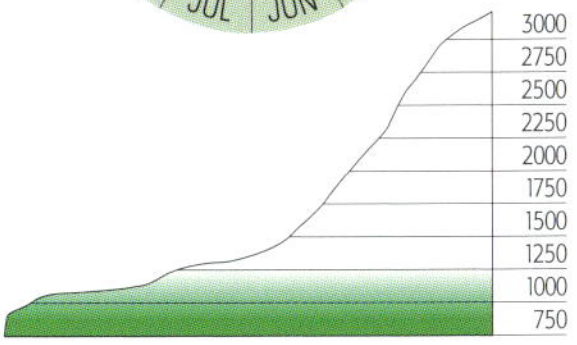

1. Gleicht von der Größe her einer Meise, mit der man ihn auf der Nahrungssuche auf kleinen, hohen Zweigen verwechseln kann (Foto: G. Conca)
2. Kleiner, aber kräftiger Körperbau, der Schnabel ist im Vergleich zu anderen schwarz-weißen Spechtarten relativ kurz (Foto: P. Kuhno).
3. Oberseitig schwarz mit weißen Bändern, weiße Wangen mit schwarzer Zeichnung, Männchen mit rotem Scheitel (Foto: A. Mähönen).
4. Weibchen vollständig schwarz-weiß, keine roten Stellen (Foto: A. Mähönen).
5. Ist in den Alpentälern, vereinzelt, in Laubwäldern der unteren und mittleren Lagen anzutreffen.

Ordnung: **Spechtvögel**
(Piciformes)
Familie: **Spechte**
(Picidae)

Great Spotted Woodpecker
Pic épeiche
Picchio rosso maggiore

Buntspecht

Dendrocopos major

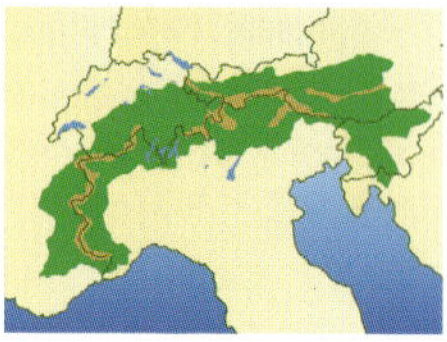

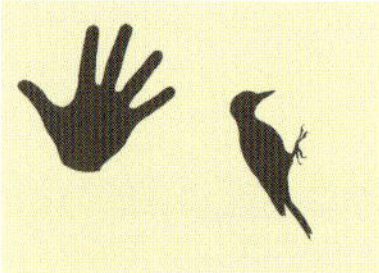

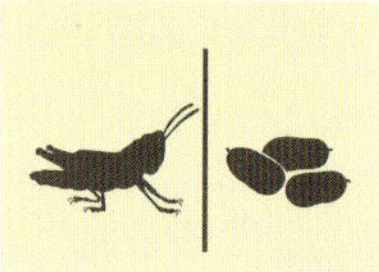

Etwa amselgroß, kräftiger, kompakter Körperbau, unterscheidet sich von den anderen «schwarz-weißen» Spechtarten durch seine Kopfzeichnung. Hat auf dem Scheitel eine große schwarze Kappe, die sich bis zum Rücken zieht, mit einem auffälligen roten Fleck, der sich beim Männchen im Nacken und beim Jungvogel über der Stirn befindet (beim adulten Weibchen nicht vorhanden). Ein schwarzer Bartstreif zieht sich bis zum Nacken hin und verläuft nach unten fast bis auf die Brust. Gefieder oberseitig schwarz, mit zwei ovalen, weißen Schulterflecken, diese fallen auch im Flug auf. Unterseite weiß, mit lebhaft roten Unterschwanzfedern bei Adulttieren. Der schwarz-weiße Schwanz ist zugespitzt, mit steifen Mittelfedern. Die dunklen Schwingen sind weiß gebändert.

Ausgesprochen wellenförmiger Flug, mit schnellen Flügelschlägen und völlig angelegten Flügeln in der Fallphase.

In Europa mit verschiedenen Unterarten vertreten, lebt in unterschiedlichen Lebensräumen, sowohl in Wäldern als auch lichten Baumbeständen, einschließlich intensiv landwirtschaftlich genutzter oder bebauter Gebiete. In den Alpen in allen Waldgebieten (Laub- und Nadelwäldern) bis 1800 m häufig und verbreitet, mit regelmäßigen Vorkommen bis zur Baumgrenze, Brutgrenze auf über 2000 m.

Aggressiv gegenüber Artgenossen, verteidigt sein Revier durch weithin hörbares Trommeln (hämmert mit dem Schnabel in einer Reihe schneller werdender, kräftiger Schläge auf das Holz).

Häufigster Ruf ist ein lautes, scharfes «kix». Nestlinge piepsen fortwährend, sind aber nur in Stammnähe zu hören.

Zimmert sein Nest in einen Baumstamm (Nestlochdurchmesser ca. 5 cm), meist wird das Nest mehrfach benutzt, auch von anderen Arten wie zum Beispiel dem Sperlingskauz.

Die Nahrung variiert, hauptsächlich Insekten sowie Pflanzliches (Samen, Früchte, Lymphe usw.). Findet die Insektennahrung im Holz, wobei er auch tiefe Löcher gräbt und sie dann mit der langen, mit kleinen Borsten besetzten Zunge hervorholt. Kann sich auch von Eiern und Nestlingen kleiner Vögel ernähren, holt diese oft aus den Nistkästen, indem er das Holz durchbohrt oder den Eingang vergrößert.

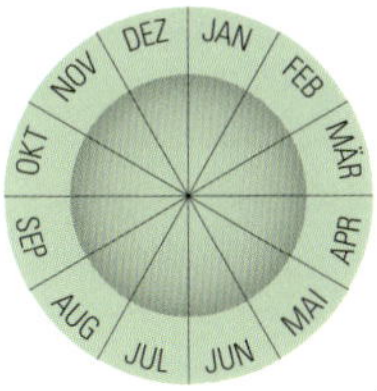

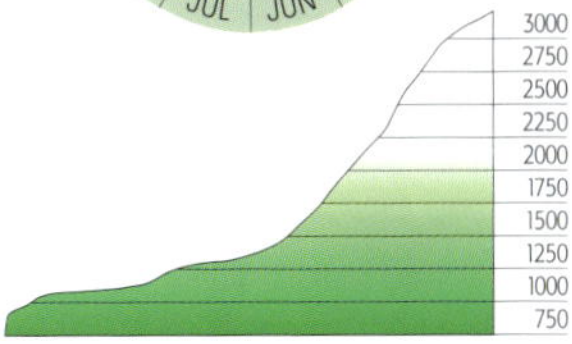

1. Häufigste schwarz-weiße Spechtart: Unterschwanzdecken lebhaft rot gefärbt, rötliche Stirn, schwarzer Scheitel und (beim Männchen) roter Nackenfleck (Foto: M. Mendi).
2. Auf dem schwarzen Rücken heben sich zwei weiße Schulterflecke ab; die mittleren Steuerfedern dienen zum Abstützen am Baumstamm (Foto: M. Giordano – G. Nicolazzi).
3. Das Weibchen hat keinen roten Nackenfleck (Foto: M. Mendi).
4. Mit dem kräftigen Schnabel bohrt er sowohl zur Nahrungssuche als auch zum Nest- oder Versteckbau Höhlen in den Stamm (Foto: M. Mendi).
5. Kommt ganzjährig in Laub- oder Mischwäldern, weniger häufig in Nadelwäldern vor.

Ordnung: **Spechtvögel**
(Piciformes)
Familie: **Spechte**
(Picidae)

Three-toed Woodpecker
Pic tridactyle
Picchio tridattilo

Dreizehenspecht

Picoides tridactylus

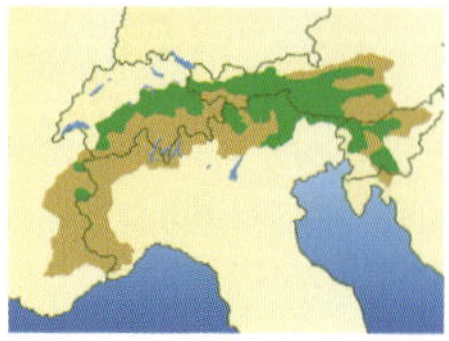

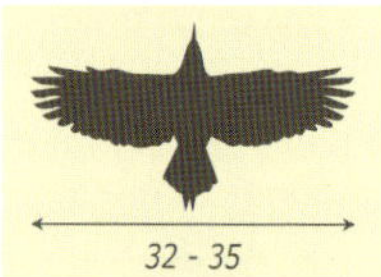

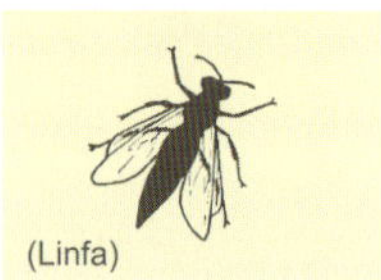

Etwa gleich groß wie der Buntspecht, verdankt seinen Namen dem Umstand, dass er nur drei Zehen hat (andere Spechte haben vier), zwei sind nach vorne, eine nach hinten gerichtet. Im Gegensatz zu anderen «schwarz-weißen» Spechtarten keine roten Flecke, insgesamt dunkler, mit vollständig schwarzen Flügeldecken und zart weiß gebänderten Schwingen. Rücken und Bürzel weiß und normalerweise auffällig, obwohl bei der in den Alpen vorkommenden Unterart *(alpinus)* Rücken und Bürzel mehr oder weniger dicht dunkel gebändert sind. Kopf großteils schwarz, beim Männchen mit gelbem Scheitel und bei beiden Geschlechtern mit zwei breiten weißen Bändern, die hinter dem Auge und vom Schnabel nach hinten und seitlich von Nacken und Hals nach unten verlaufen.

Ist in den Taigaregionen Nordeuropas verbreitet, aber auch als Reliktvorkommen aus der Eiszeit in einigen Gebirgen Mittel- und Südosteuropas anzutreffen. In den Alpen in den südöstlichen Abschnitten vertreten, während seine Anwesenheit weiter westlich auf die Alpennordseite beschränkt ist, bis zum französischen Savoyen.

Ist im Alpenraum an alte, ausgedehnte Nadelwälder (vor allem Fichtenwälder) gebunden, wo er in den weniger dichten Teilen mit zahlreichen Lichtungen und großem Schadholzanteil lebt. Brütet gewöhnlich

1

2

zwischen 1000 m und 2000 m, die Untergrenze liegt auf der Alpennordseite bei 700 m.

Sehr scheu und nicht sehr ruffreudig, häufigster Ruf ist ein einzelnes «gügg», das im Vergleich zum Ruf des Buntspechts leiser und weicher ist. Um das Revier abzugrenzen, trommelt er regelmäßig, langsam und kräftig, etwa so wie der Schwarzspecht.

Ernährt sich vorwiegend von holzbewohnenden Insekten und deren Larven (Holzkäferspezialist), hackt Insekten aus dem Holz oder schält die Rinde ab, um Larven aufzustöbern. Weibchen suchen in oberen Stammabschnitten und in Ästen nach Beute, Männchen hingegen häufiger in unteren Stammabschnitten und Totholz, meist näher am Boden. Ringelt außerdem auch Bäume und leckt den Baumsaft, dabei hinterlässt er charakteristische horizontale oder spiralförmige Linien kleiner, eng nebeneinanderliegender Löcher.

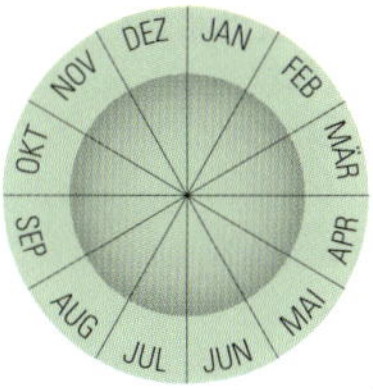

1. Insgesamt dunkler als andere schwarz-weiße Spechte, keine Rotanteile im Gefieder, Scheitel beim Männchen gelb (Foto: J. Tenovuo).
2. Kopf und Hals sind schwarz-weiß gebändert (Foto: P. Casali).
3. Hinterlässt beim Ringeln – auf der Suche nach Insekten und Baumsaft – typische Löcherketten (Foto: E. Adami).
4. Weibchen, erkennbar durch den fehlenden gelben Stirnfleck, am Nesteingang (Foto: E. Adami).
5. Wenig ruffreudige und heimlich lebende Art, ist in den Nadelwäldern, die sie bewohnt, sehr schwer zu entdecken.

die anderen Spechtarten als territoriales Signal, es ist laut und weithin hörbar und besteht aus langen, regelmäßigen Trommelwirbeln.

Typische Art der borealen und gemäßigten eurasischen Zonen, im Süden des Areals gewöhnlich auf Gebirgsregionen beschränkt. Ist in den Alpen an alten Nadel- und Laub-Hochwald gebunden (Buchen) und kommt hauptsächlich zwischen 1000 m und 1700 m vor. Selten in höheren Lagen, wo jedoch die höchstgelegenen Bruthöhlen auf rund 2000 m festgestellt wurden. Regelmäßige Vorkommen in niedrigen Lagen und den Voralpen, auch dank der jüngsten Arealausweitung dieser Art, bei der, obwohl standorttreu, außerhalb der Brutzeit beträchtliche Irrtümer vorkommen, mit dem Ergebnis, dass neue Gebiete besiedelt werden.

Baut seine Nisthöhle immer in relativ großer Höhe, die Eingangsöffnung ist oval und hat einen Durchmesser von bis zu 12 cm. Die Nisthöhlen werden häufig über mehrere Jahre hinweg beflogen, während verlassene Nisthöhlen oft vom Raufußkauz besetzt werden.

Lautes Balzverhalten mit Trommeln und typischen Balzrufen, charakteristischen Verfolgungsjagden zwischen Männchen und Weibchen sowie Gleitflügen des Männchens um das Weibchen herum, die gewöhnlich am Nest enden.

Die auffälligen Nahrungsspuren, die er mit dem Schnabel an den Baumstümpfen und -stämmen hinterlässt, sind in einem Wald oft das erste Anzeichen seiner Anwesenheit. Normalerweise handelt es sich um längliche (ovale oder rechteckige), teils sehr tiefe Löcher, unter denen sich am Boden Splitterhaufen bilden. Ernährt sich vorwiegend von Ameisen und holzfressenden Insekten.

6. Weißes Auge, recht langer und äußerst kräftiger Schnabel, der mit erstaunlicher Effizienz als Meißel eingesetzt wird (Foto: J. Tenovuo).
7. Schwerfälliger, geradliniger Flug, Wechsel zwischen wenigen Flügelschlägen und Gleitphase mit angelegten Flügeln (Foto: J. Tenovuo).
8. Geschickter Kletterer, hat ein sehr feines Gehör, mit dem er die Bewegungen von Insekten unter der Rinde orten kann (Foto: P. Pirinen).
9. Die Nestlinge haben bereits eine rote Stirn, aber einen kürzeren Schnabel als die Adulttiere (Foto: M. Giordano – G. Nicolazzi).
10. Bevorzugt Waldgebiete, sowohl Nadel- als auch Laubwälder, mit alten, säulenartigen Bäumen.

Ordnung: **Spechtvögel** *(Piciformes)*
Familie: **Spechte** *(Picidae)*

Green Woodpecker
Pic vert
Picchio verde

Grünspecht

Picus viridis

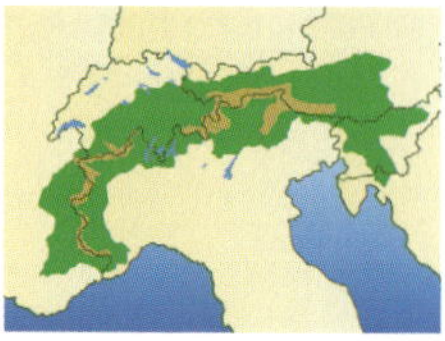

Mittelgroße Spechtart, spindelförmiger Körperbau, nur mit dem Grauspecht zu verwechseln, der ähnlich gebaut und gefärbt ist. Der Grünspecht ist aber kräftiger, hat einen größeren Schnabel und unterscheidet sich durch die Kopfzeichnung. Beide Geschlechter mit auffälliger roter Haube sowie schwarzer Gesichtsmaske, die sich unter dem Schnabel in einem breiten Bartstreif fortsetzt (beim Männchen rot gefärbt). Das Adultgefieder ist grünlich und im Flug sticht, von hinten betrachtet, der gelbliche Bürzelbereich hervor. Schwingen und Steuerfedern sind grünlich braun, hell-dunkel gefleckt und gebändert. Jungvögel sind matt grün, im weißen Hals- und Bauchbereich schwarz gebändert. Typischer wellenförmiger Flug, legt oft lange Strecken im offenen Gelände zurück, mit schnellen Flügelschlägen und Gleitphasen mit angelegten Flügeln.

Sehr ruffreudige Art, gibt häufig und auch im Flug ein wohlklingendes, ansteigendes «kjü-kjü-kjü» in schneller Folge von sich. Der Gesang ist eine lange Reihe von «klü»-Lauten, die an ein Lachen erinnern und gegen Ende in der Tonhöhe abfallen. Trommelt nur selten.

Bodengebundener als andere Spechtarten, kann oft auf der Nahrungssuche am Boden (Ameisen und andere Insekten) beobachtet wer-

den, nimmt die Beute mit seiner langen, klebrigen Zunge auf. Hält er sich am Boden auf, nimmt er bei Erregung eine aufrechte Haltung ein.

Nahezu überall in Kontinentaleuropa verbreitet, bevorzugt Randgebiete von Laub- und Nadelwäldern und offene Flächen, auch Kulturlandschaften mit altem Baumbestand. In den Voralpengebieten bis 1300 m häufig, regelmäßig in Lärchenbeständen des westlichen Alpengebiets bis 2000 m präsent.

Baut jedes Jahr eine neue Nisthöhle, die Eingangsöffnung hat einen Durchmesser von 5–7 cm. Zwischen März und Juni werden im Mittel 5–7 Eier abgelegt. Die Balz verläuft bei dieser Art geräuschvoll, mit Verfolgungen, auch aggressiven Verhaltensweisen zwischen den Partnern und mit Futterangeboten.

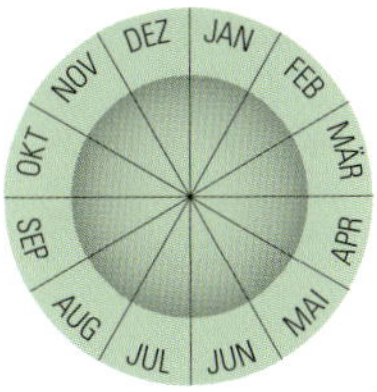

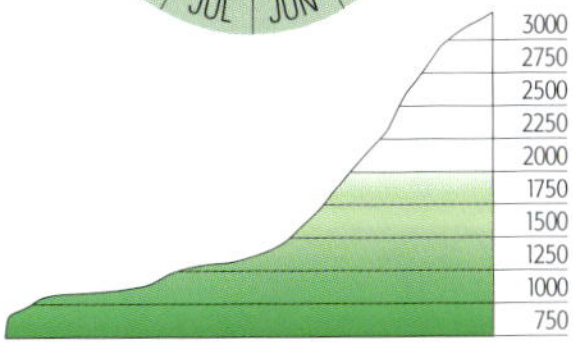

1. Kräftiger Körperbau, grünliches Gefieder mit gelblichem, im Flug gut sichtbarem Bürzel (Foto: A. Turri).
2. Hält sich häufiger als andere Spechtarten am Boden auf; das Männchen ist aus der Nähe am roten Bartstreif erkennbar (Foto: A. Turri).
3. Lebt oft in engem Kontakt zum Menschen, ernährt sich in (Gemüse-)Gärten, dennoch immer misstrauisch (Foto: M. Giordano – G. Nicolazzi).
4. Jungvögel leicht an ihrem gräulicheren, eng dunkel gebänderten Gefieder zu erkennen (Foto: M. Giordano – G. Nicolazzi).
5. Bevorzugt Randbereiche von Wäldern mit offenen Flächen, auf denen er nach Nahrung sucht, vorwiegend Ameisen.

2

3

4

5

Ordnung: **Spechtvögel** *(Piciformes)*
Familie: **Spechte** *(Picidae)*

Grey-headed Woodpecker
Pic cendré
Picchio cenerino

Grauspecht

Picus canus

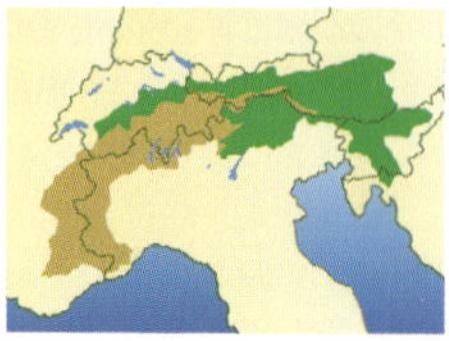

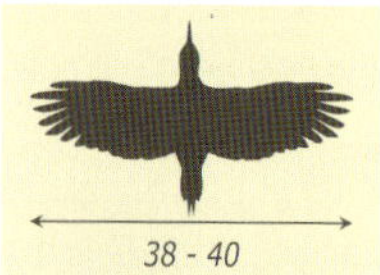

Sein Verbreitungsgebiet erstreckt sich hauptsächlich über die mittel-, süd- und südosteuropäischen Gebiete, wo er in den kühlen und feuchten Wäldern der Flach-, Hügel- und Berglandschaften nistet. Kommt in den Alpen nur im zentralen und östlichen Bereich regelmäßig vor, während seine Anwesenheit im westlichen Alpengebiet auf die Nordseite beschränkt ist. Für die südwestlichen Alpen gibt es alte Hinweise, die eine weitere Verbreitung in der Vergangenheit dokumentieren. Kommt in der Regel vom hügeligen Voralpenland bis 1700 m vor, doch am häufigsten zwischen 1000 m und 1600 m, wurde jedoch bis 2000 m in lichten Lärchenwäldern und im Bereich der Baumgrenze festgestellt.

Lebt in unterschiedlichen Lebensräumen, sowohl in Laub- als auch in Nadelwäldern, die aber über hohe Bäume, Totholz, Lichtungen und offene Flächen verfügen müssen.

Mittelgroße Spechtart, ähnelt dem Grünspecht, im Vergleich allerdings etwas kleiner und weniger langgestreckt. Kopf und Hals grau, kleiner roter Stirnfleck (nur beim Männchen), schmaler schwarzer Augen- und Bartstreif. Gefieder oberseitig einheitlich grünlich bis olivgrün, unterseitig graugrün. Im Flug sind die hellen Flecke auf den Schwingen, vor allem den Handschwingen, deutlich zu sehen.

Der Ruf erinnert etwas an seinen Verwandten und besteht aus einer Reihe in der Tonlage absinkender und gegen Ende langsamer werdender «kü»-Elemente.

Zimmert seine Nisthöhlen in alten, geschädigten Bäumen, besiedelt aber auch bereits vorhandene Spechtlöcher.

Komplexes Balzverhalten, mit rituellen, auffälligen Flügen und Verfolgungen im Flug und entlang von Baumstämmen.

Ernährt sich von zahlreichen Insekten, die er sowohl am Boden als auch in morschen, verfaulenden Baumstümpfen sammelt.

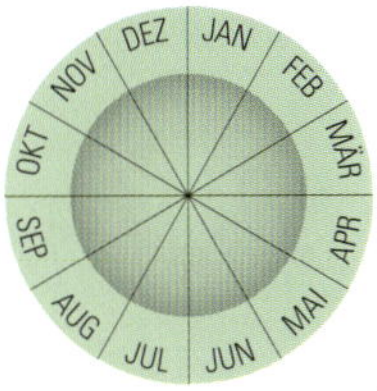

1. Gleicht farblich dem Grünspecht, ist aber kleiner und kompakter, Kopf steht weniger hervor, Schnabel ist kürzer und dünner (Foto: J. Tenovuo).
2. Eher scheue Art, singt weniger häufig als der Grünspecht; außerhalb der Brutzeit Einzelgänger und ausgesprochen territorial (Foto: P. Kuhno).
3. Weibchen mit grauem Kopf und schmalem, schwarzem Bartstreif; die mittleren Steuerfedern haben steife Schäfte und dienen dem Halt (Foto: A. Mähönen).
4. Männchen am roten Stirnfleck erkennbar (Foto: A. Mähönen).
5. Ist wie alle Spechtarten an Wald mit reichem Altholzbestand gebunden, sowohl Laub- als auch Nadelwald.

 Ordnung: **Sperlingsvögel** *(Passeriformes)*
Familie: **Lerchen** *(Alaudidae)*

Wood Lark
Alouette lulu
Tottavilla

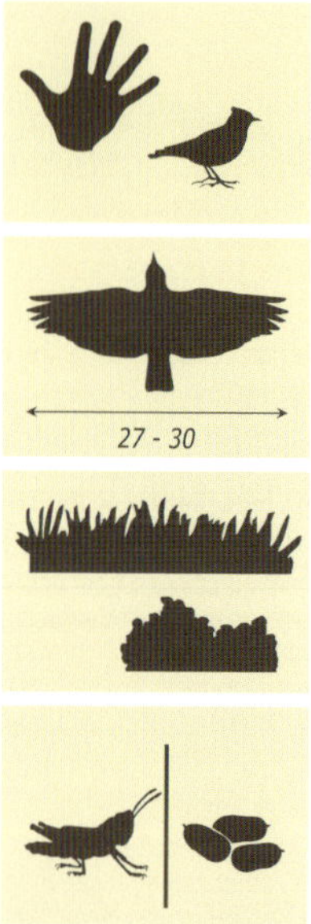

Heidelerche
Lullula arborea

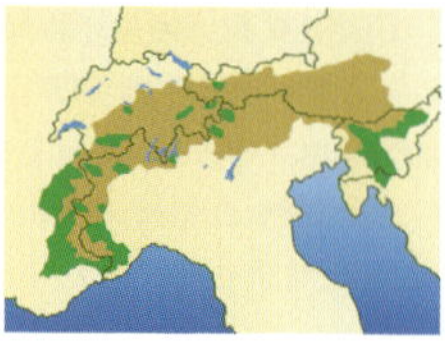

Kleiner als die Feldlerche, kompakt und rundlich, mit kurzem Schwanz, gerundeten Flügeln und dünnem Schnabel. Gefieder oberseitig hellbraun, durchzogen von schwarzbrauner Bänderung, unterseitig weißlich, mit rötlich schwarz gebänderter Brust. In Ruheposition ist ein schwarzer, weiß umrandeter Absatz auf dem Flügel in Schulternähe sichtbar. Markante Kopfzeichnung mit rötlich schwarz gestreifter Kappe und leicht hervorstehendem Federkranz im Nacken; deutlich ausgebildete weiße Überaugenstreifen treffen sich V-förmig im Nacken. Flug flatterhaft und wellenförmig, im Flug ist der weiß gerandete Schwanz gut zu erkennen.

2

1

Häufigster Ruf ist ein «didli». Singt am Boden, von einer Warte aus oder trägt den Gesang, wie die Feldlerche, in kreisendem Singflug vor. Der Gesang besteht aus einer Reihe melodischer, flüssiger Laute mit schneller und lauter werdendem Rhythmus.

Ist an offene, trockene, locker mit Bäumen und Büschen durchsetzte Landschaften gebunden. Brütet in den Alpen nur selten und wenn, dann in der Regel auf spärlich bewachsenen Sonnenhängen, wobei Steilhänge bis 1500 m bevorzugt werden. Brütet lokal, vor allem im westlichen Bereich, auch in höheren Lagen, auch bis über 2000 m.

Das Nest wird in der dichten Vegetation am Boden angelegt, meist in einer kleinen Mulde, die mit Gras, Moos und Tierhaaren gepolstert wird.

In der kalten Jahreszeit verlässt die kleine Alpenpopulation die mittleren und höheren Lagen und zieht sich komplett ins Tiefland zurück.

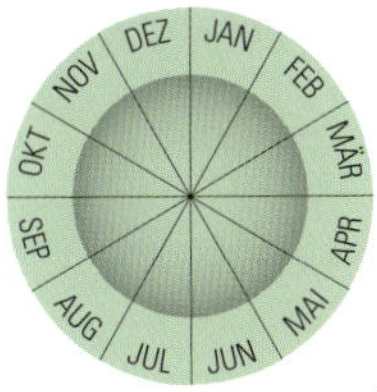

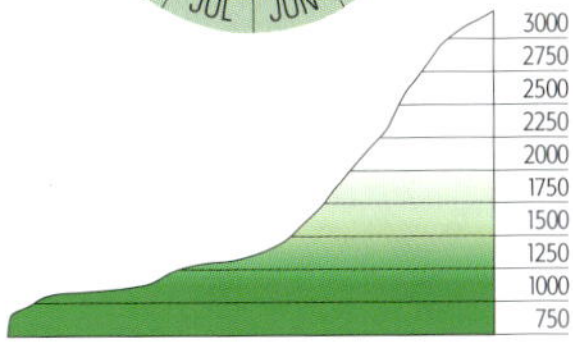

1. Klein und gedrungen, rundlicher Körper und relativ kurze Beine (Foto: J. Tenovuo).
2. Breite Flügel und sehr kurzer Schwanz; wellenförmiger Flug, häufig mit typischem Gesang (Foto: J. Tenovuo).
3. Kann bei Erregung die Scheitelfedern zu einer kleinen Haube aufstellen, die hellen Überaugenstreife treffen im Nacken zusammen, rötliche Wangen (Foto: J. Tenovuo).
4. Bodenbrüter, Gelege mit 3–5 Eiern (Foto: G. Conca).
5. Besiedelt trockene, sonnige, unregelmäßige Hänge mit lockerem Bewuchs.

3

5

4

Ordnung: **Sperlingsvögel** *(Passeriformes)*
Familie: **Lerchen** *(Alaudidae)*

Skylark
Alouette des champs
Allodola

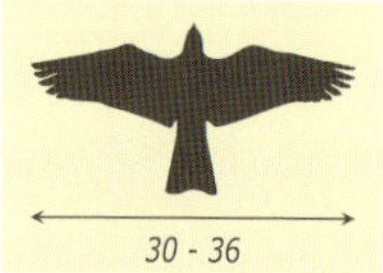

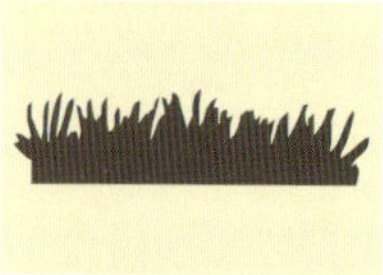

Feldlerche

Alauda arvensis

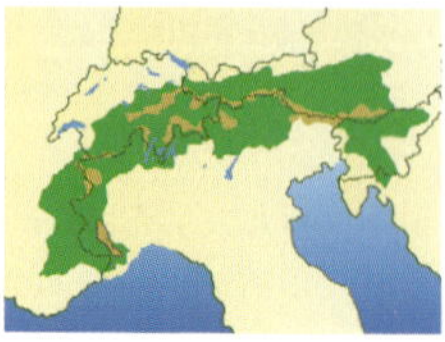

Stammt ursprünglich aus den eurasischen Steppen, kommt in Europa in allen offenen (bewirtschafteten oder unbewirtschafteten) Landschaften von Meereshöhe bis ins Gebirge vor. Ist in den Alpen sowohl in der Brutzeit als auch während des Zugs präsent, brütet in allen geeigneten Gebieten in Talsohlen, an bewirtschafteten Hängen, auf Wiesen und Bergweiden. Weit verbreitet bis 2000 m, besiedelt auch höhere Lagen bis auf 2700–2800 m, Voraussetzung ist ausreichender Graswuchs.

Eher kräftig gebaut, kräftiger Schnabel und relativ langer Schwanz, graubraunes Gefieder, oberseitig dunkel, unterseitig hell gefleckt, die hellbraune Brust ist deutlich dunkel gestreift. Am Kopf heller, breiter Überaugenstreif und kleiner Federschopf. Im Flug und aus der Nähe sind die weißen Endbinden der Schwingen und die weiße Schwanzaußenfahne gut sichtbar, ebenso der Kontrast der grauen Flügelunterseite zum hellen Körper.

Eher scheuer Bodenbewohner, typisch ist der Singflug mit einem langanhaltenden, fließenden Gesang in den Frühlingsmonaten. Steigt dabei nahezu senkrecht in große Höhen auf, kreist einige Zeit und steigt dann spiralförmig wieder ab.

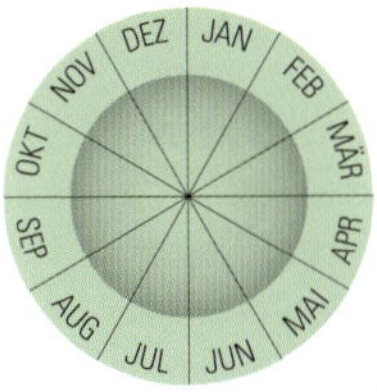

Außerhalb der Brutzeit gesellig, kann im Alpenraum in kleinen Gruppen beobachtet werden, auch während des Zugs; findet sich in niedrigen Lagen und während der Überwinterungszeit zu großen Ansammlungen mit Tausenden von Individuen zusammen.

1. Lerche mit breitem Schnabel und recht langem Schwanz; die lange Kralle der Hinterzehe deutet auf die bodennahe Lebensweise hin (Foto: G. Conca).
2. Kann bei Erregung den Kamm aufstellen, der normalerweise nicht erkennbar ist (Foto: F. Grazioli).
3. Am Boden schwer auszumachen, kann leichter während des Singflugs beobachtet werden, der in beachtlicher Höhe erfolgt (Foto: Z. Tunka).
4. Gefieder insgesamt recht einheitlich, oberseitig rötlich mit bräunlichen Flecken und auf der Brust eng gestreift; unterseitig weiß (Foto: F. Grazioli).
5. An offene, bewirtschaftete und natürliche Grasflächen gebunden, von der Talsohle bis in höhere Lagen.

Ordnung: **Sperlingsvögel**
(Passeriformes)
Familie: **Schwalben**
(Hirundinidae)

Crag Martin
Hirondelle de rochers
Rondine montana

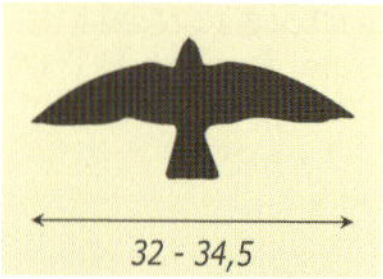

Felsenschwalbe

Ptyonoprogne rupestris

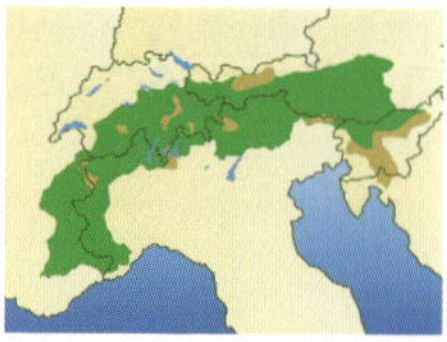

Etwa so groß wie die Rauchschwalbe, aber kräftiger, unterscheidet sich von anderen Schwalbenarten in den Alpen durch die Gefiederfärbung, die insgesamt graubraun ist, oberseitig vor allem auf den Schwingen dunkler und unterseitig blass, insbesondere am Körper. Über den kurzen, kaum gegabelten Schwanz zieht sich oberseitig eine weiße Fleckenbinde, die im Flug deutlich zu erkennen ist.

Ist in Europa in den südlichen Gebieten verbreitet, von Meereshöhe bis auf 2400 m in den Alpen. Ursprünglich an Felslandschaften gebunden, besiedelt sie zunehmend Bauten (Gebäude, Brücken usw.); im Alpenraum, wo sie den felsigen Gebieten treu bleibt, nistet sie inzwischen auch regelmäßig in Siedlungsgebieten.

Ihr trichterförmiges Nest besteht, ähnlich wie dasjenige der Rauchschwalbe, aus einer Schlammmasse. Es wird an Felsenwänden, auch kleineren, im Schutz eines Vorsprungs oder einer Spalte angelegt, oft in der Nähe der Nester von Artgenossen und manchmal in kleinen Mischkolonien mit der Mehlschwalbe.

Fliegt häufig eng vor Felswänden mit akrobatischen Wendungen und Gleitphasen mit ausgebreiteten Flügeln, aber auch in größeren Höhen auf der Jagd nach Insekten.

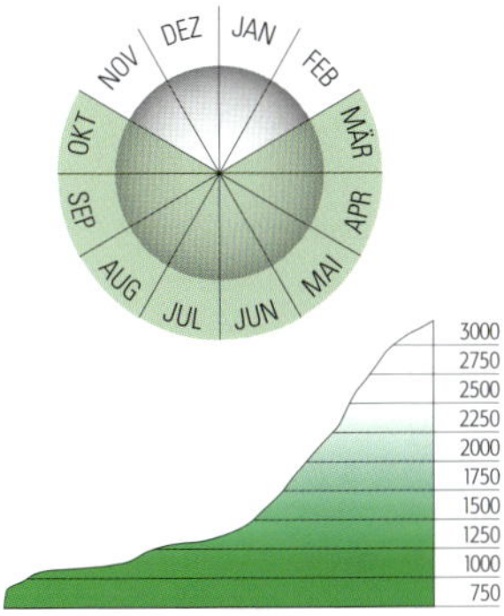

Ihr Lautrepertoire ist begrenzt: kurze, hohe, trockene Rufe und ruhiger, kehliger Gesang.

Verlässt in den Wintermonaten den Alpenraum und begibt sich in südlichere Breiten, doch an wärmeren Tagen und sogar mitten im Winter können einzelne Individuen oder kleine Gruppen in besonnten, felsigen Gebieten der Talsohlen angetroffen werden.

1. Kleine, aber robuste Schwalbenart, mit einheitlich graubraunem Gefieder, unterseitig heller (Foto: M. Giordano – G. Nicolazzi).
2. Jungvögel ähneln den Adulttieren bis auf die helleren Federränder und die gelblichen Schnabelwülste (Foto: M. Giordano – G. Nicolazzi).
3. Im Flug gedrungener Körper mit dreieckigen Flügeln, Flügelunterseite mit dunkleren Decken, die hellen Schwanzflecke sind nur bei ausgebreitetem Schwanz sichtbar (Foto: F. Grazioli – J. Tenovuo).
4. Lässt sich oft auf Felsen nieder; die Flügel sind deutlich länger als der Körper (Foto: M. Mendi).
5. Typische Schwalbenart der Gebirgsfelswände, wo sie sich manchmal auch im Winter aufhält.

Ordnung: **Sperlingsvögel** *(Passeriformes)*

Familie: **Schwalben** *(Hirundinidae)*

Barn Swallow

Hirondelle rustique

Rondine

Rauchschwalbe

Hirundo rustica

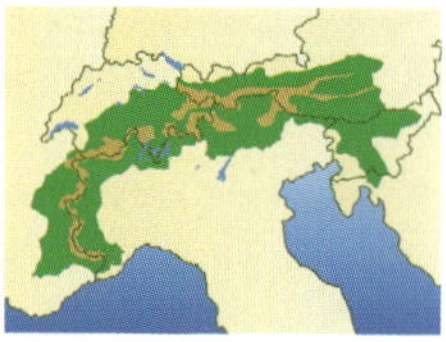

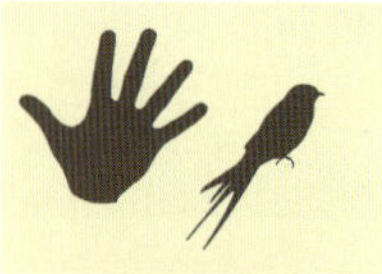

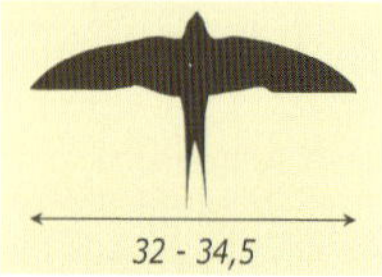

Bekannteste Vogelart unserer Landschaft, Symbol für den Frühlingsbeginn, wenn sie aus ihrem afrikanischen Winterquartier zurückkehrt.

Schlank und schmächtig, lange, spitze Flügel und, bei Adulttieren, charakteristischer Schwanz mit deutlich ausgeprägten und verlängerten äußeren Steuerfedern. Gefieder oberseitig schwarz mit bläulichen Reflexen, unterseitig weiß mit grauer Flügelunterseite. Kopf großteils schwarz, Stirn, Kinn und Kehle rostrot (beim Jungvogel orangefarben), dunkelbraunes Brustband.

Wendiger, leichter Flug, akrobatisch und mit ständigen Richtungswechseln bei der Futtersuche; ernährt sich fast ausschließlich von Fluginsekten. Ist nur selten am Boden, meist nur zum Sammeln von Nestmaterial. Häufigster Ruf ist ein hohes, einfaches bis mehrsilbiges «wid-wid», das im Flug ausgestoßen wird, der Gesang ist ein rasches, melodisches Zwitschern, das durch Triller und schrille Töne unterbrochen wird.

In Europa in allen ländlichen Gebieten verbreitet, vor allem bei Anwesenheit von Haustieren. Nistet in Ställen, Scheunen und manchmal Wohnhäusern, immer in der Nähe offener, insektenreicher Flächen. In den Alpen eng an die Anwesenheit von Weidetieren gebunden, auch in geringer Zahl, Voraussetzung ist, dass geeignete Unterstände vorhan-

den sind, in denen genistet werden kann. Selten oberhalb von 1300 m zu finden, die Brutgrenze wurde bei 1800 m festgestellt.

Während des Zugs, vor allem nach der Brut, überquert eine beachtliche Anzahl Rauchschwalben die Alpen, bei widrigen Witterungsverhältnissen kann diese Art schwere Verluste erfahren.

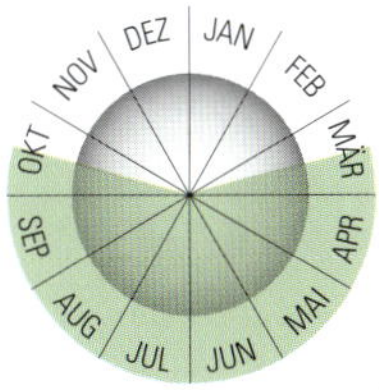

1. Baut ein trichterförmiges Nest aus Halmen und Schlamm, in das 4–5 Eier gelegt werden (Foto: L. Sebastiani).
2. Schwanz mit weißen Spitzen und verlängerten äußeren Steuerfedern, beim Männchen noch länger (Foto: W. Vivarelli).
3. Äußerst flink, extrem guter Flieger, schnelle Sturz- und Gleitflüge, um Insekten zu fangen (Foto: P. Casali).
4. Erscheint aus der Entfernung schwarz-weiß, aus der Nähe erkennt man rötliche Stirn und Hals sowie bläuliche Reflexe im Gefieder (Foto: A. Turri).
5. Lebt und brütet in ländlichen Gebieten, baut seine Nester in Ställen, Scheunen und Torbögen.

Ordnung: **Sperlingsvögel** *(Passeriformes)*
Familie: **Schwalben** *(Hirundinidae)*

House Martin
Hirondelle de fenêtre
Balestruccio

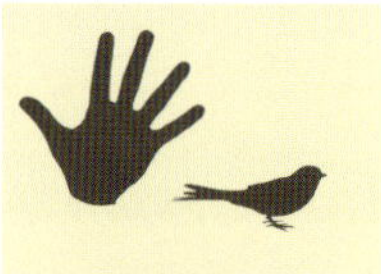

Mehlschwalbe

Delichon urbicum

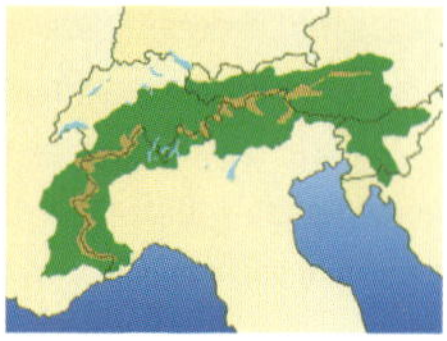

Etwas kleiner als die Rauchschwalbe, aber kompakter, im Flug aufgrund des sehr kontrastreichen schwarz-weißen Gefieders eindeutig zu erkennen. Vor allem oberseitig bläulich schwarz, mit Ausnahme des absolut weißen Bürzels, der sich seitlich mit der von den Schwanzunterdecken bis zum Hals ebenfalls schneeweißen Unterseite verbindet. Schwanz ober- und unterseitig schwarz. Beine dicht befiedert.

Häufigster Ruf ist ein einfaches «prrit», der kontinuierlich, vor allem in Nestnähe, ausgestoßen wird. Erreicht im Flug große Höhen, häufig in Gesellschaft der Rauschschwalbe.

Transsaharazieher, ist in ganz Europa weit verbreitet, lebt sowohl in offenen, besiedelten und ländlichen Gebieten als auch in felsigen Regionen, an der Küste oder im Landesinneren, wo sie in Kolonien auf Bauwerken (Gebäude, Brücken usw.) oder an Felswänden nistet. Im gesamten Alpenraum verbreitet, relativ häufig bis 2000 m, maximale Nisthöhe bis 2500 m.

Das Schlammnest ist rundlich und bis auf einen kleinen Eingang, aus dem die Nestlinge kurz vor dem Abfliegen öfter herausschauen, vollständig abgeschlossen.

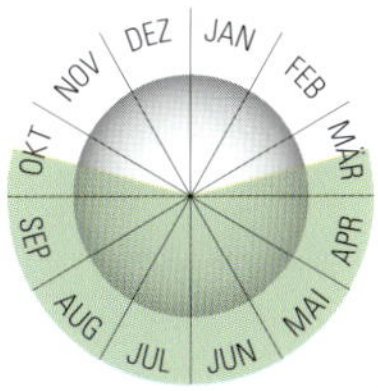

Bildet oft Kolonien mit der Felsenschwalbe. Ganzjährig gesellige Art, nach der Brutzeit sammeln sich individuenreiche Gruppen mit bis zu 1000 Tieren; diese Ansammlungen kommen auch in den Alpen vor, große Schwärme, die sich einige Tage an den exponierten Felswänden aufhalten.

1. Kleiner als die Rauschschwalbe, kompakter Körperbau und im Verhältnis größerer und rundlicherer Kopf (Foto: G. Conca).
2. Nest aus Schlamm, geschlossene, halbkugelige Form mit Eingang im oberen Bereich; wird unter Simsen, Balkonen und an Felswänden angelegt (Foto: M. Giordano – G. Nicolazzi).
3. Flug im Vergleich zur Rauchschwalbe steifer, weniger wendig; Unterseite weiß mit grauer Flügelunterseite, ausgebreiteter Schwanz dreieckig (Foto: J. Tenovuo).
4. Oberseite bläulich schwarz, mit auch auf Entfernung gut sichtbarem, weißem Bürzel; geschlossener Schwanz gegabelt (Foto: L. Sebastiani).
5. Bildet Kolonien, nistet in Tälern oft an Felswänden, auch gemeinsam mit Felsenschwalben.

Ordnung: **Sperlingsvögel** *(Passeriformes)*
Familie: **Stelzen und Pieper** *(Motacillidae)*

White Wagtail
Bergeronnette grise
Ballerina bianca

Bachstelze

Motacilla alba

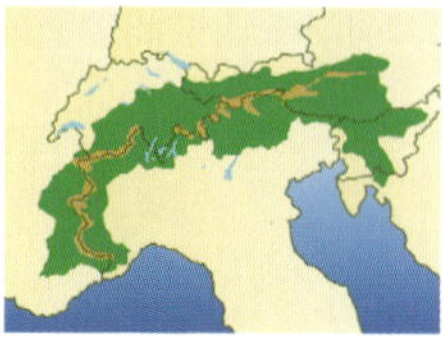

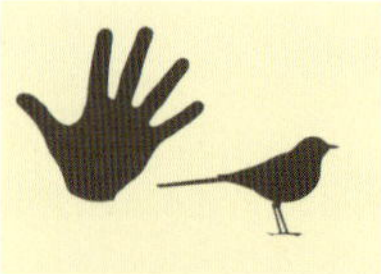

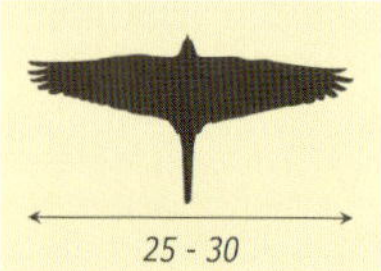

Schlanker, länglicher Körper mit langem Schwanz und langen Beinen; sehr eleganter Vogel, wippt ständig mit dem Schwanz. Ist im Brutkleid aufgrund des schwarz-weißen Kontrasts der Vorderpartie (Kopf, Hals und Brust) unverwechselbar, der durch die weiße Unterseite und den hellgrauen Rücken betont wird. Schwarzer Schwanz, mit Ausnahme der weißen äußeren Steuerfedern. Das Schlichtkleid und das Gefieder der Jungvögel sind wesentlich weniger markant.

Im Flug aufgrund des langen Schwanzes und des wellenförmigen Flugs leicht zu erkennen; häufiger Ruf ein doppeltes «zie-witt».

2

1

In fast ganz Europa verbreitet, besiedelt eine Vielzahl offener, auch vom Menschen beeinflusster Lebensräume, nistet bevorzugt in Wassernähe. In den Alpen bis 2000 m, seltener und lokal begrenzt in höheren Lagen, und in der Regel entlang von Wasserläufen, in Siedlungen, in ländlicher Gegend und in der Nähe von Berghütten verbreitet. Sporadisches Vorkommen im Winter über 1000 m.

Das Nest wird in der Regel in Halbhöhlen und Nischen von Mauern, Felsen, Bäumen oder am Boden gebaut. Zwei Gelege pro Jahr mit bis zu drei Jungen.

Ruht trotz bodennaher Lebensweise gerne auf Bäumen oder anderen erhöhten Orten. Ernährt sich hauptsächlich von Wirbellosen, wird im Alpenraum häufig in der Nähe des Viehs beobachtet. Außerhalb der Brutzeit gesellig, kann zur Futtersuche und auf Schlafbäumen individuenreiche Gruppen bilden.

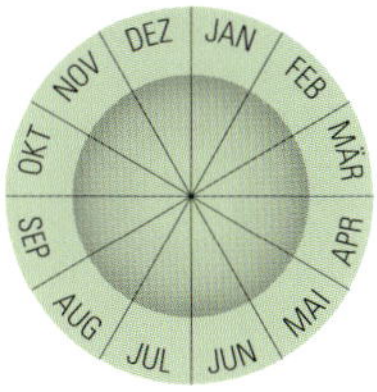

1. Häufige, unverwechselbare Vogelart, schlank und elegant, mit langem, wippendem Schwanz (Foto: G. Conca).
2. Die Schwarzweiß-Kopfzeichnung ist bei Jungvögeln und Adulttieren im Winter- oder Brutkleid sehr variabel (Foto: G. Conca).
3. Konstante Merkmale sind die aschgrauen Oberpartien, die weißen Unterpartien, der schwarze Schwanz mit den hellen Schwanzkanten und die schwarzen Füße (Foto: M. Giordano – G. Nicolazzi).
4. Männchen im Brutkleid: breiter, schwarz schillernder Brustlatz, Stirn und Wangen weiß, schwarze Kappe (Foto: M. Giordano – G. Nicolazzi).
5. Zu den verschiedenen Brutgebieten gehören auch Berghütten und Hochweiden, die viele Nistmöglichkeiten und ein reiches Nahrungsangebot bieten.

 Ordnung: **Sperlingsvögel** *(Passeriformes)*
Familie: **Stelzen und Pieper** *(Motacillidae)*

Grey Wagtail
Bergeronnette des ruisseaux
Ballerina gialla

Gebirgsstelze

Motacilla cinerea

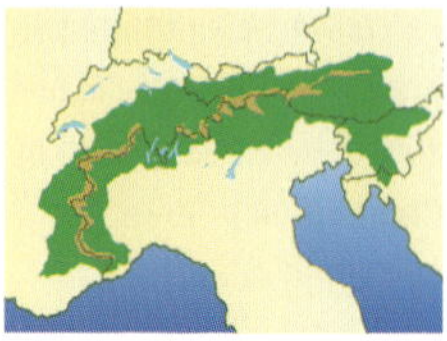

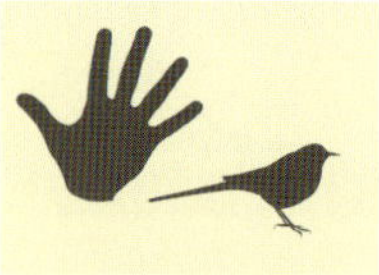

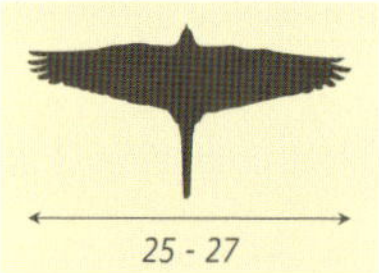

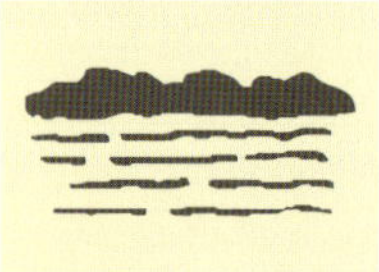

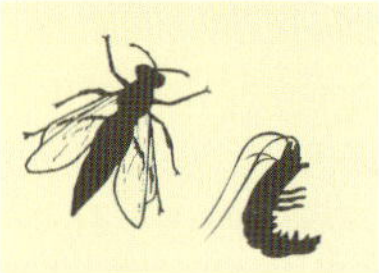

Schlank und elegant, leicht an ihrer langgestreckten Form zu erkennen und am Boden am ständig wippenden Schwanz. Männchen mit oberseitig aschgrauem Gefieder, schwarzem Schwanz und schwarzen Flügeln, Flügel mit im Flug deutlich sichtbarem weißem Band. Der graue Kopf ist gekennzeichnet durch weiße Überaugen- und Bartstreife, während die Kehle schwarz ist (im Winter weiß) und einen Kontrast zur gelben Unterseite bildet. Beim Weibchen ist die Kehle weiß und die Unterseite weniger intensiv gelb gefärbt. Außerhalb der Brutzeit werden die unteren Partien sehr hell, mit Ausnahme der Unterschwanzdecken, die intensiv gelb bleiben.

Eng an Fließgewässer gebunden, typische Art der Bergbäche und im ganzen Alpenraum verbreitet, am häufigsten bis 1700 m, nistet aber auch in höher gelegenen Wiesen und Weiden, durch die oberflächliche Gewässer fließen. Den idealen Lebensraum bilden schattige und steinige Bachufer.

Das Nest wird in natürlichen und künstlichen Löchern und Nischen gebaut. Normalerweise zwei Gelege pro Jahr, im Durchschnitt werden bis zu vier Jungvögel aufgezogen.

Der eher einfache Gesang besteht aus einer Reihe kurzer Wiederholungstöne: ein scharfes «zit, zit», das vor allem im Flug ausgestoßen wird und dem Ruf der Bachstelze ähnelt, allerdings metallischer und härter ist.

Einzelgänger und territorial, kann im Alpenraum ganzjährig beobachtet werden, im Winter allerdings seltener oberhalb 1000 m.

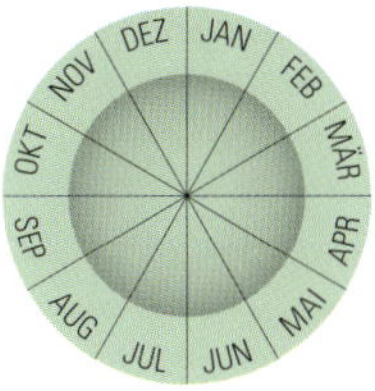

1. Wie die artverwandte Bachstelze durch einen langen, wippenden, schwarz-weißen Schwanz charakterisiert (Foto: L. Sebastiani).
2. Typische zitronengelbe Unterpartie; oberseitig grau, mit schwarzbraunen Flügeln, auffälliger weißer Überaugenstreif; Weibchen mit weißer Kehle (Foto: W. Vivarelli).
3. Zutraulich, sucht unermüdlich den Ufern entlang nach kleinen Insekten als Futter (Foto: W. Vivarelli).
4. In der Brutzeit hat das adulte Männchen eine komplett schwarze Kehle (Foto: G. Conca).
5. Nistet in Wassernähe, an Flüssen, Bächen, Kanälen und Bergseen.

Ordnung: **Sperlingsvögel**
(Passeriformes)

Familie: **Stelzen und Pieper**
(Motacillidae)

Tawny Pipit
Pipit rousseline
Calandro

Brachpieper

Anthus campestris

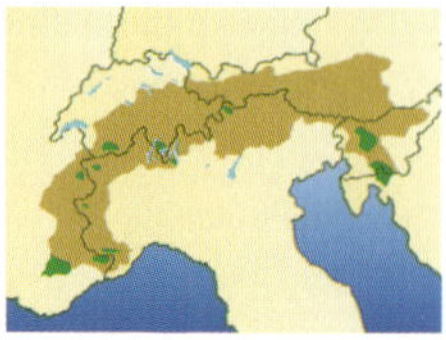

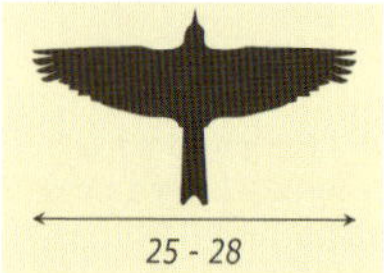

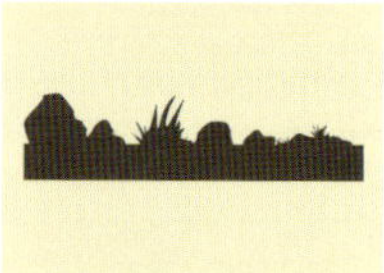

Transsaharazieher, hält sich zwischen März und Oktober in Mittel- und Südeuropa auf. Lebt in offenem und trockenem Gelände, möglichst sandig mit wenig Vegetation, z. B. Flusskiesbänke, Sanddünen, Kalkrinnen und andere trockene Gebiete. Auch in den südlicheren Gebirgen verbreitet, nistet in den Alpen selten und eher lokal begrenzt, besiedelt sonnige und trockene Hänge mit wenig bis gar keiner Vegetation, von niedrigen Lagen bis 1300 m, in Ausnahmefällen bis fast 2000 m.

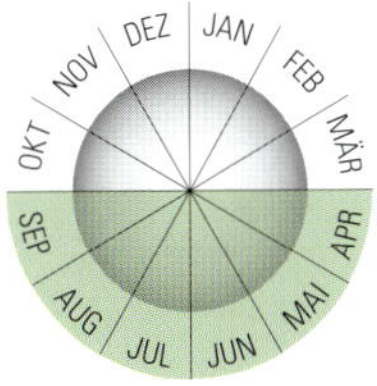

Schlanke Gestalt, recht langer Schwanz und helle äußere Steuerfedern, spitzer Schnabel und rötliche Beine; das Gefieder ist blassbraun, leicht dunkel gestreift. Auf den Flügeln bilden die weiß umrandeten schwarzen Schulterflecke eine recht auffällige «Kette». Am Kopf breiter, heller Überaugenstreif, Zügelstreif und feiner Wangenstreif sind schwarz, letzterer hebt sich von den weißen Halsseiten ab.

Ausgesprochener Bodenvogel, rennt kurze Strecken am Boden, unterbrochen von Pausen mit aufrechter Körperhaltung. Leichter, wellenförmiger Flug.

Einzelgänger und territorial, der im Flug vorgetragene Gesang besteht aus einem zwei- bis dreisilbigen «zirlüh...zirlüh... zirlüh». Der Ruf, ein angenehmes «tschilp», erinnert an den Ruf des Haussperlings.

1. Ähnelt der Bachstelze, kürzerer Schwanz, einheitlich sandfarbenes Gefieder (Foto: W. Vivarelli).
2. Haupterkennungsmerkmale sind ein heller Überaugenstreif, die dunkle Zeichnung («Kette») der Armdecken und die langen, fleischfarbenen Beine (Foto: A. Turri).
3. Gut an die Lebensweise am Boden angepasst, rennt leichtfüßig und aufrecht (Foto: G. Conca).
4. Jungvögel sind auf Rücken und Schultern dunkel gestreift und geschuppt, die Brust ist kräftig dunkel gestreift (Foto: P. Marotto).
5. In den Alpen begrenzte Verbreitung, kommt an einigen exponierten Talhängen mit karger Vegetation vor.

 Ordnung: **Sperlingsvögel** *(Passeriformes)*
Familie: **Stelzen und Pieper** *(Motacillidae)*

Tree Pipit
Pipit des arbres
Prispolone

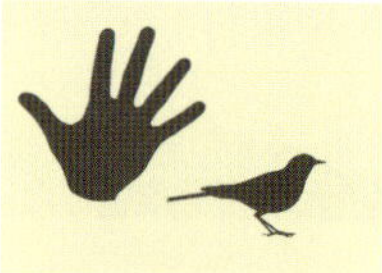

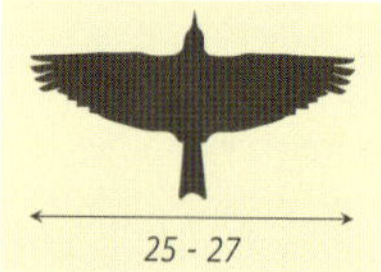

Baumpieper

Anthus trivialis

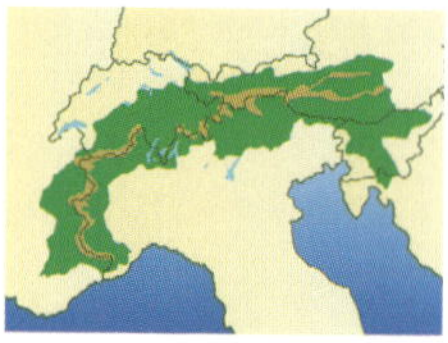

Transsaharazieher, hält sich in Europa zwischen März und Oktober auf, nistet an Waldrändern und in bewaldeten Wiesen. In den Alpen in geeigneten Gebieten zwischen 800 m bis 2000 m weit verbreitet, lokal auch in höheren Lagen mit Baumbewuchs, besiedelt dort häufig lockere Lärchenbestände und deren Rändern sowie Heiden und ausgedehnte, mit Sträuchern bewachsene Graslandschaften.

Einzige europäische Stelzenart mit baumlebenden Gewohnheiten; obwohl sie am Boden nistet und dort nach Nahrung sucht, hält sie sich oft in den dichten Baumkronen auf und sitzt auf Baumspitzen, vor allem um ihr Revier mit dem kräftigen Gesang zu markieren, eine Reihe sehr musikalischer Triller und Laute. Diese werden auch im Balzflug ausgestoßen, dabei steigt der Vogel senkrecht nach oben (15–30 m), gleitet mit gespreizten Flügeln und Schwanz abwärts und lässt sich meist auf einer Baumspitze nieder. Der Ruf ist ein lautes, betontes «psih», ertönt im Flug und ist kaum zu verwechseln.

Nistet in der Krautschicht am Boden. Meist ein Gelege pro Jahr, mit 2–6 Eiern.

Relativ klein, mit nicht besonders ausgeprägtem Schwanz, Gefieder oberseitig olivbraun, stark schwarz gestreift, Brustbereich rötlich gelb

und ebenfalls dunkel gefleckt. Auffallend breiter, rötlicher Überaugenstreif und breites helles Band unter dem Wangenstreif, Letzterer kaum sichtbar. Die Beine sind rosa oder leicht orangefarben.

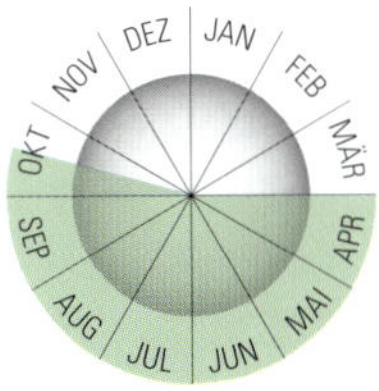

1. Klein und wohlproportioniert, singt auf Baumspitzen oder im Balzflug (Foto: A. Turri).
2. Oberseitig olivbraun mit kräftigen Streifen, Kopf mit rötlichem Überaugenstreif und schwärzlichem Wangenstreif, Schwanz mit hellen äußeren Steuerfedern (Foto: G. Conca).
3. Eher kurzer Schwanz, Insektenfresserschnabel, aber robust, rosafarbene Beine. Brust kräftig schwarz gestreift (Foto: L. Sebastiani).
4. Jungvogel, kurz nach Verlassen des Nests (Foto: B. Caula).
5. Sommerbesucher offener, auch kleiner, Wälder mit vielen Lichtungen.

Ordnung: **Sperlingsvögel** *(Passeriformes)*
Familie: **Stelzen und Pieper** *(Motacillidae)*

Water Pipit
Pipit spioncelle
Spioncello

Bergpieper

Anthus spinoletta

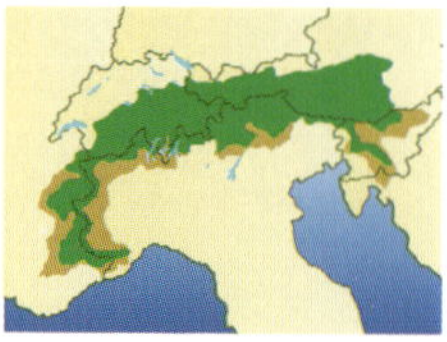

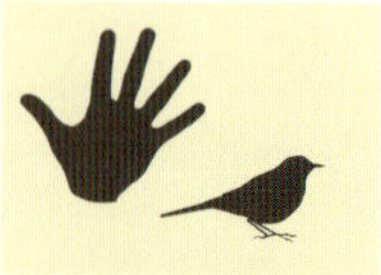

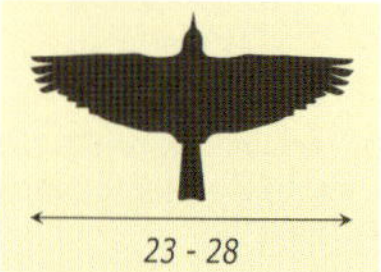

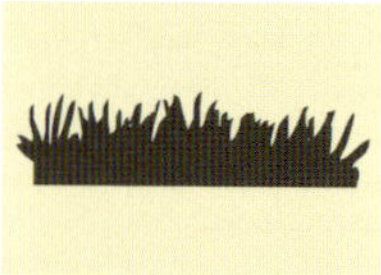

In allen mittel- und südeuropäischen Gebirgen verbreitet, auch in den Alpen heimisch, überwiegend zwischen 1800 m und 2800 m, hin und wieder auch in niedrigen Lagen anzutreffen. Verirrt sich im Sommer häufig in höhere Lagen auf über 3000 m. Typische Art natürlicher Bergwiesen, bevorzugt exponierte Hänge mit Bachläufen, Felsen und Gesteinsaufschlüssen.

Das Brutkleid ist bei beiden Geschlechtern gleich, oberseitig bräunlich grau, auf dem Rücken leicht dunkel gestreift; der Kopf ist grau, mit deutlichem weißem Überaugenstreif. Der Brustbereich ist blassrosa, Bauch und Flanken weißlich, Letztere leicht dunkel gefleckt. Am Schwanz fallen die weißlichen äußeren Steuerfedern auf. Schnabel und Beine sind schwarz.

Im Herbst wird das Gefieder oberseitig braun, auch am Kopf, und die dunklen Streifen auf der weißen Unterseite verstärken sich.

Ausgesprochener Bodenvogel, sitzt fast nie auf Bäumen oder Sträuchern, bleibt immer am Boden und ruht auf Felsen oder Steinen. Das Nest wird meist im Schutz eines Steins oder einer Grasscholle angelegt. 1–2 Gelege pro Jahr, mit 3–6 Eiern.

Der Gesang erklingt beim Balzflug und ähnelt dem des Baumpiepers; häufigster Ruf ist ein dünnes «fist» und ertönt hauptsächlich im Flug.

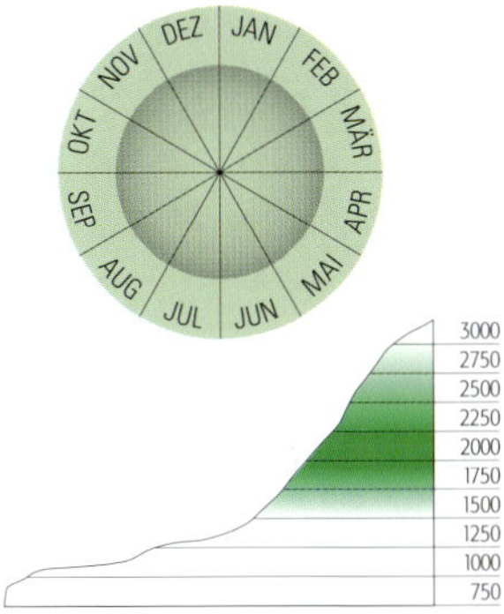

Die Nahrung basiert auf Wirbellosen, die in der Regel am Boden erbeutet werden.

In den Wintermonaten verlässt die gesamte Alpenpopulation die Höhenlagen und begibt sich ins Tiefland und in die Küstengebiete, wo sie stets in sehr offenen und feuchten Lebensräumen überwintert.

1. Bodenlebende Art, ähnelt im Körperbau dem Baumpieper, aber mit saisonal unterschiedlichem Gefieder (Foto: F. Grazioli).
2. Im Brutkleid unterseitig rötlich, heller, breiter Überaugenstreif auf grauem Kopf (Foto: G. Conca).
3. Schnabel und Beine schwarz, oberseitig bräunlich grau mit feinen Streifen (Foto: F. Grazioli).
4. Wintergefieder bräunlicher, breite Streifung auf der Brust und an den Flanken (Foto: A. Turri).
5. Brutgebiet in Bergwiesen mit wenig Vegetation und viel Gestein; im Winter Abwanderung aus der Höhe in feuchte Talgebiete.

Ordnung: **Sperlingsvögel** *(Passeriformes)*
Familie: **Goldhähnchen** *(Regulidae)*

Goldcrest
Roitelet huppé
Regolo

Winter-goldhähnchen

Regulus regulus

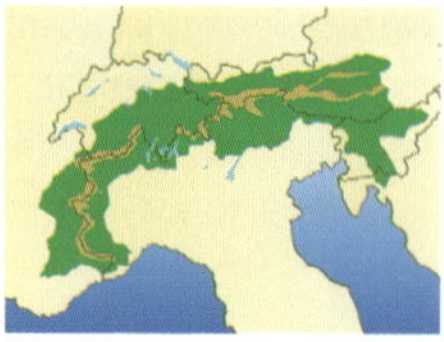

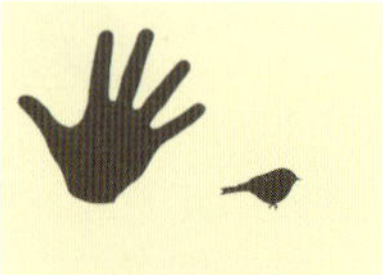

Sommer- und Wintergoldhähnchen sind die kleinsten europäischen Vögel, beide sind aufgrund ihres kleinen, rundlichen Körperbaus unverwechselbar. Das Wintergoldhähnchen unterscheidet sich einzig durch die andere Kopfzeichnung: einen gelben, schwarz umrandeten Scheitelstreif (beim Männchen in der Mitte orange), der nur aus der Nähe erkennbar ist und den die Jungvögel noch nicht haben. Oberseitig olivgrün, unterseitig weißlich und braun verwischt. Der Schnabel ist schwarz und sehr dünn.

Weit verbreitete Art in Europa und typischer Bergbewohner südlicher Gebiete, nistet im ganzen Alpenraum in Nadelwäldern, vor allem mit

2

1

Weißtanne und Fichte. Häufiger oberhalb von 1000 m, kann aber auch Parks, Gärten und Nadelbaumanlagen in Tallagen besiedeln. Im Winter in den Niederungen verbreitet.

Immer in Bewegung und streng an Bäume gebunden, eigentlich nie am Boden, hüpft dauernd auf Futtersuche nach Insekten zwischen den Zweigen umher. Nicht immer leicht zu entdecken, oftmals ist sein Ruf das einzige Indiz, ein hohes, dünnes «si-si-si». Der Gesang ist ein scharfer Doppellaut mit trillerndem Abschluss.

Brütet meist zweimal pro Jahr. Das kugelförmige Nest wird im Zweiggewirr von Bäumen und Sträuchern angelegt.

Gesellig Art, außer in der Brutzeit, bildet oft gemischte Gruppen mit Meisen, mit denen sie auf Nahrungssuche geht.

Im Winter können lange Kälteperioden eine hohe Sterblichkeitsrate zur Folge haben.

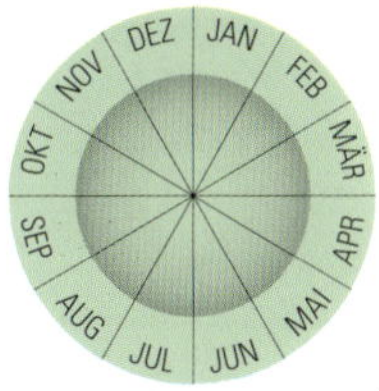

1. Klein und gedrungen, zutraulich und immer zischen den Zweigen in Bewegung (Foto: A. Turri).
2. Große, schwarze Augen heben sich vom hellen Gesicht ab; kleiner, spitzer Schnabel mit dünnem, dunklem Wangenstreif (Foto: W. Vivarelli).
3. Die Kopffedern können bei Revierkämpfen aufgestellt werden (Foto: W. Vivarelli).
4. Weibchen mit gelbem, schwarz umrandetem Scheitel, beim Männchen mittig mehr orangefarben (Foto: L. Sebastiani).
5. Eng an die Nadelwälder der montanen und subalpinen Stufe gebunden.

 Ordnung: **Sperlingsvögel**
(Passeriformes)
Familie: **Goldhähnchen**
(Regulidae)

Firecrest
Roitelet à triple bandeau
Fiorrancino

Sommergoldhähnchen

Regulus ignicapillus

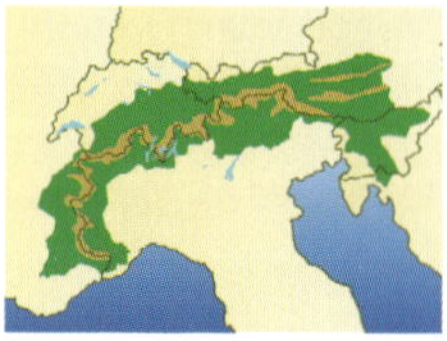

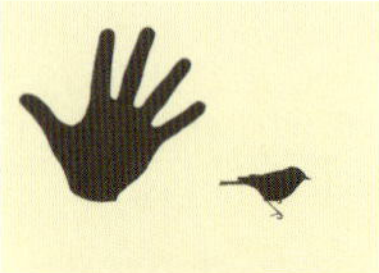

Ähnelt in Form und Größe dem Wintergoldhähnchen, unterscheidet sich von seinem Artverwandten durch die auffällige Kopfzeichnung, auf die sich auch sein französischer Name bezieht: einen gelben Scheitel mit breitem, schwarzem Rand, unter dem sich der ausgedehnte Überaugenstreif abhebt. An den Halsseiten ist, aus der Nähe betrachtet, ein goldener Fleck zu erkennen. Jungvögel haben nicht diese auffällige Kopfzeichnung, nur einen schmalen, hellen Überaugenstreif, der sie von jungen Wintergoldhähnchen unterscheidet.

2

1

Ähnelt auch im Verhalten und im Lautrepertoire seinem Verwandten: Der Ruf ist lediglich etwas kürzer und präziser, während beim Gesang meist der Abschlusstriller fehlt oder nur sehr kurz ist.

Nur in Mittel- und Südeuropa und bis auf Meereshöhe verbreitet, in den Alpen eng an Nadelwälder gebunden, auch in Nadelmischwäldern, z. B. mit Buche.

Häufiger in dichten Fichten- und vor allem Weißtannenbeständen, teilt sich oft den Lebensraum mit dem Wintergoldhähnchen, lokal allerdings meist zahlreicher. Nistet normalerweise zwischen 1000 m und 1900 m.

Einzelgängerisch und monogam; sein ausgesprochen territoriales Verhalten zeigt sich bei den Revierkämpfen zwischen den Männchen. Dabei plustern die Gegner ihre Gefieder auf und stellen den orangefarbenen Scheitel zur Schau.

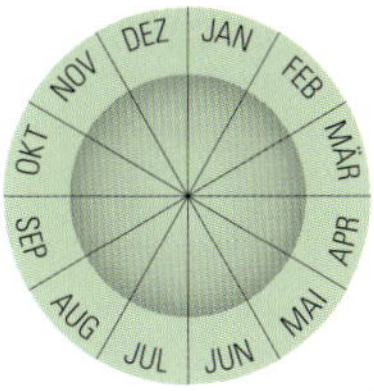

1. Körperbau und Verhalten ähneln dem Wintergoldhähnchen, sie sind die beiden kleinsten Vögel Europas (Foto: F. Grazioli).
2. Der Scheitel des Männchens ist lebhafter orange gefärbt (Foto: P. Casali).
3. Wie beim Wintergoldhähnchen werden die Kammfedern bei der Balz und Revierkämpfen unter den Männchen aufgestellt (Foto: W. Vivarelli).
4. Kopfzeichnung markanter als beim Verwandten, auffällig weißer Überaugenstreif, dunkler Augenstreif, graue Wange und grünes Federkleid (Foto: W. Vivarelli).
5. Seltener als das Wintergoldhähnchen, weite, aber eher unregelmäßige Verbreitung in den Alpen, hauptsächlich in Nadelwäldern anzutreffen.

3

4

5

Ordnung: **Sperlingsvögel** *(Passeriformes)*
Familie: **Seidenschwänze** *(Bombycillidae)*

Waxwing
Jaseur boréal
Beccofrusone

Seidenschwanz

Bombycilla garrulus

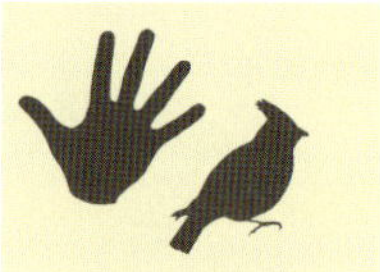

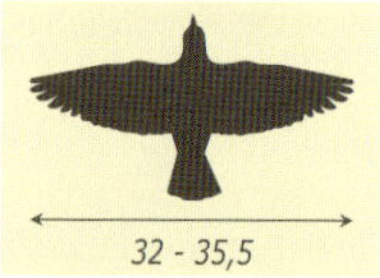

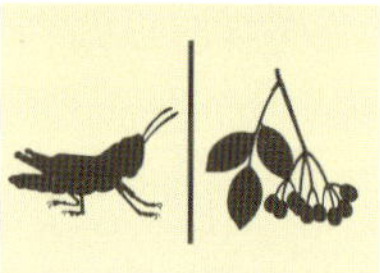

Typischer Bewohner des Taigagürtels, kommt in Europa in Skandinavien und Nordrussland vor, dringt gelegentlich bis in südliche Gebiete vor, diese zyklischen Einflüge sind charakteristisch für diese Art. Bei diesen Gelegenheiten tauchen Trupps aus Hunderten von Individuen auf, in den Alpen sind davon hauptsächlich die zentralen und östlichen Gebiete betroffen. Während dieser Invasionen, die vom Futterangebot im Brutgebiet abhängen und meist alle zehn Jahre vorkommen, werden Waldgebiete, vor allem Nadelwälder mit reichem Obst- und Beerenangebot, bis hinunter in die Täler und am Fuß der Bergketten aufgesucht.

Ähnelt in Größe und Körperbau dem Star, ist gedrungen, mit kurzem Schwanz und robustem Schnabel. Unverwechselbar aufgrund seines Gefieders und der Kopfzeichnung: Kopf orange-rosa, mit schwarzer Maske und Kehle und spitz nach hinten verlaufender Federhaube. Oberseitig überwiegend grau, schwarzer Schwanz mit gelbem Endband. Auf den schwarzen Flügeln heben sich, vor allem in geschlossenem Zustand, ein gelbes Längs- und zwei schmale weiße Querbänder ab; eines der Querbänder ist von kleinen, wachsartigen, roten Tröpfchen umrandet, die nur aus der Nähe erkennbar sind. Unterseitig hell mit

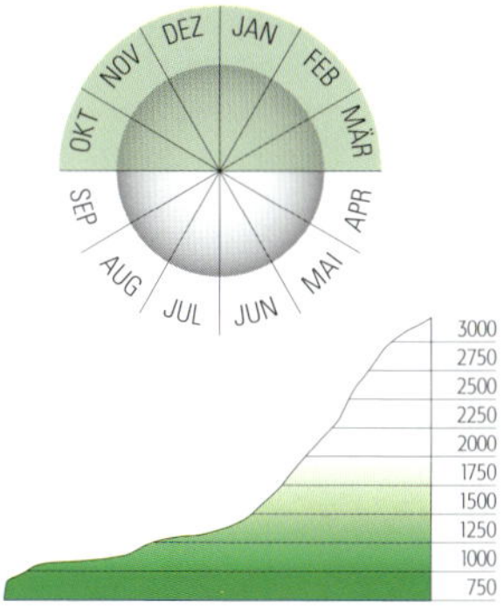

rostrot-rosafarbenen Unterschwanzdecken. Geradliniger Flug, mit schnellen Flügelschlägen.

Das auffällige Gefieder und seine Zutraulichkeit erleichtern das Beobachten; bei der Nahrungsaufnahme meist in Gruppen anzutreffen, auf Obstbäumen oder in Beerensträuchern (wie der Mehlbeere) an Waldrändern.

1. Prächtige und sagenumwobene nordeuropäische Vogelart; durch Färbung und Zeichnung unverwechselbar; gedrungener, robuster Körperbau mit kurzen Beinen und Schwanz (Foto: B. Caula).
2. Ähnelt im Flug in Körperbau und Größe dem Star; kurze, dreieckige Flügel (Foto: J. Tenovuo).
3. Schwingen weiß und gelb umrandet, variiert je nach Geschlecht und Alter; Schwingen enden in eigenartigen roten, wachsartigen Plättchen (Foto: A. Turri).
4. Kopf mit Federhaube, schwarzer Augenmaske und schwarzem Kehllatz, beim Männchen klarer abgegrenzt (Foto: P. Pirinen).
5. Gesellige Art, vor allem während des Zugs und beim Überwintern, bildet individuenreiche Trupps (Foto: Z. Tunka).

Ordnung: **Sperlingsvögel**
(Passeriformes)
Familie: **Wasseramseln**
(Cinclidae)

Dipper
Cincle plongeur
Merlo acpuaiolo

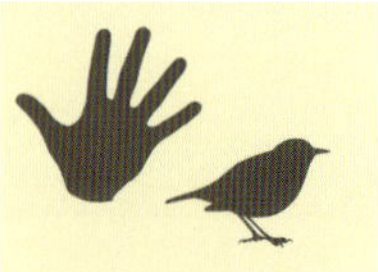

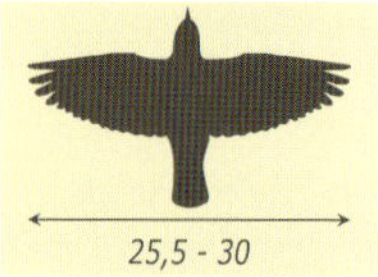

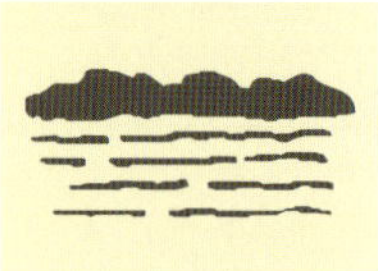

Wasseramsel

Cinclus cinclus

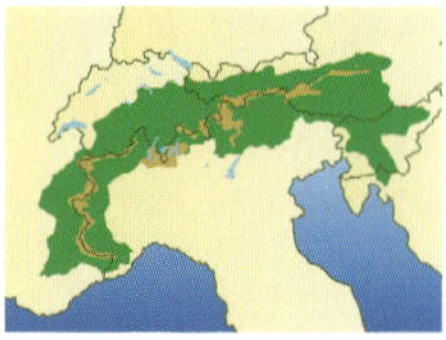

Typischer Bewohner von Fließgewässern in Hügel- und Berggebieten, im ganzen Alpenraum verbreitet, kommt in der Regel von den Voralpen bis 1800 m vor, maximaler Höhenaufenthalt bei 2200–2300 m. Lebt entlang von Flüssen und Bächen mit kühlem, klarem und sauberem Wasser, bevorzugt schnell fließende, flache Gewässer.

Hat ungefähr die Größe einer Singdrossel, aber mit kompakterem und rundlicherem Körperbau, kurzer Hals und kurzer Schwanz. Adultvogel fast vollständig rötlich braun, an den Flügeln dunkler, nur Hals und Brust sind weiß und sehr auffällig. Charakteristisches Verhalten, setzt sich fast nie auf Pflanzen, wenn sie nicht im Wasser ist, lässt sie sich auf Steinen oder anderen niedrigen Ruheplätzen, die am Ufer liegen oder vom Wasser umspült werden, nieder. Nimmt dann eine aufrechte Körperhaltung ein und knickt meist Beine und Schwanz nervös nach unten ein.

Im Wasser sehr gewandt, sucht im Wasser schwimmend oder laufend, auch stromaufwärts, nach Nahrung, ernährt sich von Wirbellosen, die sich zwischen Steinen und im Sand am Grund verstecken. Schwimmt an der Oberfläche und taucht dabei immer wieder kurz halb ab, setzt die Flügel als Ruder ein.

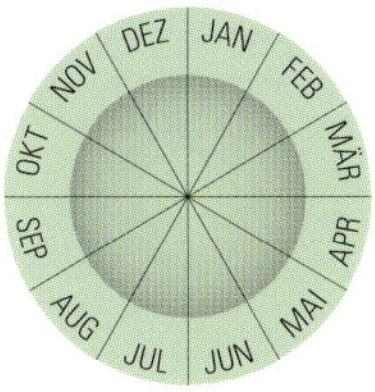

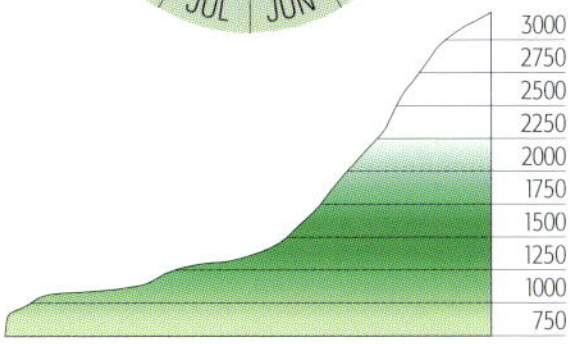

1. Mittelgroß, rundlicher Körper, kurzer Schwanz. Auffällig weiße Brust kontrastiert mit dem dunklen Körpergefieder. Geschlechter ähnlich (Foto: M. Mendi).
2. Kann auf wasserumspülten Felsen und Steinen in Flüssen, Bächen und Seen beobachtet werden (Foto: F. Grazioli).
3. Wirkt aus der Entfernung schwarzweiß, aus der Nähe sind der dunkelbraune Kopf und der rötliche Unterleib zu erkennen (Foto: F. Grazioli).
4. Dank der Beweglichkeit von Schnabel und Zunge können in einem Tauchgang mehrere Beutetiere gefangen werden (Foto: M. Graziano).

Der Flug, immer flach über der Wasseroberfläche, verläuft in einer geraden Linie oder im Zickzack zwischen den Felsen und aus dem Wasser herausragenden Hindernissen; dabei ertönt oft der Kontaktruf, ein schrilles, durchdringendes «ziit».

Sehr territorial und einzelgängerisch, legt das Nest meist in einer Felsspalte oder einem Bauwerk und immer in unmittelbarer Wassernähe an, fast immer hinter einem Wasserfall oder einem kleinen Wassersprung. Das Nest ist kugelig, der Eingang liegt seitlich unten. Im Mittel werden vier Eier gelegt, die Jungen verlassen das Nest innerhalb der ersten drei Lebenswochen. 1–2 Gelege pro Jahr.

Teilzieher, verlässt im Winter die höher gelegenen Gebiete und eisigen Alpenbäche und erscheint regelmäßig entlang der Wasserläufe in den Tallagen.

Vor allem die Nutzung der Gebirgsgewässer zur Stromerzeugung und deren Verunreinigung gefährden diese empfindliche Art.

5. Baut das Nest in vor dem Wasser geschützten Felsspalten, auch direkt hinter Wasserfällen (Foto: M. Graziano).
6. Gewandter Schwimmer, nutzt die Flügel beim Abtauchen zum Grund als Ruder (Foto: W. Vivarelli).
7. Jungvögel durch graue Färbung und stark gestreifte Unterseite leicht zu erkennen (Foto: M. Saarinen).
8. Läuft auf Nahrungssuche mit gesenktem Kopf unter Wasser (Foto: M. Mendi).
9. Fliegt schnell und geradlinig, fast immer knapp über der Wasseroberfläche (Foto: L. Sebastiani).
10. Äußerst anspruchsvoll bei der Wahl des Lebensraums, benötigt schnell fließende Gewässer, sauerstoffreiches, sauberes Wasser mit reichem Angebot an wasserlebenden Wirbellosen.

Zaunkönig

Troglodytes troglodytes

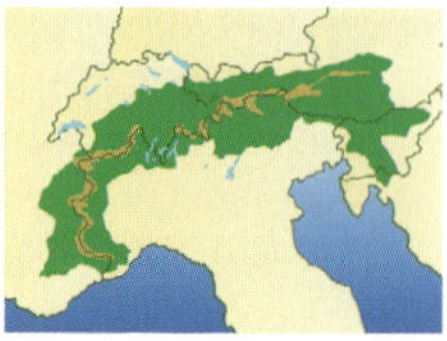

Ordnung: **Sperlingsvögel** *(Passeriformes)*

Familie: **Zaunkönige** *(Troglodytidae)*

Wren

Troglodyte mignon

Scricciolo

Sehr klein, gedrungener, runder Körperbau, kurzer Schwanz und gerundete Flügel, ist optimal an das Leben in dichter, buschiger Vegetation unterschiedlicher Landschaften angepasst.

Unverwechselbar sowohl hinsichtlich seines Verhalten als auch seines Gefieders: Bewegt sich überwiegend hüpfend im Gebüsch oder in niedriger Vegetation fort, hält dabei den Schwanz in die Höhe und schlüpft mit kleinen Sprüngen oder schnellen Schritten durch das Dickicht, sodass er aus der Entfernung für eine Maus gehalten werden könnte.

Geradliniger Flug, fast immer nahe am Boden und nur über kurze Strecken. Der Gesang, eine Strophe aus melodischem Trillern und lautem Schmettern, erklingt auch mitten im Winter und ist erstaunlich kräftig und laut.

Gefieder bei beiden Geschlechtern gleich, rötlich braun, unterseitig etwas heller, mit enger schwarzer und rötlicher Bänderung, vor allem auf Rücken, Flügeln und Schwanz. Am Kopf fällt ein heller Überaugenstreif auf.

Brütet häufig in den Alpen, bevorzugt kühle und schattige Gebiete, sowohl Wälder als auch offene Flächen mit viel Buschwerk, darunter Erlen- und Alpenrosengebüsch bis an die Lärchengrenze und auch über 2000 m.

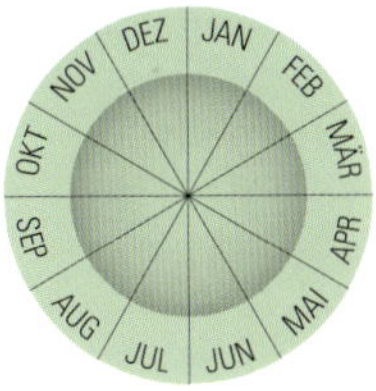

Das kugelförmige Nest aus pflanzlichem und sonstigem Material wird meist niedrig im Dickicht angelegt, aber auch in Höhlungen oder Nischen, an Zweigen oder Kletterpflanzen hängend, im Wurzelwerk umgestürzter Bäume. Polygamie ist sehr verbreitet, manchmal legen zwei Weibchen ihre Eier in ein gemeinsames Nest.

Recht einzelgängerisch, findet sich im Winter in Schlafgemeinschaften in Baumhöhlen zusammen, um sich gegenseitig zu wärmen und die eisigen Nächte zu überstehen.

1. Winzig, gehört zu den kleinsten europäischen Vögeln, rundlicher Körper mit kleinem, hervorstehendem Schwanz (Foto: L. Sebastiani).
2. Rötlich braunes Gefieder mit feiner dunkler Bänderung, auffälliger heller Überaugenstreif. Geschlechter ähnlich (Foto: M. Giordano – G. Nicolazzi).
3. Sehr territorial, trotz seiner geringen Größe äußerst kräftiger Gesang, ganzjährig zu hören (Foto: W. Vivarelli).
4. Zappelig, immer in der niedrigen Vegetation in Bewegung, manchmal sehr offensichtlich, vielfach verstohlen wie ein kleiner Nager (Foto: W. Vivarelli).
5. Besiedelt verschiedene Waldlandschaften, die gebüschreich und mit Unterholz ausgestattet sind.

Ordnung: **Sperlingsvögel** *(Passeriformes)*
Familie: **Braunellen** *(Prunellidae)*

Alpine Accentor
Accenteur alpin
Sordone

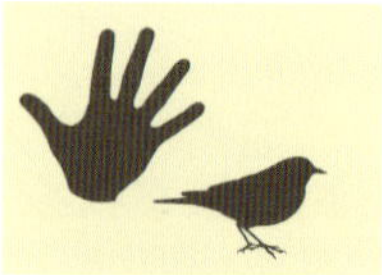

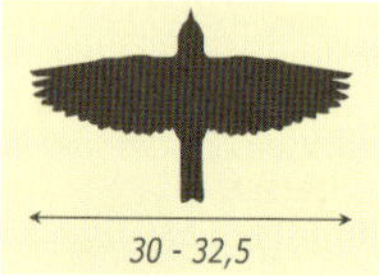

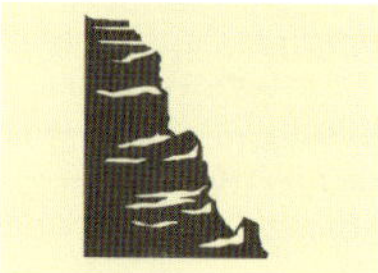

Alpenbraunelle

Prunella collaris

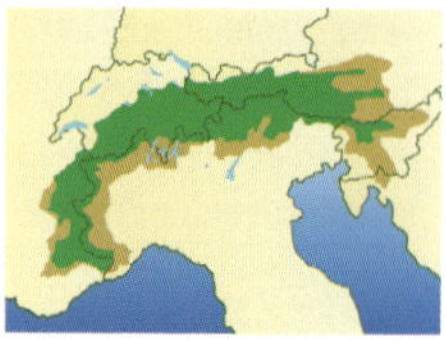

Typischer Bergvogel, bewohnt in den Alpen hoch gelegene und steile, mit Felsen und Felswänden durchsetzte, sonnige Hänge. Nistet meist oberhalb 2000 m, lokal auch über 3000 m, kommt in den unteren Lagen seltener vor.

Kräftiger Sperlingsvogel mit sehr vielseitigem Gefieder, allerdings nur aus der Nähe bemerkenswert. Oberseitig graubraun, auf dem Rücken stark schwarz gestreift und an den Flügeln kontrastreicher. Schwanz mit schmalem, aber auffälligem weißem Endsaum. Kopf und Brust grau, mit weißer, fein schwarz gefleckter Kehle. Unterseitig hellgrau, auf den Flanken breite rötliche Streifen auf weißem Grund. Der Jungvogel ist weniger kontrastreich und hat keine rötlichen Flanken.

Fliegt normalerweise kurze Strecken von einem Sitzplatz zum nächsten und sucht oft rennend und hüpfend am Boden nach Nahrung.

Nicht sehr scheu, kann sehr zutraulich sein, vor allem in der Nähe freistehender Wohngebäude und höher gelegener Berghütten, wo oft nach Essensresten von Ausflüglern gesucht wird.

Der Ruf ist ein raues «trrlit» oder «brürr»; der weniger kräftige, trällernde Gesang wird von Singwarten oder im hohen Singflug vorgetragen.

Legt in der Regel ab Juni 3–4 blaue Eier; das Nest wird in Felsnischen oder Bodenmulden angelegt.

Ist in den Alpen normalerweise ein Standvogel, es kann aber im Winter je nach klimatischen Verhältnissen und Schneefall zu Wanderungsbewegungen in tiefere Lagen kommen, nicht selten bis hinunter ins Tal.

Recht gesellige Art, streift außerhalb der Brutzeit meist in Trupps umher, die bis zu einige Dutzend Individuen umfassen können.

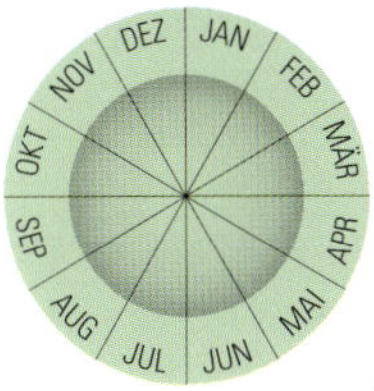

1. Kräftiger, rundlicher Körper, kleiner Kopf mit spitzem Schnabel, Beine und Schwanz eher kurz (Foto: G. Conca).
2. Kennzeichnend ist die weiße Kehle, allerdings nur aus der Nähe gut zu erkennen (Foto: W. Vivarelli).
3. Flanken mit rötlichen Streifen, oberseitig grau; erscheint aus der Entfernung eher dunkel mit schwarzem Flügelband. Geschlechter ähnlich (Foto: L. Sebastiani).
4. Nicht sehr scheu, im Winter in der Nähe von Berghütten zu beobachten (Foto: B. Caula).
5. Brütet in Blockfeldern und felsigem Gelände mit spärlicher Vegetation.

Ordnung: **Sperlingsvögel**
(Passeriformes)
Familie: **Braunellen**
(Prunellidae)

Dunnock
Accenteur mouchet
Passera scopaiola

Heckenbraunelle

Prunella modularis

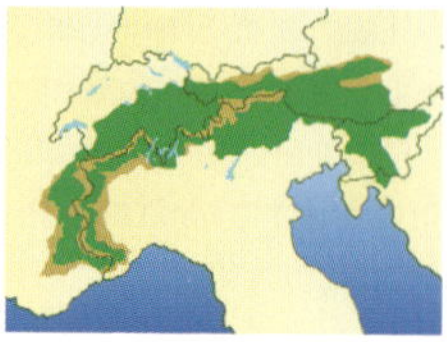

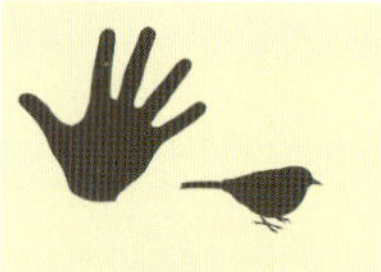

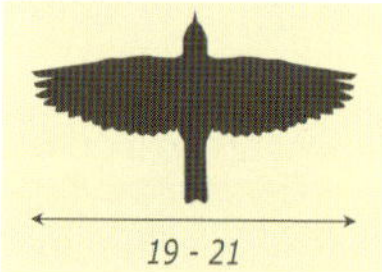

Verdankt ihren Namen dem typischen Aufenthaltsort (Gebüsche). Schlanker, wohlproportionierter Vogel, Gefiederfärbung bei beiden Geschlechtern gleich. Oberseitig braun mit dunklen Streifen; Kopf großteils grau, ebenso Kehle und Brust, rostbraune Flanken dunkel gestreift. Iris rotbraun glänzend.

In vielen Teilen Europas anzutreffen, nistet im ganzen Alpenraum, häufig zwischen 1400 m und 2000–2100 m, aber auch in den Voralpen und über 2500 m. Bevorzugt kühle und feuchte Gebüschformationen, bewohnt in höheren Lagen gebüschreiche Gebiete (Krummholzzone) und Nadel- oder Mischwälder mit reichlich Unterwuchs.

Scheu und schwierig zu beobachten, hält sich fast immer in der dichten Vegetation auf, geduckte Haltung, fliegt nur kurze Strecken, um sofort wieder im Dickicht unterzutauchen. Kommt eigentlich nur aus der Deckung, um das Revier mit ihrem Gesang zu markieren. Der Gesang wird meist von einer erhöhten Warte aus vorgetragen. Um eine dichte Revierbesetzung vorzutäuschen, hat jedes Männchen mehrere Gesänge, die von wechselnden Warten aus vorgetragen werden. Der Gesang ist eine Reihe schneller, schriller Strophen. Häufigster Ruf hingegen ist ein lautes, durchdringendes «tsiih».

Das Nest ist trichterförmig und wird, im Dickicht versteckt, nur knapp über dem Boden angelegt, Gelege mit 4–6 blauen Eiern.

Ist hauptsächlich ein Insektenfresser, im Winter auch pflanzliche Nahrung.

Im Winter verlässt der Großteil der Alpenpopulation die Brutgebiete und begibt sich in niedrige Lagen, die meisten Tiere verbringen den Winter in Westeuropa oder im Mittelmeerraum.

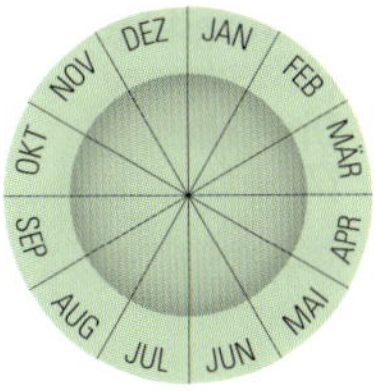

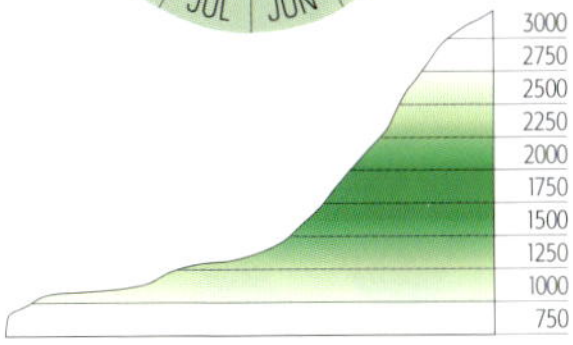

1. Kleine, wohlproportionierte Art, gleicht einem Spatz oder einer Ammer, ist aber schlanker (Foto: J. Tenovuo).
2. Typisch schmaler Insektenfresserschnabel, Iris rostbraun (bei Jungvögeln graubraun) (Foto: B. Caula).
3. Kopf und Brust grau, Ohrdecken und Scheitel rötlich braun, restlicher Körper braun mit dunklen Streifen (Foto: M. Saarinen).
4. Meist scheu, zeigt sich selten außerhalb der Deckung; oft wird man durch ihre Rufe auf sie aufmerksam (Foto: A. Turri).
5. Bevorzugt in der Brutzeit Saumbiotope (Waldränder, Hecken).

Ordnung: **Sperlingsvögel** *(Passeriformes)*
Familie: **Drosseln** *(Turdidae)*

Blue Rock Thrush
Monticole bleu
Passero solitario

Blaumerle

Monticola solitarius

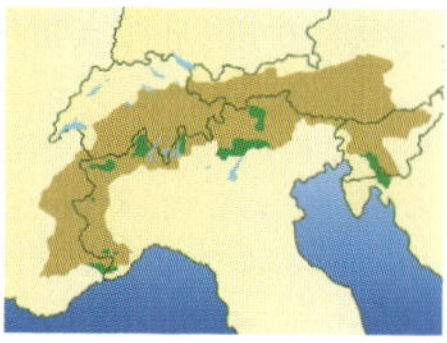

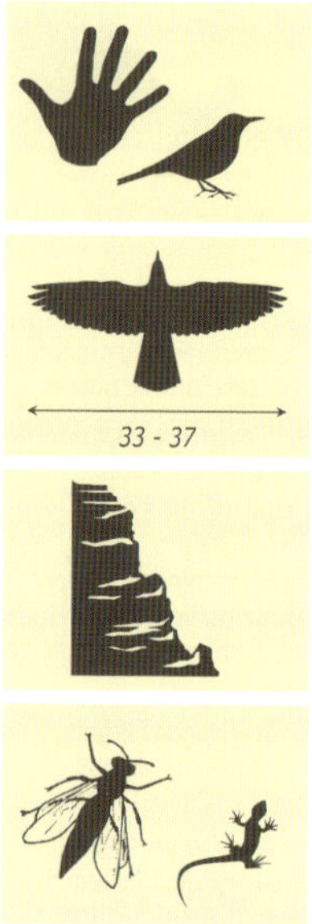

In ganz Südeuropa verbreitet, typische Art trockener, warmer Felsgebiete, sowohl an der Küste wie im Landesinneren. Kommt in den Alpen selten und nur an Südhängen vor, in der Regel nicht oberhalb 1000 m. Hält sich in Talböden ausgedehnter Täler mit mildem und trockenem Klima auf, brütet meist an ausgedehnten Felswänden, so auch an Steilhängen einiger größerer Voralpenseen. Kann auch in Höhlen und gelegentlich auf Gebäuden nisten.

Etwa amselgroß, schlanker Körperbau, mit gut entwickeltem Schwanz und Schnabel. Das Männchen, das von Weitem komplett dunkel erscheint, ist aufgrund seines intensiv blauen Kopf- und Körpergefieders nicht zu verwechseln, Flügel und Schwanz schwarz. Das Weibchen ist braun, oberseitig einheitlich, unterseitig heller und gebändert. Jungvogel ähnelt dem Weibchen, ist aber gefleckter.

Die Art ist im Alpenraum schwer zu beobachten, man kann sie auf einer Felserhöhung sitzend überraschen, wobei oft nur der Vorderkörper hervorschaut und sie eine gestreckte Haltung (betont durch den langen Schnabel), ähnlich wie die Steinrötel, einnimmt.

Der Gesang ähnelt dem der Amsel, ist aber kürzer und weniger variationsreich, wird auch im Balzflug vorgetragen. Das Nest wird in Felsspalten angelegt, in der Regel in Bodennähe.

Mehr oder weniger Standvogel, in den kalten Monaten kann sie jedoch ihre Brutgebiete verlassen und sich in niedrige Lagen begeben.

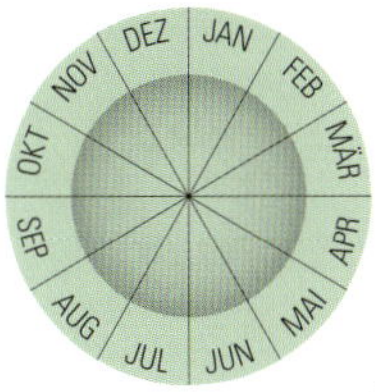

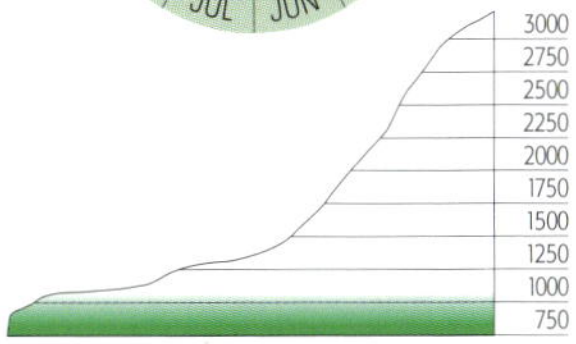

1. Ähnlich groß wie die Steinrötel, Körper aber spindelförmiger, mit langem Schwanz und Flügeln (Foto: B. Caula).
2. Meist auf Felsen sitzend zu beobachten, sehr flink beim Insektenfang im Gleitflug (Foto: W. Vivarelli).
3. Jungvogel braun-schwarz, unterseitig eng gebändert. Weibchen mit ähnlichem Gefieder (Foto: M. Mendi).
4. Männchen intensiv blau gefärbt, blasser zum Ende des Sommers; erscheint aus der Entfernung schwarz wie eine Amsel (Foto: M. Mendi).
5. Selten und lokal, kann in felsigem, gut besonntem, natürlichem oder künstlichem (Steinbrüche) Gelände angetroffen werden.

Ordnung: **Sperlingsvögel**
(Passeriformes)
Familie: **Drosseln**
(Turdidae)

Ring Ouzel
Merle à plastron
Merlo dal collare

Ringdrossel

Turdus torquatus

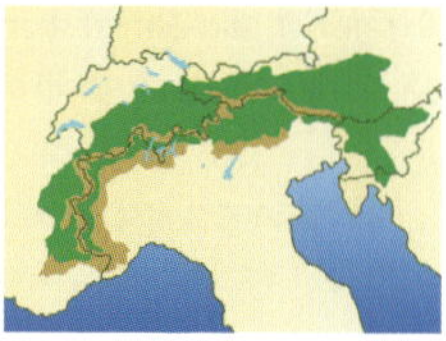

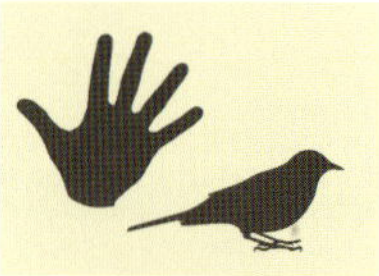

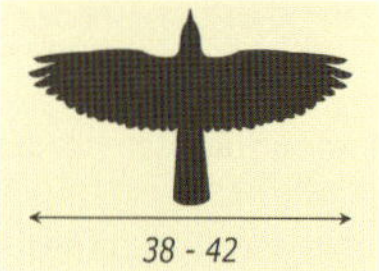

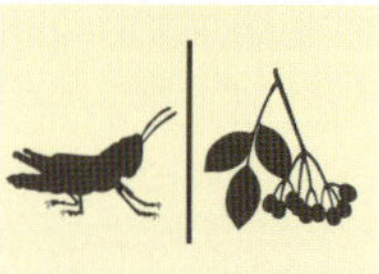

Kommt ausschließlich in Bergregionen der Westpaläarktis vor, in den Alpen mit der Unterart *alpestris* vertreten. Eng an Nadelbäume gebunden, gut verbreitet im zentralen und östlichen Alpenraum, weniger häufig im südwestlichen Bereich, wo sie seltener wird oder an den südlichen Grenzen des Gebirgsmassivs ganz fehlt.

Typische Art des subalpinen Bereichs, brütet in Nadelwäldern und in der Krummholzzone, dichteres Vorkommen in lichten Tannen- oder Bergkieferbeständen. Verbreitet zwischen 1000 m und 2300 m, am häufigsten zwischen 1400 m und 1800 m.

Ähnelt in Größe und Körperbau einer Amsel, das Männchen mit seinem breiten, weißen, halbmondförmigen Brustschild unverwechselbar. Oberseitig schwarz, mit Ausnahme der blassgrauen, vor allem in Ruheposition gut sichtbaren Flügel; untere Partien mit brauner Schuppenzeichnung. Das Weibchen ist graubraun, mit weniger auffälligem, verwischtem Brustschild.

Scheu und zurückhaltend, bewegt sich flink zwischen den Sträuchern und läuft oder hüpft am Boden. Flüchtet bei Störung schnell ins Dickicht. Der kräftige, monotone Gesang ist eine ruhige Wiederholung von Doppellauten.

Kann in der Brutzeit den Lebensraum mit der Amsel teilen, wobei die Blaumerle mit zunehmender Höhe die Amsel ersetzt.

Der Speiseplan basiert im Sommer auf Wirbellosen, im Winter auf Beeren, Samen und Früchten.

Kurzstreckenzieher, der Großteil der alpinen Population überwintert im Mittelmeerraum; im Winter kommen in den Alpen regelmäßig auch Individuen der nordischen Nominatform *torquatus* vor.

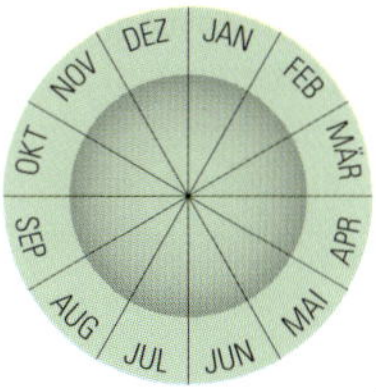

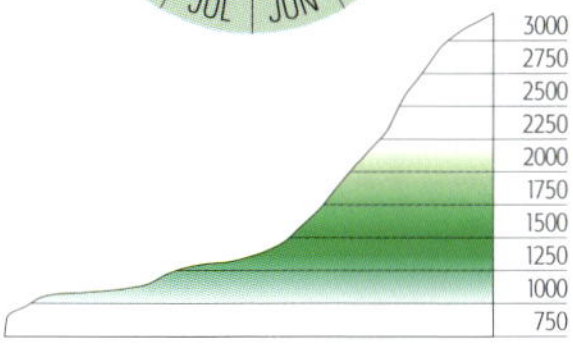

1. Gleicht in Körperbau und Größe einer Amsel, hat aber einen breiten, auffälligen weißen Brustschild (Foto: J. Tenovuo).
2. Unterseitig graue Schuppenzeichnung; aus der Entfernung, im Flug wie in Ruheposition, fallen die silbrigen Flügeldecken auf (Foto: F. Grazioli).
3. Das Männchen nutzt den weißen Brustschild als Aggressionssignal gegenüber männlichen Rivalen (Foto: P. Saj).
4. Weibchen bräunlich gefärbt, weniger auffällig, verwischter Brustschild (Foto: J. Tenovuo).
5. Bevorzugt reine oder gemischte, lichte Nadelwälder in der Nähe von Weiden und Gebüsch.

Ordnung: **Sperlingsvögel** *(Passeriformes)*

Familie: **Drosseln** *(Turdidae)*

Blackbird
Merle noir
Merlo

Amsel

Turdus merula

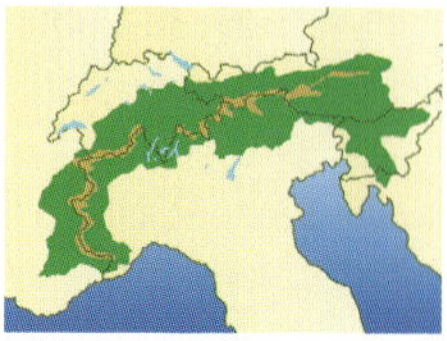

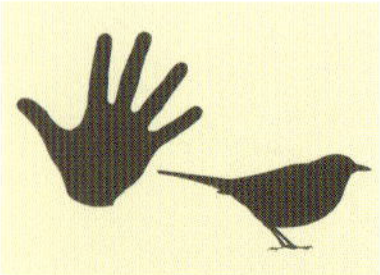

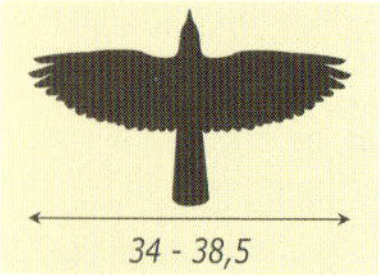

Kommt auch in Stadtgebieten vor, ist eine der bekanntesten Vogelarten. Fast in ganz Kontinentaleuropa verbreitet, lebt in Wald- und Strauchlandschaften; besiedelt in den Alpen sowohl Laub- als auch Nadelwälder und kommt häufig bis 1800 m vor, seltener höher.

Männchen komplett schwarz, Weibchen dagegen braun, unterseitig etwas heller. Jungvogel oberseitig braun und rötlich gefleckt, unterseitig heller und gestreift. Die Farbe des Schnabels variiert je nach Geschlecht und Alter: intensiv gelb beim Männchen im Sommer und matt beim Weibchen, dunkel bei Jungvögeln.

An das Leben im unteren Vegetationsbereich angepasst, bewegt sich gewandt zwischen den Büschen, sucht am Boden nach Insekten und anderen Wirbellosen. Ernährt sich im Herbst und Winter hauptsächlich von Früchten und Beeren.

Der Gesang ist variationsreich und melodisch, erklingt aus den Baumkronen oder von einer anderen (meist offenen) Warte aus. Verschiedene Rufe, häufigster Ruf ist ein scharfes, schnelles «tak-tak-tak».

Das trichterförmige, aus Pflanzenmaterial gebaute Nest wird zwischen den Zweigen eines Busches oder zwischen Kletterpflanzen angelegt, manchmal auch am Boden. Die Eier (3–5) sind blau und dunkel gefleckt.

Außerhalb der Brutzeit gesellig, bildet oft gemischte Gruppen mit anderen Drosseln. Obwohl sich der Großteil der alpinen Population im Winter in niedrigere Lagen oder in den Mittelmeerraum begibt, können auch dann regelmäßig Amseln an sonnigen, mit viel Strauchwerk bewachsenen Hängen bis über 1000 m angetroffen werden.

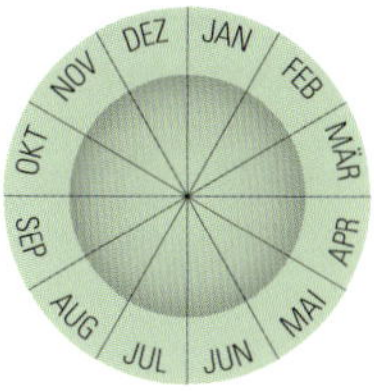

2

3

4

5

1. Bekannter, unverwechselbarer Vogel, Männchen komplett leuchtend schwarz, mit gelborangenem Schnabel und Augenring (Foto: G. Conca).
2. Gelegentlich kommen bei einigen Tieren Anzeichen von Albinismus vor, mit mehr oder weniger großen weißen Bereichen (Foto: W. Vivarelli).
3. Ausgeflogenes Jungmännchen, erkennbar am dunklen Schnabel und den braunen Flügeln (Foto: M. Giordano – G. Nicolazzi).
4. Weibchen dunkelbraun mit gestreifter Kehle; hier beim Sammeln von Nestbaumaterial (Foto: F. Grazioli).
5. Kann, wenn auch mit unterschiedlicher Häufigkeit, in allen Gebieten mit mehr oder weniger dichtem Baumbestand, von den Tallagen bis zur Baumgrenze, beobachtet werden.

Ordnung: **Sperlingsvögel**
(Passeriformes)
Familie: **Drosseln**
(Turdidae)

Fieldfare
Grive litorne
Cesena

Wacholder-drossel

Turdus pilaris

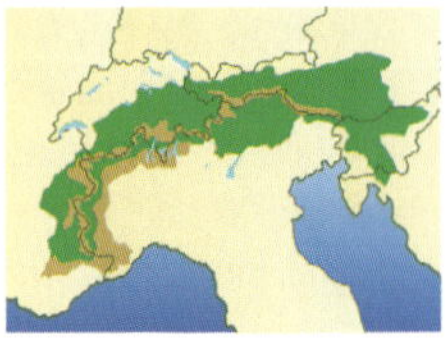

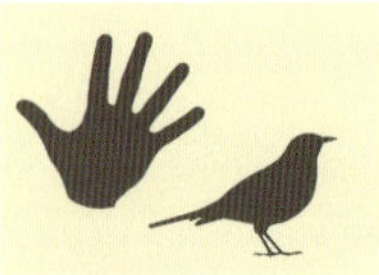

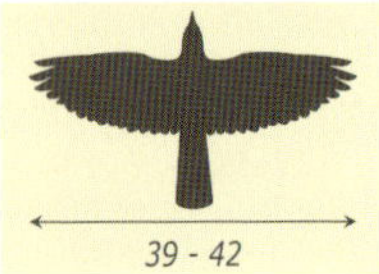

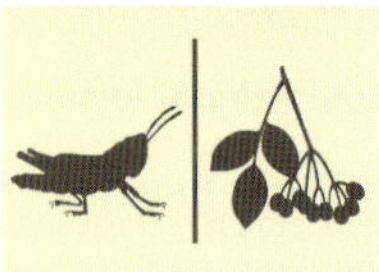

Vom Osten Frankreichs bis nach Ostsibirien verbreitet, in den Alpen ein relativ neuer Brutvogel; hat sich seit dem 20. Jahrhundert im ganzen Alpenraum niedergelassen, mit Ausnahme der südlichsten Bereiche. Häufiger auf der Alpennordseite und im zentralen und östlichen Alpenraum, ausgedehnte Höhenverbreitung: von den Tallagen, wo diese Art lokal auch in Auwäldern und Obstgärten brütet, bis in die subalpine Stufe bei 2000–2100 m, wo sie die Nadelwaldrandbereiche mit viel Unterholz, mit Graslichtungen oder feuchten Wiesen bewohnt.

Ist leicht am dreifarbigen Obergefieder zu erkennen, Kopf und Bürzel sind grau und kontrastieren mit den rostroten Flügeln und Rücken sowie mit dem schwarzen Schwanz. Kehle, Brust und Flanken sind rötlich orange, schwarz gefleckt, der Unterkörper ist weiß. Im Flug und von unten sind die weißen Flügelunterseiten gut sichtbar, während der schwarze Schwanz sich von der weißen Unterseite abhebt. Beide Geschlechter ähnlich, Jungvogel dagegen oberseitig graubraun und unterseitig hell mit schwarzen Flecken.

Sehr ruffreudige Art, vor allem in Gruppen, rufen sich im Flug mit einem scharfen «tschack-tschack». Der Gesang besteht aus einer Reihe schneller, unmusikalischer Klänge.

Monogam, nistet auf Bäumen, sowohl einzeln als auch in kleinen Kolonien. Die Eier (4–8) sind blau und dunkel gefleckt.

Ernährt sich im Sommer von Wirbellosen, in den kalten Monaten von Beeren und Früchten.

Zugvogel in den nördlicheren Bereichen seines Verbreitungsgebiets, erscheint sehr zahlreich in Südeuropa, kann im Winter in großen Schwärmen auch im Alpenraum beobachtet werden, vor allem in Gebieten mit vielen Beerenpflanzen und in Wiesen und Obstgärten der Tallagen.

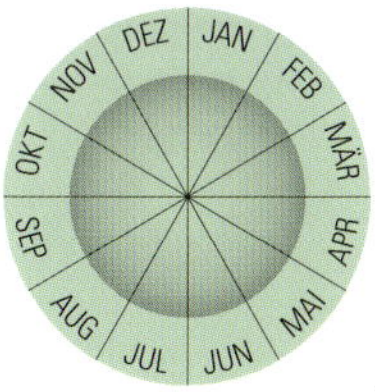

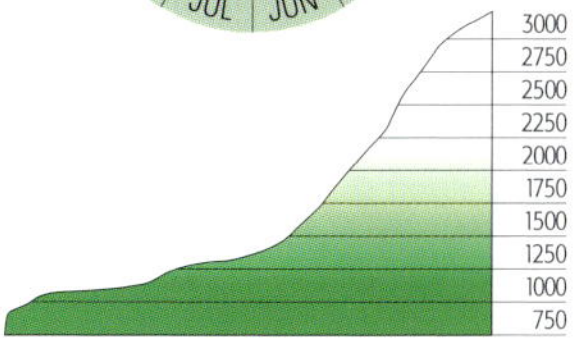

1. Große Drosselart, lebhaft gefärbt, mit grauem Kopf und robustem gelbem Schnabel (Foto: L. Sebastiani).
2. Das Weibchen legt das Nest mithilfe des Männchens in einer Astgabel an; häufig zwei Gelege pro Jahr (Foto: T. Pospisil).
3. Sehr gesellige Art, vor allem in den Wintermonaten, sucht oft am Boden nach Nahrung (Foto: W. Vivarelli).
4. Brust rötlich orange mit schwarzen Flecken, Bauch weiß. Im Flug weiße Flügelunterseite und grauer Bürzel kennzeichnend (Foto: M. Mendi).
5. Brütet von den Tallagen bis in die subalpine Stufe, wo sie Nadelwaldränder mit nahen Wiesen und Weiden zu Nahrungszwecken bevorzugt.

Ordnung: **Sperlingsvögel** *(Passeriformes)*
Familie: **Drosseln** *(Turdidae)*

Redwing
Grive mauvis
Tordo sassello

Rotdrossel

Turdus iliacus

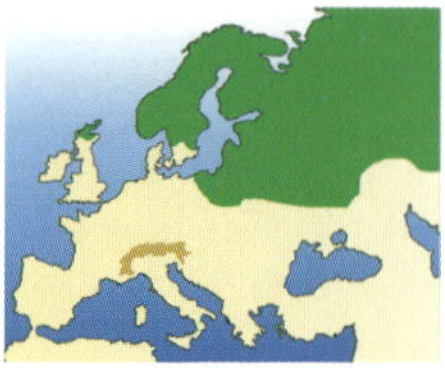

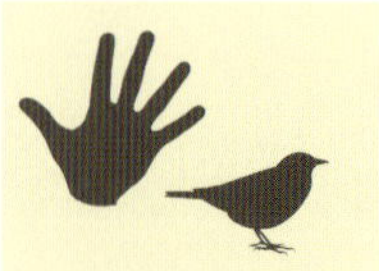

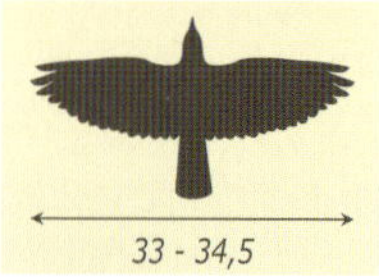

Typisch Art der Nadelwälder der eurasischen Taiga, überwintert in Westeuropa und im Mittelmeerraum. In den Alpen, wo sie gelegentlich nistet, erscheint sie häufig auf dem Durchzug (Oktober/November und Februar/März), im Winter dort allerdings äußerst selten, vor allem oberhalb 1000 m. Kann während des Zugs in allen Waldgebieten und Baumbeständen beobachtet werden, vor allem in beeren- und efeureichen Laubwäldern. Relativ häufig in der mittleren Bergstufe, entlang exponierter Hänge mit Beerensträuchern wie Heckenrose und in offenen Talzonen, wo sie sich auch in Ufervegetation aufhält.

Außerhalb der Brutzeit gesellige Art, bewegt sich gewöhnlich in kleinen Trupps, schließt sich häufig anderen Drosselarten an, vor allem der Wacholderdrossel.

Ähnelt in Größe und Körperbau der Singdrossel, unterscheidet sich durch die Kopfzeichnung mit breitem, hellem Überaugen- und Wangenstreif und die leuchtend rostroten Unterflügeldecken und Flanken. Unterseitig außerdem braune Streifen statt der Flecke des Artverwandten.

Auch leicht am Kontaktruf zu erkennen, ein zischendes, gedehntes, recht hohes «ziieh», oft auch im Flug und während des Zugs auch nachts vorgetragen.

1

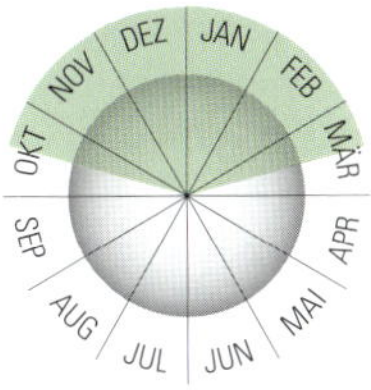

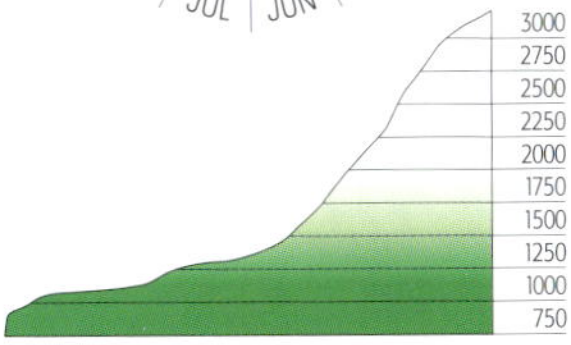

1. Oberseitig dunkel mit rötlichen, auch aus der Entfernung gut sichtbaren Flecken an den Flanken (Foto: G. Conca).
2. Charakteristische Gesichtszeichnung mit breitem weißem Überaugen- und weißem Wangenstreif, schwarz-gelber Schnabel (Foto: J. Tenovuo).
3. Kompakter als andere Drosselarten, der kurze, rechteckige Schwanz verleiht ihr ein charakteristisches Flugbild (Foto: J. Tenovuo).
4. Überall in den Alpen vertreten, vor allem während des Zugs, ist in dieser Zeit oft beim Beerensammeln zu beobachten (Foto: L. Sebastiani).
5. Hält sich regelmäßig in den nahrungsreichen Wiesen- und Strauchgebieten an Waldrändern auf.

 Ordnung: **Sperlingsvögel** *(Passeriformes)*
Familie: **Drosseln** *(Turdidae)*

Song Thrush
Grive musicienne
Tordo bottaccio

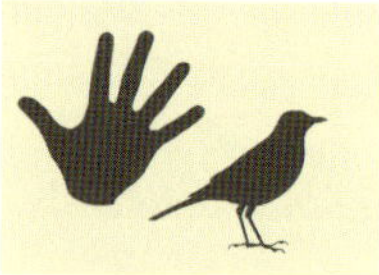

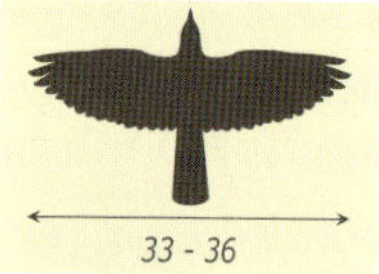

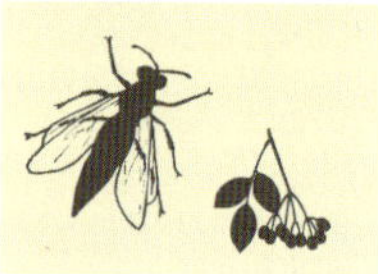

Singdrossel
Turdus philomelos

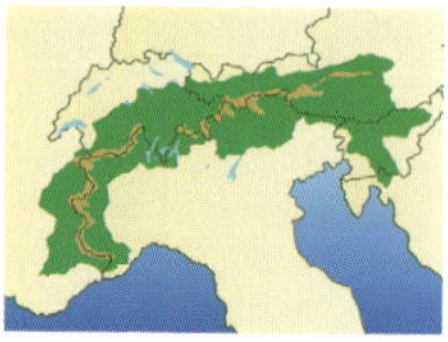

Ist in Europa mit vier Unterarten vertreten und von Nordspanien bis nach Zentralsibirien verbreitet. Teilzieher, die nördlichen Populationen begeben sich zum Überwintern in die südwestlichen Regionen des Kontinentes, wo diese Art vielfach der Jagd zum Opfer fällt.

Liebt als typischer Waldbewohner schattige, kühle und unterholzreiche Wälder. In den Alpen häufig und weit verbreitet, von den Voralpen bis 1900 m. Brütet sowohl in Laub- oder Mischwäldern als auch in Nadelwäldern, vor allem in Fichten- und Tannenwäldern, wo die Art in größerer Anzahl vorkommen kann. Bevorzugt weniger exponierte, feuchte Hänge und vermeidet in der Regel offene, helle Wälder wie Lärchen- und Pinienwälder.

Mittelgroße Drosselart, mit kurzem Schwanz und gedrungenem Aussehen, oberseitig olivbraun, helle, kräftig braun getupfte Unterseite, rötlich angehauchte Flanken. Die Unterflügel sind honigfarben und ein Unterscheidungsmerkmal zu den Artverwandten.

Scheu und zurückhaltend, verbringt den Tag im Walddickicht, sucht sowohl am Boden als auch auf Bäumen nach Nahrung, darunter Schnecken, deren Gehäuse auf einem Stein zerschmettert wird.

Frühbrüter, kann in tieferen Lagen mit dem Gesang schon Ende Februar territorial werden. Der Gesang ist ein wohlklingendes, variationsreiches Trillern von Lauten und mehrfach wiederholten Pfiffen. Der Ruf ist ein durchdringendes «zip», oft einziges Anwesenheitsanzeichen in dichter Vegetation.

Im Herbst, ab Mitte September, nimmt der Bestand aufgrund der Wanderbewegung auch in den Alpen erheblich zu. Im Winter wird die Art dagegen selten, da die Brutpopulation sich in niedrigere Lagen begibt.

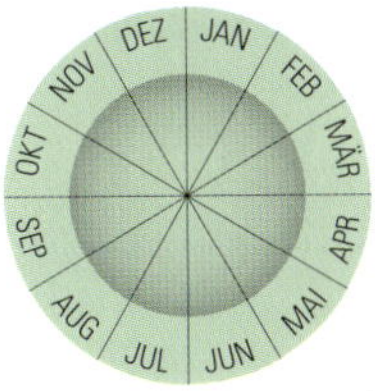

1. Die «Drossel» schlechthin, oberseitig olivbraun, unterseitig dicht dunkel gefleckt (Foto: F. Grazioli).
2. Scheue, zurückhaltende Art, kann gelegentlich außerhalb der Deckung am Boden auf Nahrungssuche beobachtet werden (Foto: G. Conca).
3. Lebt während des Zugs in unterschiedlichen Lebensräumen und kann auch in Stadtparks vorkommen (Foto: P. Casali).
4. Außerhalb der Brutzeit sind Beeren die Hauptnahrung (Foto: M. Giordano – G. Nicolazzi).
5. Brütet an schattigen, kühlen Plätzen in Laub- (Buche und Kastanie) und Nadelwäldern (Tanne und Fichte).

 Ordnung: **Sperlingsvögel**
(Passeriformes)
Familie: **Drosseln**
(Turdidae)

Mistle Thrush
Grive draine
Tordela

Misteldrossel

Turdus viscivorus

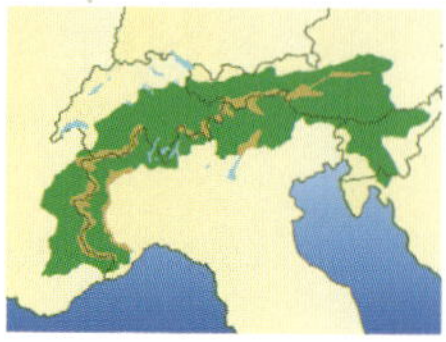

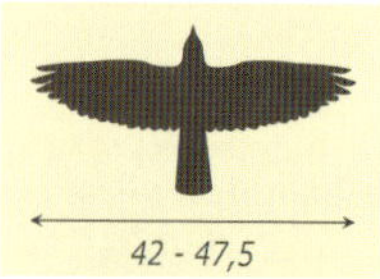

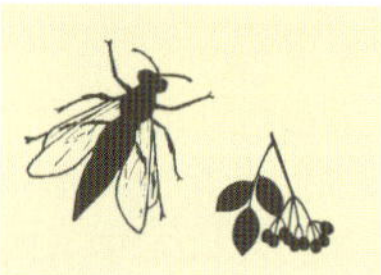

Größte europäische Drosselart, in Gefiederfärbung und Kopfzeichnung der kleineren Singdrossel sehr ähnlich. Schlanker Körperbau mit langem Schwanz, unterseitig weiß mit großen, schwarzen, rundlichen Flecken. Im Flug sind die schneeweißen Unterflügeldecken (wie bei der Wacholderdrossel) und die weißen Spitzen der äußeren Steuerfedern kennzeichnend. Nimmt am Boden eine besonders aufrechte Haltung ein.

Einst in allen Gehölzen Europas anzutreffen, heute oftmals in den Niederungen verschwunden, z. B. in der Poebene; Ursache sind Umweltveränderungen und Intensivlandwirtschaft.

Kommt in den Alpen häufig ab 900 m bis 2000 m vor, in erster Linie in lichten Nadelbaumwäldern, vor allem mit Lärche und Fichte, die in der Nähe von Weiden liegen, auf denen sie nach Nahrung sucht. Ist in niedrigen Lagen und in Tallagen eher selten, brütet dort aber auch in Laubbäumen und Obstgärten.

Leicht zu entdecken, sitzt oft außerhalb der Deckung am Boden und ist auf Nahrungssuche, ist sehr scheu und fliegt bei Störung schnell davon, gibt dabei einen charakteristischen trockenen, schallenden Laut von sich. Der Gesang erinnert an denjenigen der Amsel, ist aber kürzer, wird in den Baumkronen vorgetragen.

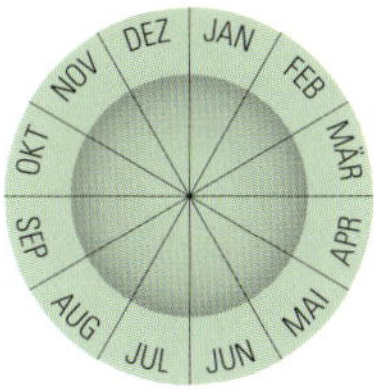

Das Nest wird am Stamm oder in einer Astgabel angelegt; die Eier ähneln denen der Wacholderdrossel oder der Amsel.

Nach der Brutzeit relativ gesellig, in den Alpen ein Standvogel, kann in kleinen Gruppen beobachtet werden; in den Wintermonaten kommen Höhenirrtümer vor, die vor allem von den Schneeverhältnissen beeinflusst werden.

1. Kräftige Drosselart, viel größer und mit längerem Schwanz als die Wacholderdrossel (Foto: F. Grazioli).
2. Sucht oft am Boden nach Insekten und anderen Wirbellosen (Foto: M. Giordano – G. Nicolazzi).
3. Oberseitig graubraun, unterseitig weiß mit breiter schwarzer Fleckung (Foto: L. Sebastiani).
4. Charakteristische Haltung am Boden, mit aufrechtem Körper und erhobenem Kopf (Foto: M. Giordano – G. Nicolazzi).
5. Bevorzugt lichte Wälder, vor allem von Lichtungen unterbrochene Nadelwälder.

Ordnung: **Sperlingsvögel**
(Passeriformes)

Familie: **Grasmückenartige**
(Sylviidae)

Willow Warbler
Pouillot fitis
Luì grosso

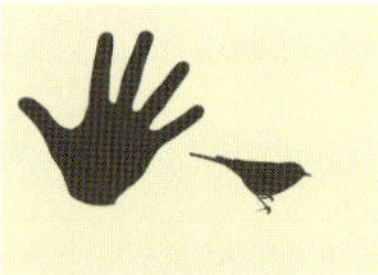

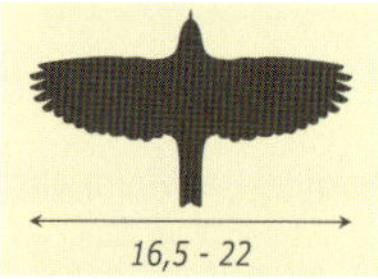

Fitis

Phylloscopus trochilus

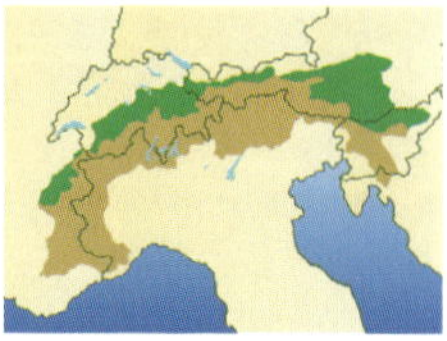

Ist trotz des italienischen Namens «grosso» gleich groß wie seine Artverwandten. Ähnelt im Gefieder dem Zilpzalp, vor allem oberseitig, unterscheidet sich von diesem durch die hellere, leicht gelb angehauchte Unterseite, die hellen Beine und die markanter erscheinenden Schwingen.

Weit verbreitet in Mittel- und Nordeuropa, die Südgrenze seines Brutareals liegt an der Alpennordseite, wo er in den größeren Tälern bis 1200 m vordringt. Nistet in lichten Baumbeständen, verbuschten Flächen, feuchten Wiesen und Weiden, Auwäldern und Gewässerufern.

Langstreckenzieher, überwintern südlich der Sahara; kommt auf der Alpensüdseite regelmäßig während der Zugzeiten vor.

Im Frühling, zwischen April und Ende Mai, ertönt oft sein schwermütig klingender Gesang, eine melodisch abfallende Kadenz aus hellen Tönen. Der Ruf ist ein zweisilbiges «hu-it», das an den Zilpzalp erinnert.

Insektenfresser, sucht seine Nahrung im Blattwerk der Bäume, fast immer im oberen Kronenbereich.

2

3

4

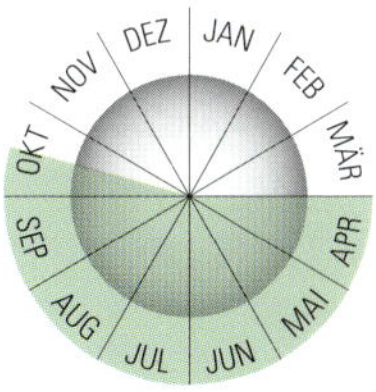

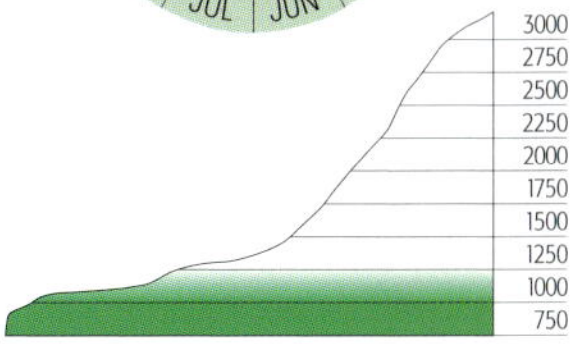

1. Die Grasmückenartigen ähneln sich sehr, klein und mit nur gering unterschiedlicher Färbung (Foto: J. Tenovuo).
2. Kopf gekennzeichnet durch einen auffälligen weißgelben Überaugenstreif; schmaler, kurzer Schnabel (Foto: K. Rainio).
3. Ernährt sich während des Zugs auch von Blütenpollen (Foto: L. Sebastiani).
4. Oberseitig einheitlich gefärbt, grünlich braun, etwas leuchtender im Herbst (Foto: G. Conca).
5. Lebt in lichten Nadel-, Laub- oder Mischwäldern.

5

Ordnung: **Sperlingsvögel**
(Passeriformes)
Familie: **Grasmückenartige**
(Sylviidae)

Common Chiffchaff
Pouillot véloce
Luì piccolo

Zilpzalp

Phylloscopus collybita

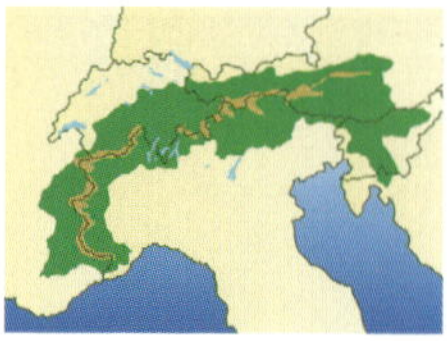

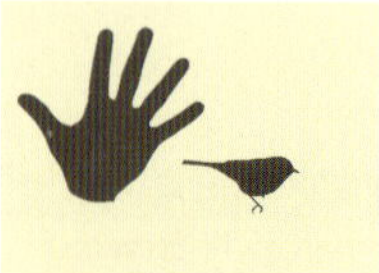

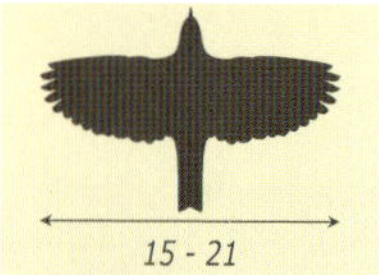

Ist in der Paläarktis mit fünf Unterarten vertreten, mit gerade mal 10 cm Länge der kleinste unter seinen Artverwandten.

Oberseitig braungrün gefärbt, unterseitig hell und verwaschen braun oder gelb, vor allem an den Flanken. Am Kopf fällt ein gelber Überaugenstreif auf. Beine und Schnabel sind dunkel.

Lebt in unterschiedlichen Waldgebieten; in den Alpen häufig und ausgedehnte Höhenverbreitung, von den unteren Höhenlagen bis 2000–2200 m. Brütet in kühlen, buschigen Laub-, Misch- und Nadelwäldern, wobei die Randbereiche und die Bereiche mit offenen Grasflächen bevorzugt werden. Kommt in den höheren Lagen regelmäßig in Erlengehölzen vor, vor allem in Wassernähe.

Einzige Laubsängerart, die ihr Nest lieber auf niedrigen Sträuchern statt nur am Boden baut. Das Gelege besteht aus 4–7 Eiern.

Ist immer in Bewegung und kann zwischen den Baumkronen oder in Sträuchern entdeckt werden, wo er die Zweige entlangklettert oder kurz herumflattert, bleibt manchmal auf der Suche nach Insekten und Larven wie ein Kolibri in der Luft hängen. Sucht im Winter häufig am Boden, in Wassernähe und meist in kleinen Trupps, nach Nahrung.

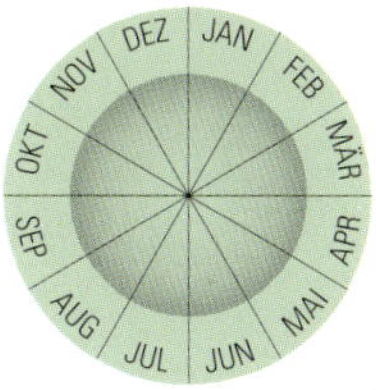

Sehr singfreudig, kann leicht schon zum Winterende am Gesang erkannt werden: ein unverwechselbares, in mäßigem Tempo wiederholtes «zilp-zalp-zelp-zilp-zalp», was ihm auch seinen deutschen und englischen Namen eingebracht hat. Häufigster Ruf ist ein sanftes und wiederholtes «huit».

Zugvogel in den nördlichen Regionen seines Verbreitungsgebietes, verlässt den Alpenraum in der Regel mit den ersten Schneefällen und begibt sich in niedrige Lagen.

1. Gedrungen, mit rundem Kopf und kleinem, kurzem Schnabel, schwarze Beine (Foto: A. Turri).
2. Braungrün oder braungrau, Flanken und unterseitig rötlich gelb verwischt, gelber Überaugenstreif (Foto: L. Sebastiani).
3. Das trichterförmige Nest mit Seiteneingang wird meist nur vom Weibchen gebaut (Foto: G. Conca).
4. Leicht beim Singen auf einer Baum- oder Strauchspitze zu beobachten (Foto: W. Vivarelli).
5. Bevorzugt zum Nisten relativ kühle Waldgebiete mit Graslichtungen.

Ordnung: **Sperlingsvögel** *(Passeriformes)*
Familie: **Grasmückenartige** *(Sylviidae)*

Bonelli's Warbler
Pouillot de Bonelli
Luì bianco

Berglaubsänger
Phylloscopus bonelli

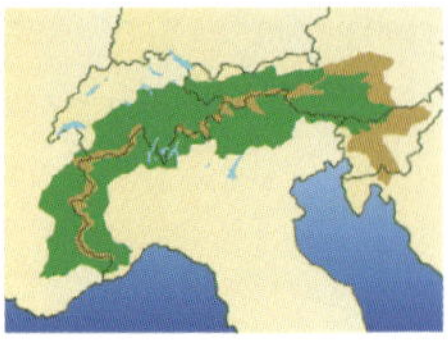

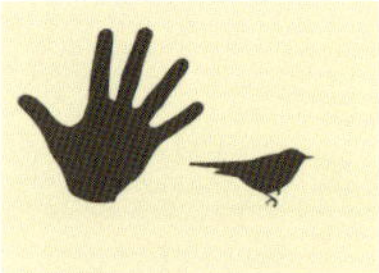

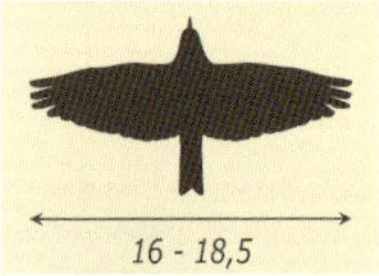

Diese in Mittel- und Südeuropa verbreitet Art ist weniger «grün» als die anderen Grasmückenartigen. Unterseitig völlig weiß, oberseitig heller als seine Artverwandten, auf Rücken und Kopf mit Tendenz ins Graue, blassgelb an Bürzel und Flügeln. Die gelben Schwingenränder bilden in geschlossenem Zustand einen auffälligen Flügelspiegel. Nicht sehr markanter Überaugenstreif.

Transsaharazieher, überwintert in Zentralafrika und hält sich in Europa zwischen April und September auf.

Ausgesprochen wärmeliebend, ist in den Alpen typisch für helle Laub- und Nadelwälder an trockenen, sonnigen Hängen. Von den untersten Voralpengebieten bis zur Baumgrenze weit verbreitet, ist in vielen Lebensräumen häufig, unter anderem in Flaumeichen-, Kastanien-, Waldkiefer-, Bergkiefer- und Lärchenwäldern.

Das Nest wird am Boden angelegt, am Fuß eines Strauches oder eines Baumstamms. Die 5 oder 6 Eier werden nur vom Weibchen bebrütet.

Ist aufgrund seiner baumliebenden Gewohnheiten schwer zu beobachten, ist aber, wenn er vielzählig vorkommt, sehr singfreudig; den Gesang, einen musikalischen, monotonen Triller («tiu-tiu-tiu-tiu-tiu»), kann

man schon bei der Ankunft in den Brutgebieten und bis Anfang August vernehmen. Erinnert an den Gesang der Zaunammer oder den Triller der Klappergrasmücke. Häufigster Ruf ist ein zweisilbiges «pü-ieh», ähnlich dem Ruf von Zilpzalp oder Fitis.

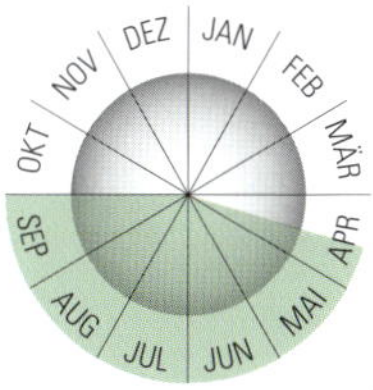

1. Schlank und klein, hellere und dezentere Gefiederfärbung als die Artverwandten (Foto: A. Turri).
2. Oberseitig graugrün, unauffälliger Überaugenstreif; gelbe Schwingenränder (Foto: W. Vivarelli).
3. Wie alle Laubsänger ständig in der Vegetation in Bewegung, mit flatternden und schnellen Ortswechseln (Foto: P. Casali).
4. Die schneeweiße Unterseite fällt auf, wenn er sich im dichten Blattwerk bewegt (Foto: W. Vivarelli).
5. Bewohnt Laub- und Nadelwälder an exponierten, gut besonnten Hängen.

Ordnung: **Sperlingsvögel**
(Passeriformes)

Familie: **Grasmückenartige**
(Sylviidae)

Wood Warbler
Pouillot siffleur
Luì verde

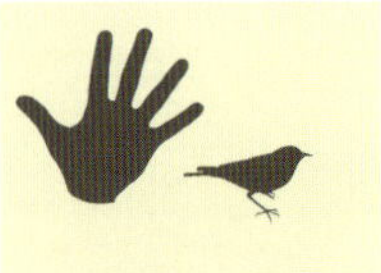

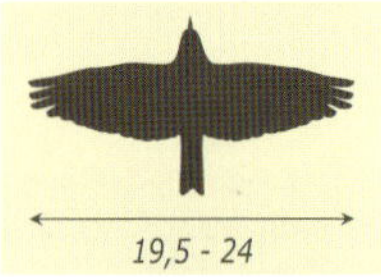

Waldlaubsänger

Phylloscopus sibilatrix

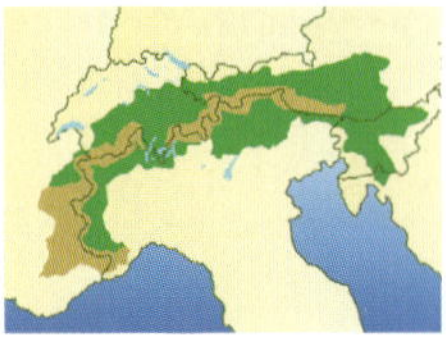

Bunteste Laubsängerart, oberseitig leuchtend grüngelb, mit zitronengelber Kehle, die stark mit der schneeweißen Unterseite kontrastiert. Auch die Kopfzeichnung ist sehr markant, mit einem breiten gelben Überaugenstreif, betont durch ein dunkles Augenband. Charakteristisch ist die Erscheinung der Handschwingen, bei geschlossenen Flügeln länger und hervorstehender als bei den Artverwandten.

In Europa deckt sich das Verbreitungsgebiet mit den Buchenzonen; ist in den Alpen weit verbreitet, doch in der Regel auf kühle, schattige und feuchte Laubwälder an Nordhängen begrenzt, die vor allem aus Buchen, Kastanien und Eichen bestehen. Brütet lokal auch in Nadelwäldern. Selten über 1400 m. Aufgrund seiner baumliebenden Gewohnheiten schwer zu sichten, ist sehr eng an Wald gebunden.

Bewegt sich meist im Blattwerk der Bäume auf der Suche nach Nahrung, die hauptsächlich auf Insekten basiert.

Der Gesang ist oft das einzige Indiz für seine Anwesenheit und ertönt auch während des Zugs: ein scharfer, gedehnter und ansteigender Triller mit zittrigem Abschluss, ähnlich einer Grille.

Transsaharazieher, überwintert im tropischen Afrika und kommt ab Mitte April in die Brutgebiete.

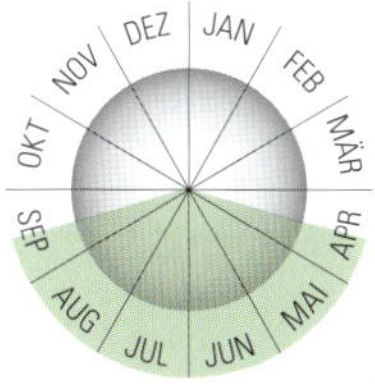

1. Größte europäische Laubsängerart, hat längere Flügel (Foto: L. Sebastiani).
2. Leuchtendes, kontrastreiches Gefieder, oberseitig gelbgrün, unterseitig weiß (Foto: P. Kuhno).
3. Ernährt sich hauptsächlich von Insekten, die im Blattwerk der Bäume erbeutet werden (Foto: P. Kuhno).
4. Gelbe Kehle und breiter Überaugenstreif sind die Erkennungsmerkmale (Foto: P. Casali).
5. Man findet ihn brütend in kühlen Laubwäldern, vor allem in Buchenwäldern.

Ordnung: **Sperlingsvögel**
(Passeriformes)
Familie: **Grasmückenartige**
(Sylviidae)

Blackcap
Fauvette à tête noire
Capinera

Mönchs-grasmücke

Sylvia atricapilla

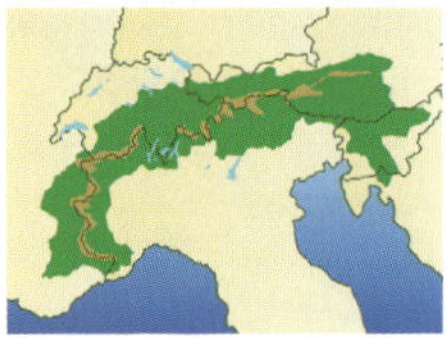

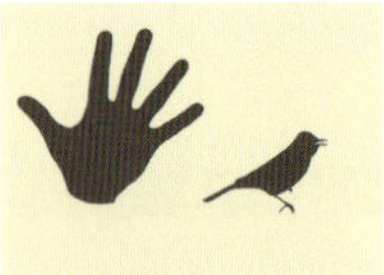

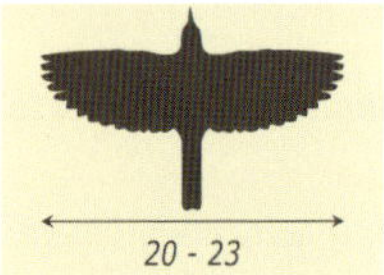

Nur wenig kontrastreiches, graubraunes Gefieder, unterseitig heller, leicht identifizierbar durch den charakteristischen Scheitel, beim Männchen schwarz und beim Weibchen rötlich braun.

Der Gesang, eine sanfte Melodie ansteigender Töne und einem Zwitschern dazwischen, ist vermutlich einer der schönsten. Typischster Ruf ist ein trockenes «tek».

Ist einer der bekanntesten und verbreitetsten Sperlingsvögel, lebt in unterschiedlichen Wald- und Strauchhabitaten, einschließlich städtischer Parks und Gärten. Kommt in den Alpen häufig in geeigneter Umgebung auf 1400–1500 m vor, wird oberhalb seltener und ist über 1800 m nur ausnahmsweise anzutreffen.

Brütet in allen Waldbeständen, in unterholzreichen Laub-, Misch- und Nadelwäldern, in der Ufervegetation von Fließgewässern und überall, wo es Hecken und Sträucher gibt. Das Nest wird immer niedrig in dichtem Gebüsch angelegt. Teilt den Lebensraum oft mit der Gartengrasmücke.

Teilzieher, kommt im Winter in den Alpen so gut wie nicht vor; überwintert in seltenen Fällen in niedrigen, gut besonnten Lagen mit besonders mildem Klima.

Hauptspeise sind Insekten, im Winter dienen Beeren, Früchte und Samen als Beilage.

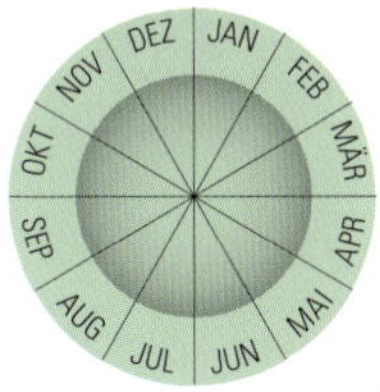

1. Graubraun, unterseitig aschfarben, Kopf mit schwarzer Haube (Foto: A. Turri).
2. Weniger scheu als andere Grasmückenarten, durch den Gesang oder den metallischen Ruf zu entdecken (Foto: L. Sebastiani).
3. Insektenfresser, lehnt aber Früchte und Beeren nicht ab, vor allem nicht im Winter (Foto: M. Giordano – G. Nicolazzi).
4. Im Gegensatz zum Männchen haben Weibchen (und Jungvögel) einen rotbraunen Scheitel (Foto: L. Sebastiani).
5. Typischer Vogel in Baumbeständen mit dichtem Unterholz, in Hecken, Sträuchern, Obstgärten und Gärten.

Ordnung: **Sperlingsvögel**
(Passeriformes)
Familie: **Grasmückenartige**
(Sylviidae)

Garden Warbler
Fauvette des jardins
Beccafico

Gartengrasmücke
Sylvia borin

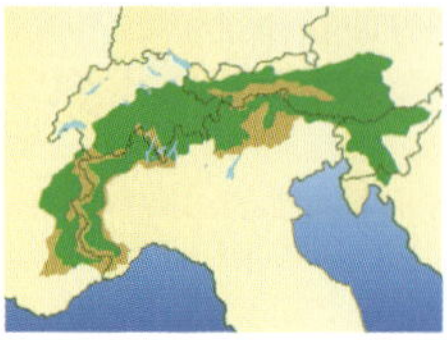

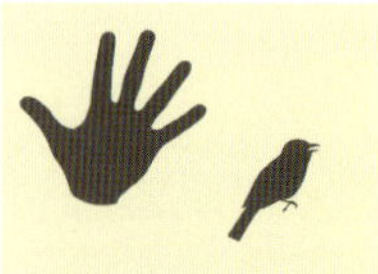

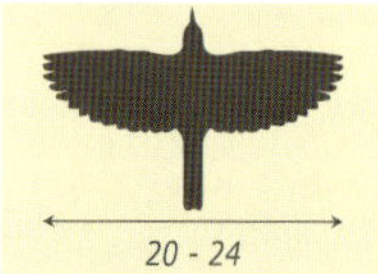

Zugvogel mit ausgedehntem Brutgebiet, in Mitteleuropa sowohl in den Niederungen als auch im Gebirge häufig, kommt in den südlicheren Regionen in der Regel nur in den Bergen vor. Ist in den Alpen weit verbreitet, besiedelt hier dichte Sträucher an Waldrändern, einschließlich Krummholzgebüsche und Erlenbestände an der Nadelwaldgrenze sowie Ufervegetation von Flüssen und Bächen. Auch in lichten, unterholzreichen Lärchen-Fichtenbeständen häufig. Lokal auch in den Voralpen und unterhalb 500 m anzutreffen, häufiger zwischen 1000 m bis 2100 m, größte Dichte oberhalb 1500 m und maximaler Höhenaufenthalt bei 2300 m.

Ähnelt in der Form sehr der Mönchsgrasmücke, mit der oft der Lebensraum geteilt wird. Recht einheitliches Gefieder, oberseitig hellbraun und leicht orangefarben an den unteren Partien, Kehle und Unterleib heller. Halsseiten teils grau, nur aus nächster Nähe sichtbar. Im Gegensatz zu vielen Artverwandten keine Flecke oder helle Ränder auf dem Schwanz.

Einer der am schwierigsten zu beobachtenden Sperlingsvögel, da er sehr scheu ist und sich meist in Deckung aufhält. Leichter ist der Ruf zu vernehmen, ein trockenes «tschäck-tschäck-tschäck», das aus

1

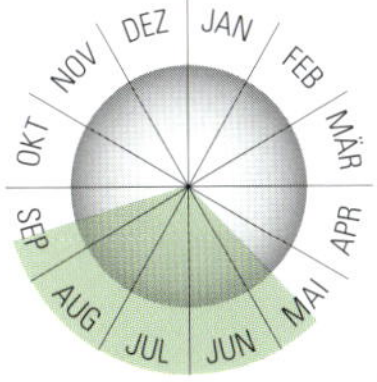

dem dichten Dickicht hervordringt. Ähnlicher Gesang wie die Mönchsgrasmücke, aber sanfter, klarer und gleichmäßig.

Ernährt sich in der Brutzeit von Insekten, Spinnen und Raupen; frisst im Spätsommer auch verschiedene Beeren und Früchte.

Im Alpenraum trifft diese Art in der Regel Ende Mai ein, Ende August bricht sie wieder in ihre Winterquartiere auf.

1. Recht korpulente Grasmückenart mit kurzem Schwanz, rundlichem Kopf und dickem, kurzem Schnabel. Geschlechter ähnlich (Foto: L. Sebastiani).
2. Einheitliche Färbung, absolut unauffällig; kennzeichnend, aber nicht immer leicht ersichtlich, ist der graue Bereich an den Halsseiten (Foto: J. Tenovuo).
3. Wie seine Artverwandten scheu und schwer zu beobachten (Foto: A. Turri).
4. In erster Linie Insektenfresser, frisst im Winter und während des Zugs auch Früchte und Beeren (Foto: J. Tenovuo).
5. Brütet im Alpenraum in dichten Sträuchern an Waldrändern und Fluss- oder Bachläufen.

 Ordnung: **Sperlingsvögel** *(Passeriformes)*
Familie: **Grasmückenartige** *(Sylviidae)*

Common Whitethroat
Fauvette grisette
Sterpazzola

Dorngrasmücke

Sylvia communis

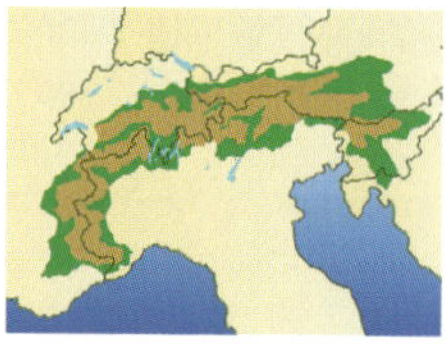

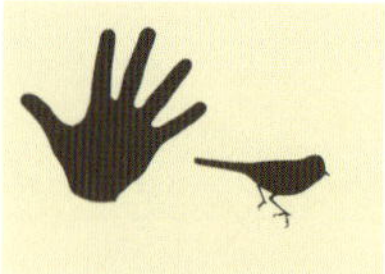

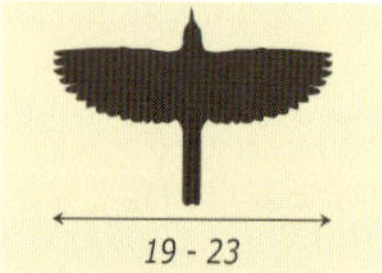

Im Hauptverbreitungsgebiet stark rückgängige Art, lebt in offenem, hecken- und strauchreichem Wiesengelände.

Typische Art in den Niederungen und in Hügelgebieten, kommt in den Alpen nur in breiteren und wärmeren Tälern vor, über 1000 m selten, ausnahmsweise über 1500 m. Im Allgemeinen selten und lokal, brütet in bewirtschafteten Talböden und an exponierten, trockenen Hängen mit niedrigen Bäumen und Sträuchern. Besiedelt oft niedrige Kiesbankvegetation.

Kräftig gebaut, oberseitig braun, wobei sich die rostbraunen Ränder der Schirmfedern und Flügeldecken abheben. Kopf des Männchen grau (weißer Augenring), beim Weibchen braun, in starkem Kontrast zur weißen Kehle. Langer, dunkler Schwanz, die äußeren Steuerfedern sind weiß gerandet.

Gewöhnlich kaum sichtbar, kann leichter beim Singen auf der Spitze eines Busches oder im charakteristischen wellenförmigen Flug beobachtet werden, bei dem sie senkrecht einige Meter nach oben steigt und dabei eine Art Geschwätz, bestehend aus einer Reihe kurzer Strophen, vorträgt.

Zugvogel, der aus dem afrikanischen Winterquartier ab Ende April eintrifft und im September das Brutgebiet wieder verlässt.

In der Brutzeit besteht die Nahrung ausschließlich aus Insekten.

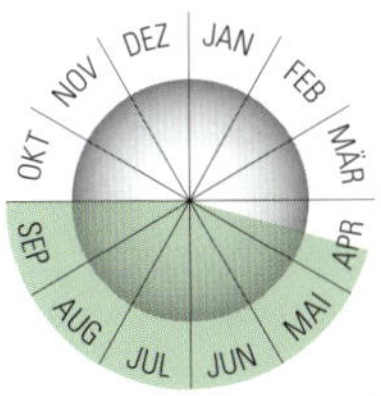

1. Schlanker, eleganter Vogel, mit langem Schwanz und dünnen Beinen (Foto: L. Sebastiani).
2. Singt oft von einer Warte aus; dennoch scheu und ausweichend (Foto: L. Sebastiani).
3. Männchen mit grauem Kopf und weißem Augenring, weißer Kehle, rostbraunen Flügelsäumen (Foto: T. Belka).
4. Weibchen mit matterer, einheitlicherer Färbung, vor allem in der Kopfzeichnung (Foto: L. Sebastiani).
5. Bewohnt wärmere, sonnige Hänge mit Gebüsch und vereinzelten Bäumen.

Ordnung: **Sperlingsvögel**
(Passeriformes)
Familie: **Grasmückenartige**
(Sylviidae)

Lesser Whitethroat
Fauvette babillarde
Bigiarella

Klapper-grasmücke

Sylvia curruca

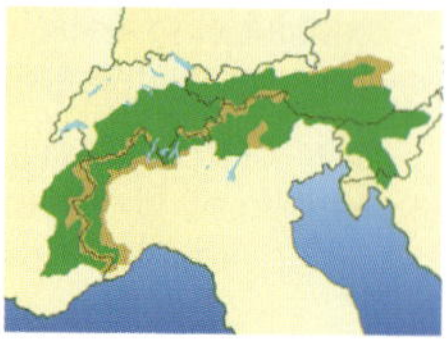

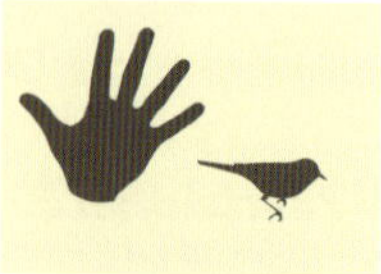

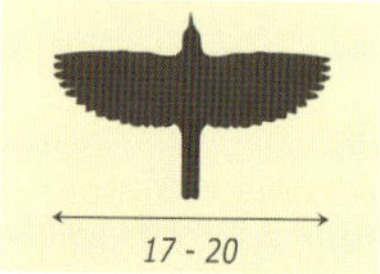

Vor allem in Mittel- und Osteuropa verbreitet, die südwestlichen kontinentalen Verbreitungsgrenzen liegen in den Alpen und den Apenninen. Langstreckenzieher, in unseren Breiten von April bis September anwesend.

Geringfügig größer als ein Laubsänger, charakterisiert durch den Hell-Dunkel-Kontrast des Gefieders. Oberseitig graubraun, Kopf gänzlich grau, unterseitig (auch Kehle) weiß, Unterleib und Flanken leicht bräunlich angehaucht. Beine und Schnabel sind schwarz. Gefieder beider Geschlechter ähnlich.

Lebt in offenen Baumbeständen mit reichem Hecken- und Strauchwuchs; brütet nördlich der Alpen auch in den Niederungen. Kommt in den Alpen hauptsächlich ab 1100–1200 m bis 2300 m vor, typischer Lebensraum ist die Nadelwaldgrenze mit der für diesen Bereich charakteristischen Strauchzone (Erlen, Alpenrosen, Zwergginster). In niedrigeren Lagen wird die obere Buchenwaldgrenze häufig besiedelt.

Das Nest wird meist knapp über dem Boden in dichtem Dickicht angelegt; ein Gelege pro Jahr, in der Regel mit 5 Eiern.

Zurückhaltend, bewegt sich meist in dichter Vegetation und kommt nur selten aus der Deckung hervor. Kann in der Brutzeit in erster Li-

1

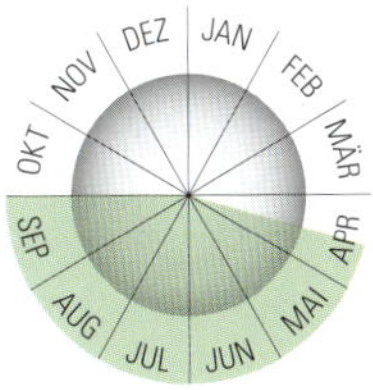

nie durch den Gesang lokalisiert werden, der aus einem leisen, schwatzenden Vorgesang und einer kurzen, lauten «Klapperstrophe» besteht (namensgebend). Häufigster Ruf ist ein «tett» und ähnelt dem Ruf der Mönchsgrasmücke.

1. Kleine Grasmückenart; klare, reine Farben, dünner Schnabel, schwarze Beine (Foto: A. Turri).
2. Geschlechter ähnlich, Weibchen oberseitig meist brauner als Männchen (Foto: L. Sebastiani).
3. Erkennbar durch den grauen Kopf mit schwarzer Maske und die weiße Kehle (Foto: J. Tenovuo).
4. Fast immer in dichter Vegetation aktiv und in Bewegung, kommt selten aus der Deckung hervor (Foto: J. Tenovuo).
5. Besiedelt offene Waldgebiete mit üppigem Busch- und Strauchbewuchs, kommt nie in hoher Dichte vor.

Ordnung: **Sperlingsvögel** *(Passeriformes)*
Familie: **Grasmückenartige** *(Sylviidae)*

Barred Warbler
Fauvette épervière
Bigia padovana

Sperbergrasmücke

Sylvia nisoria

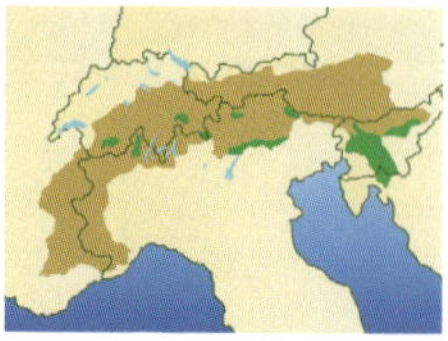

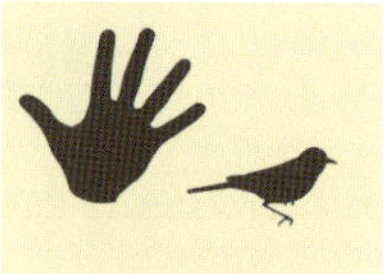

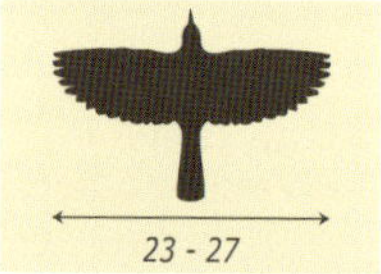

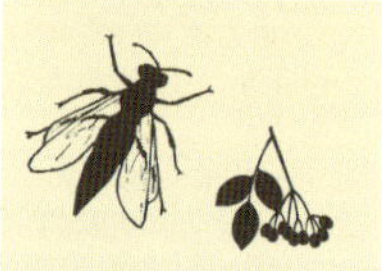

Größte europäische Grasmückenart; robuster Körperbau, langer Schwanz, kräftiger Schnabel. Charakteristisches Gefieder, vor allem beim Männchen; es ist oberseitig aschgrau, während Flügel, Kopf und Schwanz dunkler sind. Steuerfedern außen weiß gefleckt. Unterseite weiß und mit grauen Wellenlinien durchzogen (gesperbert). Das Weibchen tendiert ins Bräunliche, unterseitig mit grauen Halbmonden schwach gesperbert. Die Geschlechter lassen sich im Adultkleid an der Farbe der Iris unterscheiden: beim Männchen leuchtend gelb (was ihm einen «wilden» Ausdruck verleiht), beim Weibchen braungelb.

2

1

Die Alpen bilden die südwestliche Verbreitungsgrenze dieser Art. Sehr selten auf der Alpennordseite anzutreffen, kommt dort nur in der Schweiz vor, ist auf der Alpensüdseite weiter verbreitet, wo sie im mittleren und östlichen Bereich von der kollinen Stufe in einige Alpentäler hinaufsteigt. Die kolline Stufe beherbergt die Hauptpopulation dieser Art in Italien (Lombardei und Venetien).

Typische Art warmer, gebüschreicher Landschaften, hält sich im Alpenraum in Gebieten mit sommerlichem Klima und wenig Niederschlag auf, ausnahmsweise auch bis 1500–1600 m.

Transsaharazieher, trifft im Mai in den Brutgebieten ein.

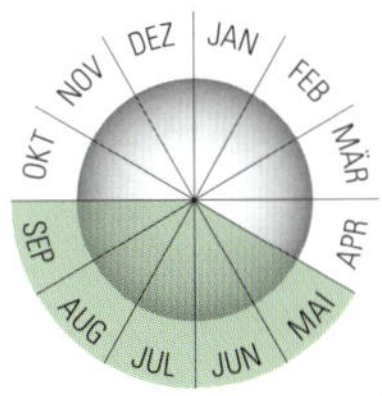

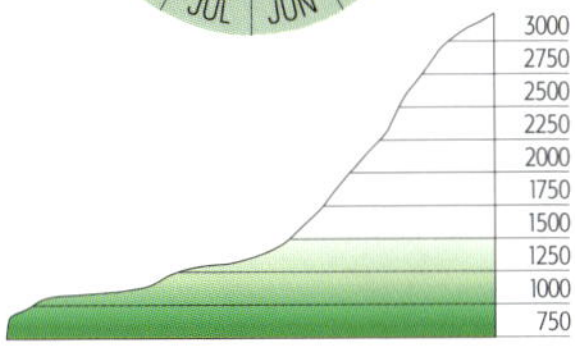

1. Unterseitig eng gestreift, markanter beim Männchen (Foto: J. Tenovuo).
2. Der Gesang wird von einer Warte aus oder im Singflug vorgetragen (Foto: J. Tenovuo).
3. Robuste Grasmückenart, grau, mit charakteristischen, leuchtend gelben Augen (Foto: P. Pirinen).
4. Jungvögel im Herbst mit braunem Gefieder und dunklen Augen, Streifen nur auf den Unterschwanzdecken (Foto: J. Tenovuo).
5. Alpine Populationen sind rar, finden sich in exponiertem Gelände mit geringem Niederschlag und hohen Sommertemperaturen.

Ordnung: **Sperlingsvögel**
(Passeriformes)
Familie: **Fliegenschnäpper**
(Muscicapidae)

Spotted Flycatcher
Gobemouche gris
Pigliamosche

Grauschnäpper

Muscicapa striata

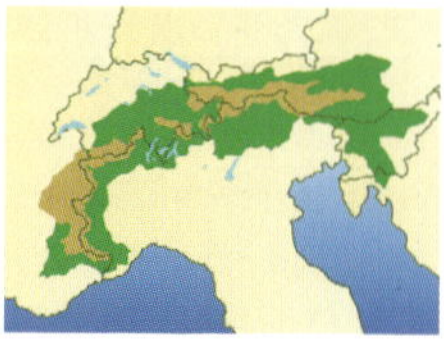

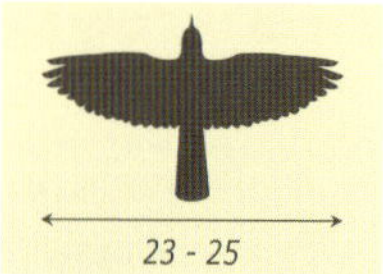

In Europa ein Sommerbesucher, von Mai bis September anwesend.

Schlanker Körperbau, mit langen Flügeln und langem Schwanz, oberseitig graubraun, unterseitig weiß und leicht grau gestrichelt. Der Kopf ist vor allem an der Stirn gestreift, die Haubenfedern werden oft aufgestellt. Geschlechter gleich, Jungvögel oberseitig kontrastreicher, mit hellen Rändern an Schwingen und Deckenfedern.

Charakteristisch ist das nervöse Verhalten, ist ständig in Bewegung, zuckt in Sitzposition – meist außerhalb der Deckung – mit Flügel und Schwanz. Ist, wie der Name in verschiedenen Sprachen ausdrückt (z. B. *flycather, pigliamosche* = Fliegenfänger), ein unermüdlicher Insektenfänger, erbeutet in kurzen Flügen, auch im Gleitflug, vor allem Zweiflügler, kehrt danach auf seinen Ausgangspunkt zurück.

Begrenztes Lautrepertoire, kurze, recht leise, hohe Töne, die vor allem während der Balz zu vernehmen sind.

Brütet in offenen Baumbeständen, an Waldrändern, in Parks und Alleen in Siedlungsgebieten. Enger an Laubbäume gebunden, in den Alpen in Tallagen häufig, gelegentlich auch bis über 1200 m, wo er sich an die vorherrschenden Nadelbaum-Lebensräume anpasst. Ist zum Beispiel recht häufig in offenen Lärchenbeständen auch bis 2000 m anzutreffen.

Nistet in Spalten und Höhlen von Bäumen oder Bauwerken, zwischen Kletterpflanzen, nutzt jeden möglichen Halt an Gebäuden als Nestfundament. Ein oder zwei Gelege pro Jahr, die Eier werden auch vom Männchen bebrütet.

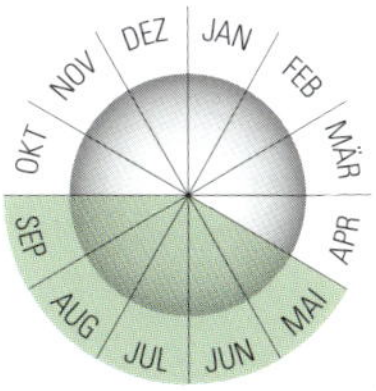

1. Schlanker Körperbau, lange Flügel, langer Schwanz, einheitliches Gefieder, unauffällig. Geschlechter ähnlich (Foto: L. Sebastiani)
2. Leicht auszumachen, wenn sie längere Zeit in aufrechter Haltung auf Insekten warten (Foto: G. Conca).
3. Oberseitig graubraun, auffällige schwarze Augen, feiner Schnabel, schwarze Beine (Foto: B. Caula).
4. Bestes Erkennungsmerkmal ist die dezente Streifung auf Scheitel, Kehle und Brust (Foto: B. Caula).
5. In offenen Landschaften, Lichtungen und lichten Wäldern anzutreffen, auch in Siedlungsnähe.

Ordnung: **Sperlingsvögel** *(Passeriformes)*

Familie: **Fliegenschnäpper** *(Muscicapidae)*

Robin

Rougegorge familier

Pettirosso

Rotkehlchen

Erithacus rubecula

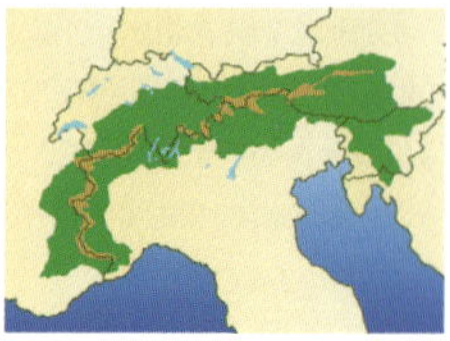

Dieser kleine Insektenfresser ist aufgrund seiner häufigen Besuche in Gärten und Futterstellen, vor allem im Winter, sehr bekannt.

Kompakter, rundlicher Körper, oberseitig braun, unterseitig weiß, mit einem charakteristischen, großflächigen roten Fleck von der Brust bis zur Stirn. Geschlechter ähnlich, Jungvögel haben keinen roten Fleck und ein dichtes, helles Fleckengeflecht auf Kopf und Rücken. Kehle und Brust sind rostbraun angehaucht.

Bewegt sich fast immer im Pflanzendickicht und kommt selten aus der Deckung hervor; Einzelgänger und sehr territorial, nimmt bei Aufregung charakteristische Haltungen mit Nicken, nervösen Flügel- und Schwanzschlägen und aufgeplustertem Gefieder ein. Bewegt sich bei der Bodenjagd hüpfend fort, oft am Fuß von Sträuchern.

Der Gesang, der bereits zum Endes des Winters zu hören ist, besteht aus schneller werdenden Strophen scharfer, vibrierender Töne; häufigster Ruf dagegen ist ein schnelles, durchdringendes Zwitschern.

Verbreitet in verschiedenen Baumbeständen mit dichtem Strauchbewuchs, von der mediterranen Hartlaubvegetation (Macchie) über Buschformationen im Hochgebirge bis zur Taiga im Norden. In den Alpen in allen dichten und kühlen Laub- und Nadelwäldern häufig, vom

Tiefland über die Voralpen bis zu 1600–1800 m. Die höchste Brutpaardichte wurde in Buchen-, Fichten- und Mischwäldern festgestellt. Kann auch in hochgelegenen Strauchformationen, wie Erlengebüschen, bis über 2000 m brüten. Ist im Winter über 1200 m selten.

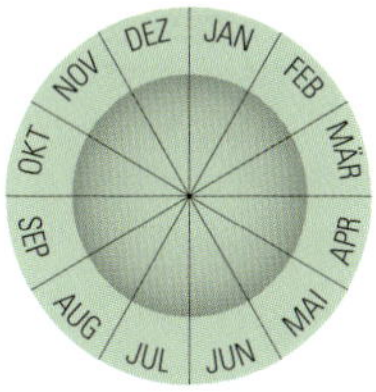

2

3

1. Gedrungen und rundlich, bräunlich, dünner Schwanz und schlanke Beine (Foto: L. Sebastiani).
2. Sehr bekannte Art, im Winter häufiger Besucher in Gärten und Futterstellen (Foto: M. Giordano – G. Nicolazzi).
3. Nimmt am Boden eine aufmerksame Haltung ein, aufrecht und mit gesenkten Flügeln (Foto: M. Graziano).
4. Unverwechselbar aufgrund der orangefarbenen Brust, Kehle und Stirn; Halsseiten grau (Foto: B. Caula).
5. Typisches Brutgebiet sind Laubwaldrandzonen.

4

5

Ordnung: **Sperlingsvögel**
(Passeriformes)
Familie: **Fliegenschnäpper**
(Muscicapidae)

Common Nightingale
Rossignol philomèle
Usignolo

Nachtigall

Luscinia megarhynchos

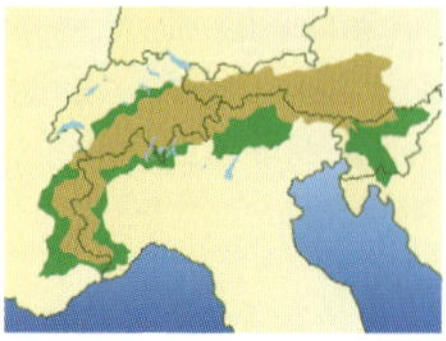

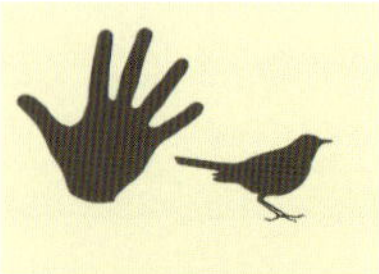

Langstreckenzieher, im südlichen und milden Europa zwischen April und September verbreitet, lebt in kühlen und schattigen Laubwäldern mit dichtem Unterholz. Bevorzugt Wassernähe und kommt in Auwäldern sehr häufig vor. In niedrigen Lagen und in der Regel bis 500–600 m weit verbreitet, steigt in den Alpen gelegentlich größere und sonnigere Täler bis 900–1000 m hinauf.

Schlanke Körperform, braune Gefiederfärbung, charakteristisch sind rostbrauner Bürzel und Schwanz. Unterseitig hell, leicht bräunlich. Kein Geschlechtsdimorphismus. Jungvögel mit Ausnahme des Schwanzes blasser gefärbt und stark gefleckt, mit dichtem Bogengeflecht auf Rücken und Unterseite.

Scheuer Einzelgänger und schwer zu beobachten, sowohl wegen der Landschaft, in der sie sich aufhält, als auch aufgrund ihrer Dämmerungs- und Nachtaktivität.

Der Gesang dagegen ist leicht zu vernehmen und ist von vielen Dichtern beschrieben und besungen worden. Er ist sehr vielfältig und melodisch und besteht aus Dutzenden von Strophen, die stets in gleicher Reihenfolge wiederholt werden. Wird ab Frühling meist aus dem Versteck heraus vorgetragen, typischerweise auch nachts.

Monogame Art, nistet auf Sträuchern oder direkt am Boden, aber immer im Walddickicht.

Die Nahrung basiert auf Wirbellosen.

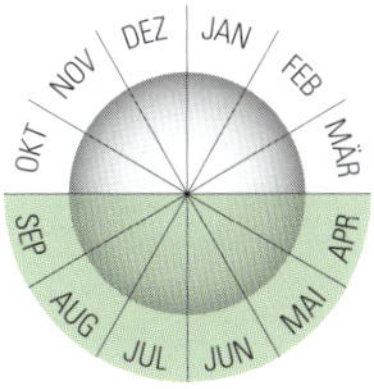

1. Einheitlich braun, mit rötlichem Bürzel und Schwanz, dunkle Augen, helle Beine (Foto: J. Tenovuo).
2. Extrem scheu und sehr schwer im Blattwerk, in dem sie sich fast immer versteckt hält, auszumachen (Foto: W. Vivarelli).
3. Sucht auch am Boden nach Beute, bewegt sich mit kurzen Sprüngen vorwärts (Foto: A. Turri).
4. Unterseitig heller, einheitlich graubraun (Foto: M. Giordano – G. Nicolazzi).
5. Besiedelt Laubwälder mit viel Unterwuchs.

Ordnung: **Sperlingsvögel**
(Passeriformes)
Familie: **Fliegenschnäpper**
(Muscicapidae)

Bluethroat
Gorgebleue à miroir
Pettazzurro

Blaukehlchen

Luscinia svecica

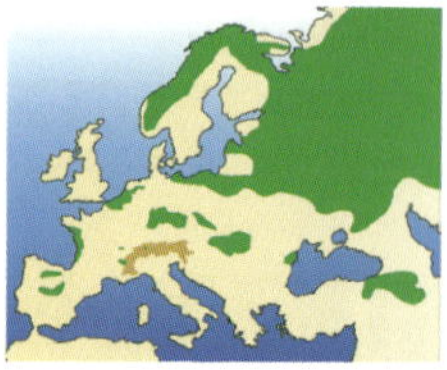

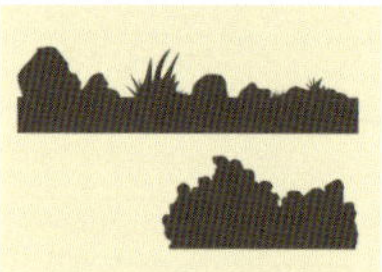

In Eurasien mit sieben Unterarten vertreten, in Europa vor allem in mittleren und nordöstlichen Regionen verbreitet, vereinzelte Populationen finden sich im Südwesten.

Seit Mitte der 1970er-Jahre kommt diese Art auch in den Alpen vor, brütet dort vereinzelt und unregelmäßig in Österreich, der Schweiz, Frankreich und Italien.

Isolierte Brutpaare wurden in der subalpinen Stufe angetroffen, in Blockhängen mit alpinen Sträuchern (Alpenrosen und Heidelbeere) zwischen 1750 m und 2000 m.

Langstreckenzieher, ein kleiner Teil der Population überwintert im Mittelmeerraum. Kann in den Alpen – abgesehen von seltenen Brutvorkommen – auf dem Durchzug beobachtet werden.

Im Körperbau dem Rotkehlchen ähnlich, oberseitig olivbraun, unterseitig sehr hell. Das adulte Männchen ist aufgrund seiner Zeichnung der Vorderpartien unverwechselbar (sehr variabel bei den verschiedenen Unterarten): Kehle und oberer Brustbereich blau (mit zentralem rotem oder weißem Fleck oder auch ohne), darunter ein schwarzes und ein ausgeprägteres rotes Brustband. Weibchen nur mit schwarzem Brustband. Beide Geschlechter mit breitem beigem Überaugenstreif und rot-

2

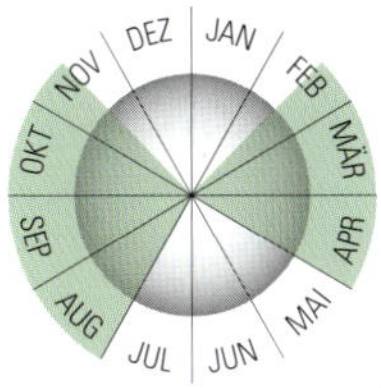

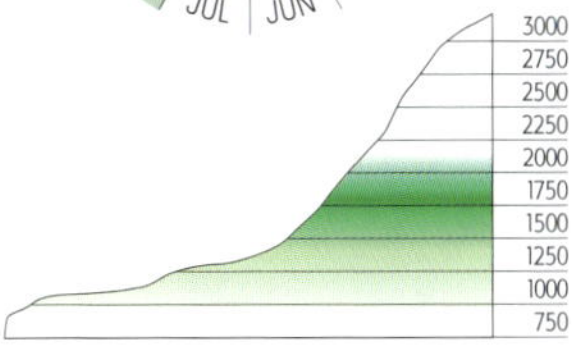

brauner Schwanzwurzel; diese fällt beim häufigen Fächern des Schwanzes auf.

1. Größe und Körperbau wie beim Rotkehlchen, aber oberseitig heller braun gefärbt (Foto: J. Tenovuo).
2. Männchen unverwechselbar, leuchtend blaue Kehle und, je nach Unterart, zentraler weißer, roter oder fehlender Fleck (Foto: G. Conca).
3. Weibchen (und Jungvögel) weniger auffällig, weiße Kehle und breites, dunkles Brustband (Foto: J. Tenovuo).
4. Schwanzwurzel rötlich, im Flug von hinten sehr gut sichtbar (Foto: B. Caula).
5. In den Alpen unregelmäßiger Brüter, selten und vereinzelt in Strauchvegetation der subalpinen Stufe.

3

4

5

Ordnung: **Sperlingsvögel**
(Passeriformes)
Familie: **Fliegenschnäpper**
(Muscicapidae)

Black Redstart
Rougequeue noir
Codirosso spazzacamino

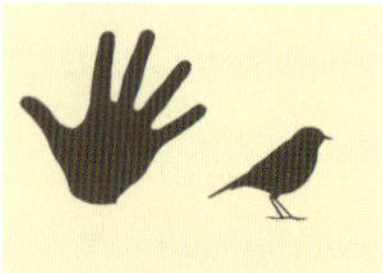

Hausrotschwanz

Phoenicurus ochruros

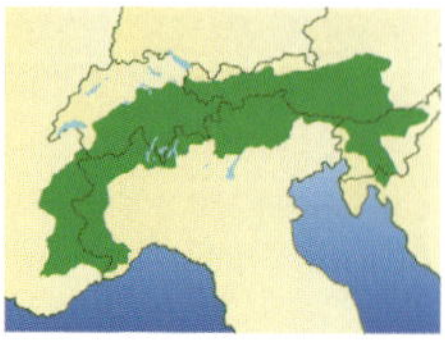

Mit Ausnahme der nördlichsten Regionen in ganz Europa verbreitet, ursprünglich ein Bergbewohner, ist im Lauf der Zeit bis auf Meereshöhe vorgedrungen und heute auch im Siedlungsraum häufig.

In den Alpen in offenen und felsigen Gebieten sehr häufig, vor allem zwischen 1500 m und 2700–2800 m, nicht selten liegt die maximale Nisthöhe über 3000 m. Hauptlebensräume sind Moränen- und Gerölllandschaften sowie steinige, felsige Wiesen. Auch in Siedlungsgebieten und in der Nähe von Alphütten häufig, von Tal- bis in Höhenlagen.

Gefieder des Männchens unverwechselbar: rußschwarze Färbung, an Kehle und Brust noch dunkler, rostroter Schwanz mit dunklen zentralen Steuerfedern und auffälligem weißem Flügelspiegel. Weibchen und Jungvögel graubraun, Schwanz ähnlich wie beim Männchen, können mit dem Gartenrotschwanz verwechselt werden.

Ist leicht zu beobachten, vor allem da er sich in offenem Gelände aufhält und oft auf einer Warte sitzt. Charakteristisch sind die aufrechte Sitzhaltung sowie das häufige Knicksen und Schwanzzittern.

Der Gesang ist eine Reihe von drei oder vier schnellen Strophen mit krächzenden, pfeifenden, klappernden Lauten. Häufigster Ruf ist ein trockenes «täk».

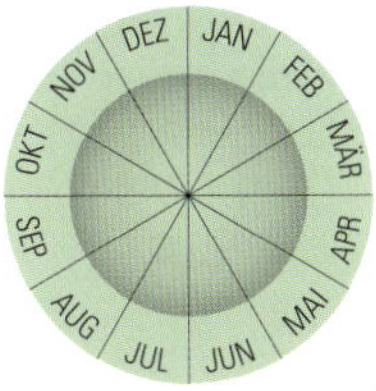

Brütet in Felsspalten und in Mauernischen von Bauwerken, auch in der Nähe des Menschen. In höheren Lagen kann sich die Jungenaufzucht bis Anfang August hinziehen. 1–2 Gelege pro Jahr, die häufig oft vom Kuckuck ausgenutzt werden.

Teilzieher, verlässt mit den ersten Schneefällen die höheren Lagen und meist den ganzen alpinen Raum.

1. Dunkles Gefieder und rötlicher Schwanz, Männchen mit weißem Flügelspiegel (Foto: M. Giordano – G. Nicolazzi).
2. Weibchen einheitlicher und grau, aber immer mit rötlichem Schwanz (Foto: L. Sebastiani).
3. Jungvogel kurz nach Verlassen des Nests: grau mit rötlichem Schwanz (Foto: M. Giordano – G. Nicolazzi).
4. Unterseite und Gesicht beim Männchen tiefschwarz, restlicher Körper grauschwarz (Foto: E. Torti).
5. Hält sich gerne in steinigem, felsigem Gelände auf, wird aber auch häufig im Siedlungsraum angetroffen.

Ordnung: **Sperlingsvögel**
(Passeriformes)
Familie: **Fliegenschnäpper**
(Muscicapidae)

Common Redstart
Rougequeue à front blanc
Codirosso comune

Garten-rotschwanz

Phoenicurus phoenicurus

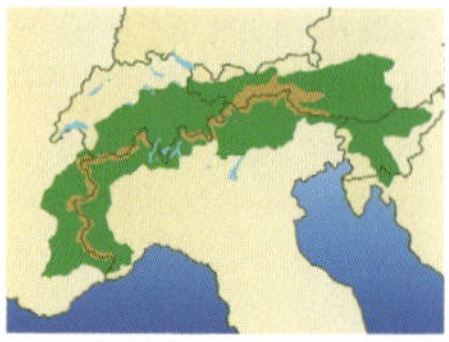

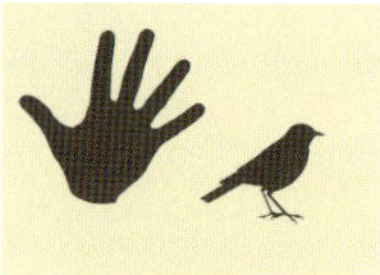

In Europa weit verbreitet, brütet in unterschiedlichen Baumbeständen mit großen oder morschen Bäumen, bevorzugt offene und helle Wälder, Waldränder und ländliche Gebiete. Auch in städtischen Gebieten häufig in Parks und Gärten anzutreffen.

Kommt in den Alpen häufig bis 1000 m vor, in höheren Lagen eingeschränkteres Vorkommen, besiedelt jedoch regelmäßig auch Nadelwälder, hauptsächlich offene Lärchenbestände, und kann bis 2000 m brüten.

Das Nest wird in Baumhöhlen, in Nischen von Mauern oder anderen Bauwerken angelegt.

Ähnelt in Körperbau, Schwanzfärbung und Verhalten dem Hausrotschwanz; das Männchen unterscheidet sich durch sein lebhaftes Brutkleid mit orangeroter Unterseite, schwarzer Kehle und Maske, weißer Stirn, grauer Haube und Oberseite. Weibchen und Jungvögel haben eine hellbraune Tönung.

Diese scheue Art bleibt im dichten Blattwerk der Bäume und Sträucher verborgen, in dem sie sich flink fortbewegt und ein wohlklingendes «huit» von sich gibt. Kann nur dann leicht ausgemacht werden, wenn sie außerhalb der Deckung ihren Reviergesang vorträgt, eine klangvolle, kurze und melancholisch sanfte Strophe.

Überwintert in den afrikanischen Tropen und ist in Europa ab Anfang April bis September/Oktober anwesend.

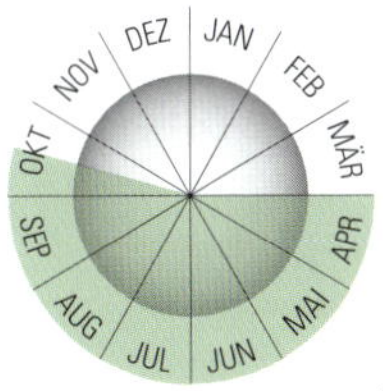

2

3

1. Stärker gefärbt als der Hausrotschwanz, unterseitig lebhaft orangerot (Foto: A. Turri).
2. Im Spätsommer verblasst die unterseitige Färbung (Foto: P. Casali).
3. Weibchen ähnelt sehr dem Hausrotschwanz, ist aber bräunlich statt grau (Foto: L. Sebastiani).
4. Beim Männchen fällt der graue Kopf mit schwarzem Gesicht und weißem Stirnfleck auf (Foto: L. Sebastiani).
5. Legt das Nest oft in Mauerlöchern und -nischen von Gebäuden an.

4

5

Ordnung: **Sperlingsvögel**
(Passeriformes)
Familie: **Fliegenschnäpper**
(Muscicapidae)

Whinchat
Tarier des prés
Stiaccino

Braunkehlchen

Saxicola rubetra

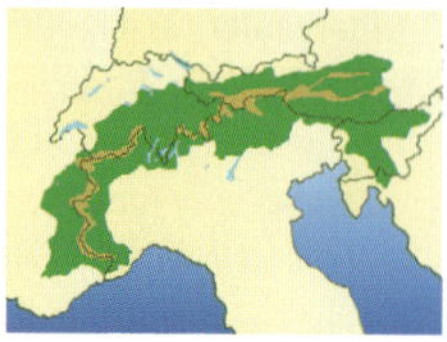

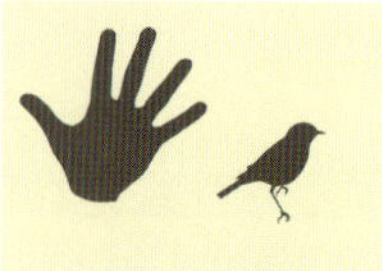

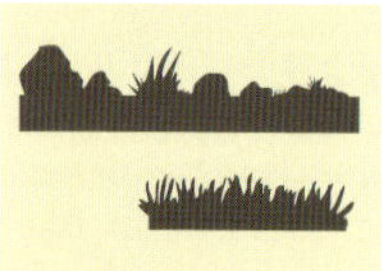

Langstreckenzieher, ist in Südeuropa auf Gebirge beschränkt. In den Alpen weit verbreitet, brütet in Grasflächen wie Wiesen, Bergweiden, Feuchtwiesen, in offenen und gebüschreichen Landschaften, auch in den Randbiotopen von Hochnadelwäldern.

Kommt am häufigsten in der montanen und subalpinen Stufe zwischen 1000 m und 2000 m vor, ist jedoch recht oft auch in niedrigeren Lagen anzutreffen, vor allem auf der Alpennordseite, wo die Art von den Tallagen bis etwa 2300 m brütet.

Lebhafte Gefiederfärbung, vor allem das Männchen ist leicht zu erkennen: sehr dunkle Kopfzeichnung (braun beim Weibchen) mit weißem Überaugenstreif und Wangenstreif, orangerote Kehle und Brust. Oberseitig braun, leicht rötlich, im Flug sind die weißen Flecke auf den Flügeln und am Schwanzansatz gut zu erkennen.

Typische Art höher gelegener, offener Landschaften, teilt den Lebensraum oft mit anderen Arten wie Baumpieper und Steinschmätzer. Sitz gerne auf erhöhten Warten, wie Büschen, Felsen, Mauern oder Zaunpfählen.

Charakteristisch sind die aufrechte Haltung und das Knicksen und Schwanzwippen. Der Gesang ist ein kurzes Zwitschern, der Warnruf ein scharfes «jü-tek».

1

2

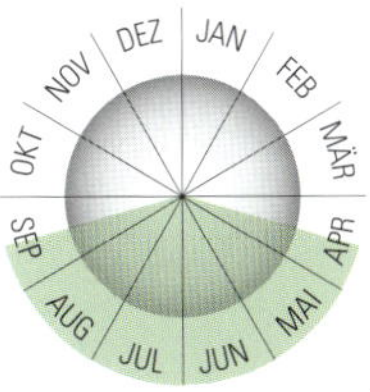

Ist in den alpinen Brutgebieten in der Regel ab Mitte Mai anwesend. Bodenbrüter, nur ein Gelege mit 4–7 Eiern. Die Brutgebiete werden ab Ende August wieder verlassen.

Ernährt sich von Insekten.

1. Ähnelt dem Schwarzkehlchen, sitzt oft in extrem aufrechter Haltung auf einer Warte (Foto: A. Turri).
2. Gestreifter Scheitel, unterseitig heller, orangefarbene, saisonal unterschiedlich stark gefärbte Brust (Foto: A. Turri).
3. Männchen lebhaft bunt gefärbt, mit charakteristischer Kopfzeichnung, Überaugenstreif und Wangenstreif weiß (Foto: M. Mendi).
4. Weibchen (und Jungvögel) blasser und einheitlicher gefärbt, aber stets mit weißem Überaugenstreif (Foto: G. Conca).
5. Brütet fast ausschließlich in offenen Wiesen und Weiden in der montanen und subalpinen Stufe.

Ordnung: **Sperlingsvögel** *(Passeriformes)*
Familie: **Fliegenschnäpper** *(Muscicapidae)*

Stonechat
Tarier pâtre
Saltimpalo

Schwarzkehlchen

Saxicola rubicola

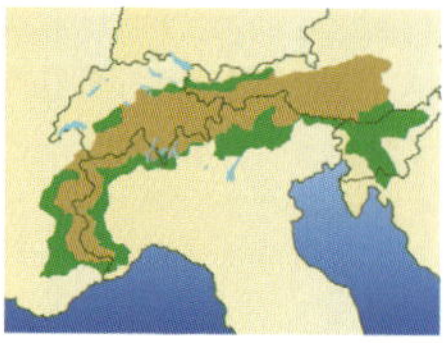

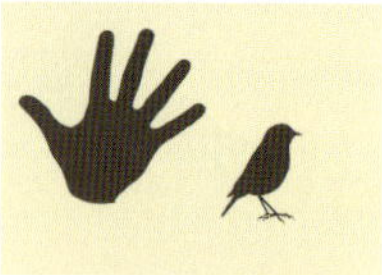

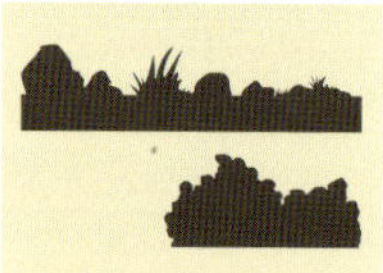

Gleicht in Größe, Körperbau und Verhalten dem Braunkehlchen, unterscheidet sich von seinem Artverwandten hauptsächlich im männlichen Federkleid: dunkler Rücken und Flügel, auf denen ein weißer Fleck auffällt, gänzlich schwarzer Kopf, der besonders durch den hellen, breiten Saum zwischen Nacken und Schulter betont wird, Brust orangerot. Weibchen weniger kontrastreich gefärbt und Kopf graubraun. Winterkleid bei beiden Geschlechtern nahezu gleich.

Besonders in Südwesteuropa weit verbreitet, typische Art offener und hügeliger Landschaften, die gut besonnt sind und nicht allzu stark landwirtschaftlich genutzt werden, sondern mit vielen natürlich gewachsenen und gebüschreichen Zonen durchsetzt sind. Kommt in den Alpen selten und nur im Sommer vor. Bevorzugt wärmere und trockenere Täler, in denen es in den Tallagen oder Terrassenanlagen exponierter Hänge brütet, wird bis 1000 m immer seltener, Vorkommen über 1400–1500 m sind absolut außergewöhnlich.

Der italienische Name (*saltimpalo* = auf dem Pfahl hüpfend) spiegelt die Angewohnheit wider, die Umgebung von einer Warte aus, meist einem Pfahl oder einem Strauch, nach Insekten abzusuchen. Diese werden am Boden oder in kurzen Gleitflügen erbeutet.

Begrenztes Lautrepertoire, bei Erregung ein schnalzender Ruf, der Gesang ist kurz und besteht aus scharfen, kratzigen Tönen, er ist weniger variationsreich als beim Braunkehlchen.

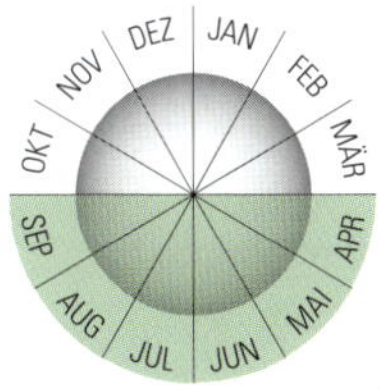

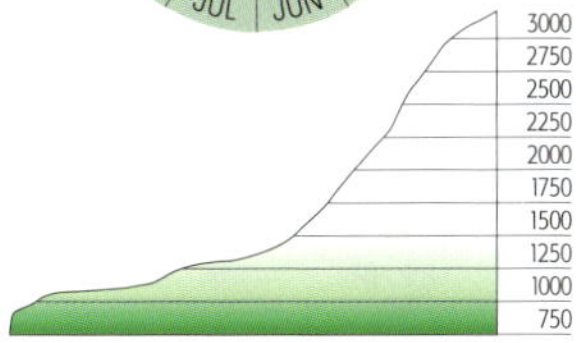

1. Klein, mit kurzem Schwanz, sitzt oft gut sichtbar auf einer Warte (Foto: L. Sebastiani).
2. Männchen im Brutkleid unverwechselbar, glänzend schwarzer Kopf und weißer Schultersaum (Foto: G. Conca).
3. Unterseitig immer orangerot, auch das Weibchen (Foto: B. Caula).
4. Weibchen leichter mit dem Braunkehlchen zu verwechseln, es fehlt jedoch der weiße Überaugenstreif (Foto: G. Conca).
5. Bevorzugt offenes, mit Hecken und Sträuchern bewachsenes, aber unbewirtschaftetes Talgelände.

Ordnung: **Sperlingsvögel**
(Passeriformes)
Familie: **Fliegenschnäpper**
(Muscicapidae)

Northern Wheatear
Traquet motteux
Culbianco

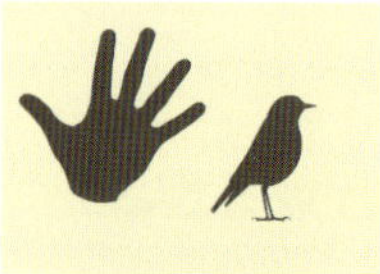

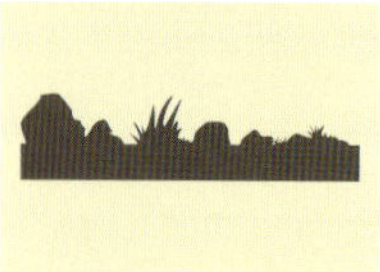

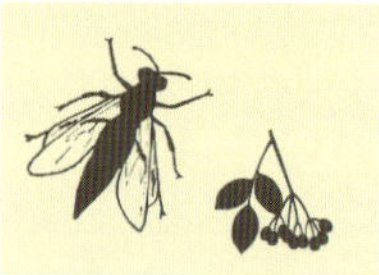

Steinschmätzer

Oenanthe oenanthe

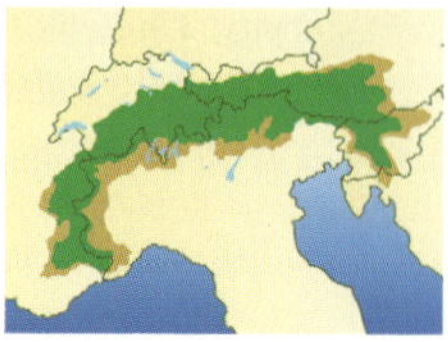

Transsaharazieher, kommt im April nach Europa und in die Alpen und bricht im August/September wieder auf. Einer der typischsten Sperlingsvögel in den Bergweiden und -wiesen, sowohl in den Voralpen als auch in den Alpen, wo er zwischen 1200 m und 2500 m und höher vorkommt, Mindesthöhe bei 400–500 m. Lebt in offenem, steinigem oder felsigem Gelände mit niedrigem Graswuchs, bevorzugt exponierte, trockene, strauchfreie Hänge. Taucht während des Zugs in der Regel in den Niederungen auf, wo er sich hauptsächlich auf frisch gepflügten Feldern aufhält.

Vorwiegend Bodenvogel, auch auf Distanz leicht anhand seiner charakteristischen schwarz-weißen Schwanzzeichnung zu identifizieren: Der ausgebreitete Schwanz zeigt ein schwarzes, auf dem Kopf stehendes «T» auf weißem Grund. Beim Männchen heben sich die schwarzen Flügel vom grauen Körper ab, die Kehle ist leicht rostbraun angehaucht, charakteristische Kopfzeichnung mit schwarzer Augenmaske und markantem weißem Überaugenstreif. Das Weibchen ist oberseitig tendenziell braun, mit unauffälligem Überaugenstreif; der Jungvogel ist gemischt braungrau.

Unruhig und ständig in Bewegung, kann meist in Bodennähe beobachtet werden, fliegt von einer Warte zur anderen, aufrechte Sitzhaltung auf langen schwarzen Beinen.

Fängt Insekten und sonstige Wirbellose, verfolgt sie in kurzen Flügen und schnellen Läufen oder sucht zwischen Steinen und im Gras.

Der typische Ruf ist ein hartes «täk». Der Gesang (auch im Flug) besteht aus einer Reihe schneller Strophen, unterbrochen von zwitschernden Lauten und Pfiffen; sehr variabel, manchmal auch mit Imitationen anderer Arten.

Das Nest wird in einer Höhle, in Fels- oder Mauernischen angelegt. Zwei Gelege pro Jahr mit je 5–6 Eiern.

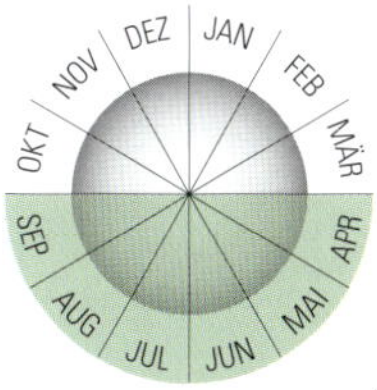

1. Kräftig, sitzt immer am Boden oder auf Steinen, oft in aufrechter Haltung auf gestreckten Beinen (Foto: A. Turri).
2. Weibchen und Jungvögel braungrau, mit hellem Überaugenstreif und schwarzem Zügelstreif zwischen Auge und Schnabel (Foto: L. Sebastiani).
3. Männchen grau, mit schwarzen Flügeln und Augenmaske, weiße Oberschwanzdecken sind im Flug gut erkennbar (Foto: L. Sebastiani).
4. Gerade flügge gewordener Jungvogel: Schwanz weiß, mit schwarzem Endband wie bei Adulttier (Foto: B. Caula).
5. In offenem, felsenreichem Gelände mit niedriger Vegetation verbreitet, auch in hoher Dichte.

2

3

5

4

Ordnung: **Sperlingsvögel** *(Passeriformes)*
Familie: **Schwanzmeisen** *(Aegithalidae)*

Long-tailed Tit
Mésange à longue queue
Codibugnolo

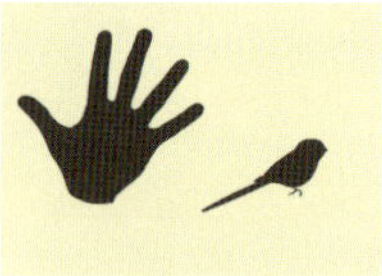

Schwanzmeise

Aegithalos caudatus

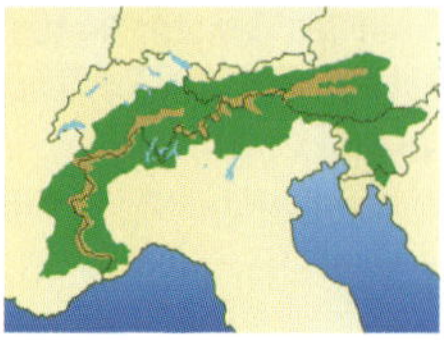

In der Paläarktis mit mehreren Unterarten vertreten, rundliche Erscheinung, mit schmalem und sehr langem Schwanz (7–9 cm), der vor allem das Flugbild charakterisiert. Hell-dunkle Färbung, kein Geschlechtsdimorphismus, weißer Kopf, Nacken und Überaugenstreif dunkel, unterseitig hell, Flanken leicht rötlich. Rücken und Flügel dunkel, mit auffälligem rötlichem Schulterfleck. Im Alpenraum haben einige Individuen einen völlig weißen Kopf und sind vermutlich den mitteleuropäischen Populationen zuzuordnen.

An gebüschreiche Laubwaldränder gebunden und somit von den Tallagen bis 1500 m in allen mehr oder weniger bewaldeten Gebieten anzutreffen. Selten in höheren Lagen oder in Nadelwäldern, kann jedoch bis 1800 m brüten. Das kugelige, mit Moos und Federn gepolsterte Nest wird immer niedrig und gut im Blattwerk versteckt an Zweigen oder zwischen Kletterpflanzen hängend angelegt.

Zeigt ein ähnliches Verhalten wie Meisen, ist außerhalb der Brutzeit gesellig, zeigt auch bei der Nahrungssuche ein baumliebendes Verhalten, inspiziert sowohl Sträucher als auch Baumkronen, oft in kleinen Gruppen.

Immer in Bewegung, verrät ihre Anwesenheit durch ein scharfes «srii-srii-srii» oder «tschrrr».

In den Wintermonaten zwingen insektivore Ernährungsweise und geringe Kälteresistenz diese Art, die mittleren und höheren Lagen zu verlassen.

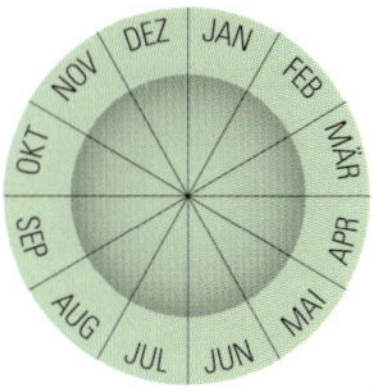

1. Klein und immer in Bewegung, charakteristisch sind der rundliche Körper und der sehr lange Schwanz (Foto: A. Turri).
2. Schwarz-weiß, mit rundem Kopf und kleinem Schnabel, schwarzer Überaugenstreif (Foto: W. Vivarelli).
3. Jungvogel dunkler, bräunlich, ohne rötlichen Schimmer der Adulttiere (Foto: W. Vivarelli).
4. Individuen mit «weißem Kopf» sind selten und häufiger im östlichen Alpenraum zu beobachten (Foto: J. Tenovuo).
5. Liebt die typische Busch- und Strauchvegetation von Laubwaldrändern.

Ordnung: **Sperlingsvögel** *(Passeriformes)*
Familie: **Meisen** *(Paridae)*

Marsh Tit
Mésange nonnette
Cincia bigia

Sumpfmeise

Poecile palustris

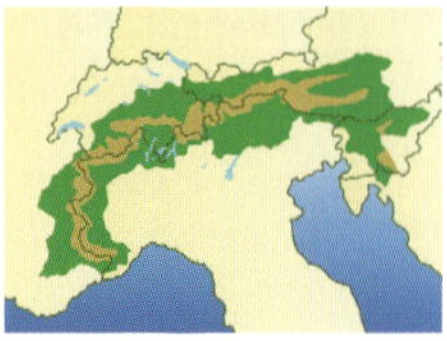

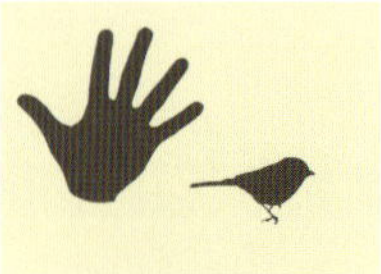

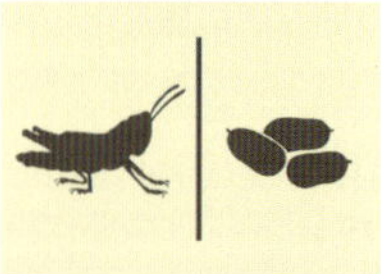

Einzelgängerisch und zurückhaltend, schwer zu beobachten. Unauffälliges Federkleid, einheitlich braun und unterseitig hell, leicht rostbraun angehaucht. Charakteristisch sind die ausgeprägte schwarze Kopfhaube und der kleine schwarze Kehlfleck. Insgesamt der Mönchsmeise recht ähnlich, die sie in den Alpen in den überwiegend mit Nadelbäumen bewachsenen Gebieten ersetzt. Die Verteilung der Art deckt sich mit den Laubwaldgebieten in niedrigen und mittleren Höhenlagen. Mag es kühl und schattig, begibt sich selten über 1200–1300 m. Lokal wurden maximale Höhenvorkommen bei 1500–1700 m festgestellt, vor allem in Laubwäldern mit harzhaltigen Bäumen.

Der Gesang wirf häufig schon zum Frühlingsanfang vorgetragen und ist sehr wohlklingend, er besteht aus einer Reihe monotoner, vielfach wiederholter Töne, meist «djep-djep-djep».

Legt wie andere Meisenarten das Nest in Baumhöhlen an, nutzt auch Spechtlöcher. Ihre Anwesenheit in einem Wald korreliert fast immer mit dem Vorhandensein alter, morscher Bäume, in denen nicht nur genistet, sondern auch nach Nahrung gesucht wird. In der Brutzeit besteht die Nahrung hauptsächlich aus Insekten.

1

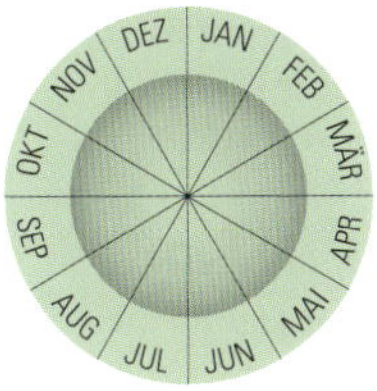

1. Einheitliche Färbung, bräunlich, mit schwarzer Kopfhaube (Foto: P. Casali).
2. Oberseitig braun, unterseitig rötlich grau, Wangen gräulich, dunkler Schnabel mit schwarzem Kehlfleck (Foto: W. Vivarelli).
3. Unterscheidet sich von der Mönchsmeise vor allem durch den fehlenden hellen Flügelspiegel und durch das andere Kopfprofil (Foto: F. Grazioli).
4. Wie alle Meisenarten extrem an Bäume gebunden, sitzt nur selten am Boden (Foto: P. Casali).
5. Besiedelt, meist in weniger hoher Dichte als andere Meisenarten, (auch kleine) Laubwälder.

Ordnung: **Sperlingsvögel**
(Passeriformes)
Familie: **Meisen**
(Paridae)

Willow Tit
Mésange boréale
Cincia alpestre

Mönchsmeise
Poecile montana

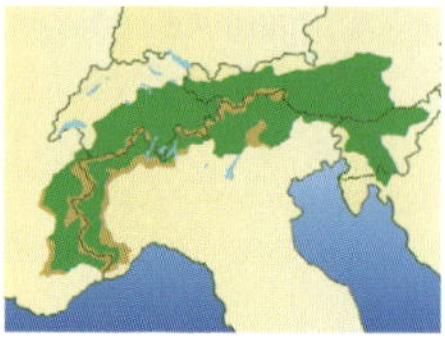

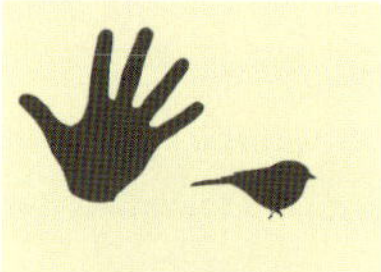

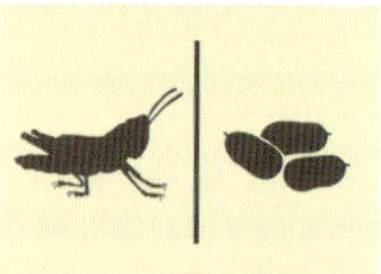

Die Alpen stellen für diese Art eine der südlichen Verbreitungsgrenzen in Europa dar. Standvogel, im ganzen Alpenraum gut verbreitet, auf der Südseite eine typische Art der höheren Lagen der montanen und subalpinen Stufe, zwischen 1200 m und 2200–2300 m. Unterhalb eher selten vertreten, Mindesthöhenvorkommen betreffen auch Voralpenbereiche, vor allem auf der Alpennordseite.

An Nadelwälder gebunden, kommt häufig in Baumbeständen mit verschieden alten Lärchen, Zirbelkiefern und Fichten vor. Ist auch in Nadelmischwäldern (mit Buche, Birke, Erle usw.) gut vertreten.

Bevorzugt tote oder morsche Stämme, in denen nach Nahrung (Wirbellosen) gesucht und auch genistet wird. Das Nest wird in der Regel in einer Baumspalte angelegt, manchmal in einem Wurzelstock, oft in Bodennähe. Ein Gelege pro Jahr, meist Ende Mai.

Gleicht im Aussehen sehr der Sumpfmeise, unterscheidet sich allerdings durch den kräftigeren Kopf, die Kopfhaube und den größeren schwarzen Kinnfleck, vor allem aber durch das helle Armschwingenfeld, die Armschwingen bilden in geschlossenem Zustand einen Flügelspiegel. Der Ruf ist ein nasales «zizi-däh-däht» und ist ein gutes Erkennungsmerkmal; der Gesang besteht aus weichen, melancholischen Tönen.

Nur begrenzte Höhenwanderungen, kann leicht auch mitten im Winter an der Nadelwaldgrenze beobachtet werden, meist bei der Futtersuche nach Samen harzhaltiger Bäume.

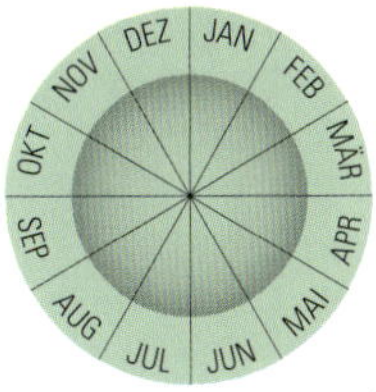

1. Gleicht sehr der Sumpfmeise, aber mit verlängertem Scheitel, größerem Kinnfleck, robusterem Schnabel (Foto: M. Giordano – G. Nicolazzi).
2. Bei geschlossenen Flügeln bilden die Schwingen einen hellen, gut erkennbaren Flügelspiegel (Foto: P. Casali).
3. Hauptunterscheidungsmerkmal zur Sumpfmeise ist der Ruf, der sehr häufig ausgestoßen wird (Foto: W. Vivarelli).
4. Rötliche Flanken, sehr helle, klar von schwarzer Haube abgegrenzte Wangen (Foto: M. Mendi).
5. An Nadelwälder gebundene, auch gemischt mit Laubbäumen.

Ordnung: **Sperlingsvögel** *(Passeriformes)*
Familie: **Meisen** *(Paridae)*

Coal Tit
Mésange noire
Cincia mora

Tannenmeise

Periparus ater

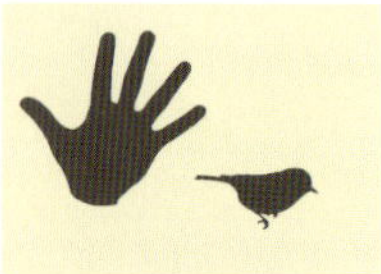

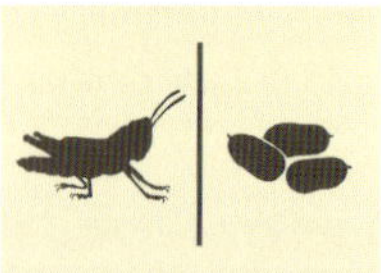

In Eurasien und Nordwestafrika mit mehreren Unterarten vertreten, ist in den südlichen Regionen ein typischer Bergbewohner. In den Alpen eng an Nadelwälder gebunden, lebt (vor allem auf der Alpennordseite) vom Tiefland bis 1900–2000 m, kommt häufiger oberhalb 1000 m vor. Bevorzugt Fichten-, Tannen- und Kieferbestände. Nistet in niedrigen Lagen auch in Stadtparks und Gärten mit Ziernadelbäumen sowie in Forstplantagen.

Kleinste europäische Meisenart, hat einen rundlichen Körperbau mit großem Kopf, schwarzer Kopfhaube und charakteristischem weißem Nackenfleck. Rückengefieder und Flügel bläulich grau, zwei schmale weiße Flügelstreifen. Unterseitig hell, leicht bräunlich. Kein Geschlechtsdimorphismus.

Sehr gesellig, isoliert sich nur in der Brutzeit, dann sehr territorial.

Der Gesang ist ein einfaches, durchdringendes «zitüi-zitüi-zitüi», das in schneller Folge wiederholt wird.

Bei Aufregung können die Kopffedern aufgestellt werden und einen kleinen Kamm bilden.

Ist wie andere Meisenarten ständig in Bewegung, bewegt sich auf akrobatische Weise zwischen den Baumzweigen oder entlang der

Stämme, wobei Rinde und Blattwerk auf der Suche nach Futter erforscht werden. Ernährt sich im Sommer vorwiegend von Insekten.

Im Winter häufiger auch in niedrigen Lagen anzutreffen, nähert sich oft Siedlungsgebieten, wo regelmäßig Futterstellen besucht werden.

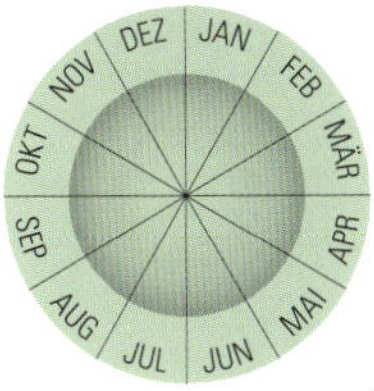

1. Sehr klein, immer zwischen den Nadelbaumzweigen in Bewegung, oft in Gruppen mit mehreren Arten (Foto: F. Grazioli).
2. Charakteristische Kopfzeichnung, schwarz mit weißem Nackenfleck und weißen Wangen (Foto: L. Sebastiani).
3. Erscheint aus der Entfernung schwarz-weiß, bei genauer Betrachtung erkennt man die leicht bräunliche Unterseite (Foto: A. Turri).
4. Oberseitig dunkel, Rücken gräulich, Flügel bräunlich schwarz mit zwei weißen Querbändern (Foto: A. Turri).
5. Ist nahezu ausschließlich an Nadelbäume gebunden, lokal auch in künstlichen Forstplantagen.

Ordnung: **Sperlingsvögel**
(Passeriformes)
Familie: **Meisen**
(Paridae)

Crested Tit
Mésange huppée
Cincia dal ciuffo

Haubenmeise
Lophophanes cristatus

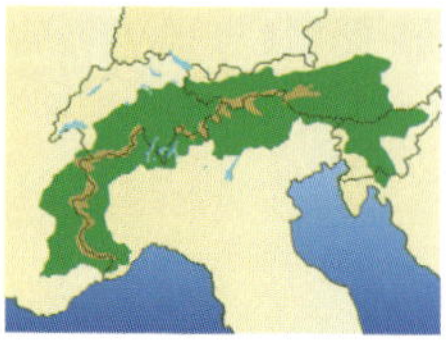

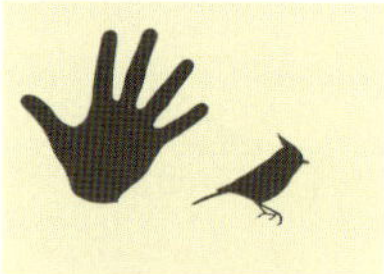

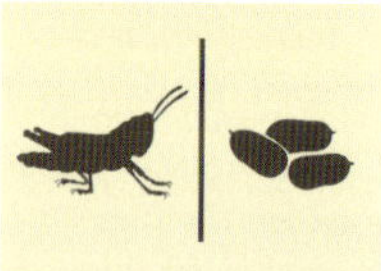

Kleine Meisenart, aufgrund der Kopfform und -zeichnung absolut unverwechselbar: weißlich und schwarz eingerahmt, mit dreieckiger, zugespitzter und fast immer aufgestellter Federhaube. Restliches Gefieder oberseitig graubraun, unterseitig hell, Flanken etwas dunkler. Einzige Meisenart mit rötlicher Iris.

Ist im gesamten europäischen Verbreitungsgebiet eng an Nadelbäume gebunden, brütet in den Alpen in relativ hoher Dichte vor allem in alten Fichten- und Kieferbeständen. Kommt auch in Weißtannenbeständen vor, in niedrigeren Lagen auch in Nadelmischwäldern und in Aufforstungen von harzhaltigen Bäumen. Letztere haben zur Verbreitung bis in die Tallagen und in die Voralpengebiete beigetragen. In geeignetem Gelände von der unteren Bergstufe bis 1800–2000 m verbreitet, kommt aber häufiger oberhalb 1000 m vor. Teilt in höheren Lagen die Brutgebiete oft mit der Mönchsmeise.

Ist aufgrund ihrer einzelgängerischen und versteckten Lebensweise schwer zu beobachten, kann durch den Ruf ausgemacht werden, ein kurzer Triller, dem einige feine Töne vorangehen und der oft bei Ortswechseln in den Baumkronen ertönt.

2

3

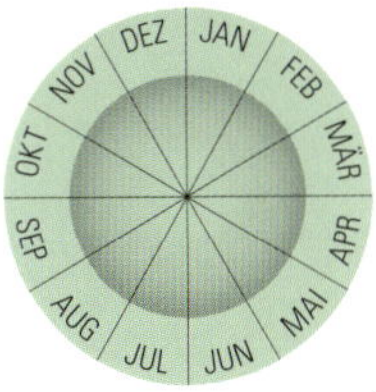

1. Aus der Nähe betrachtet absolut einzigartig, erscheint aus der Ferne einheitlich braun mit hellem Kopf (Foto: L. Sebastiani).
2. Unterseitig hell, rötlich weiß, mit ausgeprägtem Kehllatz und schwarzem Halbkreis hinter dem Auge (Foto: F. Grazioli).
3. Die weiß gefiederte, schwarz umsäumte Federhaube ist unverkennbar (Foto: F. Grazioli).
4. Aggressive Haltung gegenüber Artgenossen, die Haube wird flach angelegt (Foto: M. Graziano).
5. Geschickter Kletterer, erkundet sorgfältig Zweige und Rinde auf der Suche nach kleinen Insekten (Foto: M. Giordano – G. Nicolazzi).

4

5

Ernährt sich hauptsächlich von Wirbellosen. Klettert bei der Nahrungssuche häufig die Stämme hinauf oder bewegt sich am Boden im Bereich des Wurzelstocks oder zwischen den Pinienzweigen. Gräbt oft, wie die Mönchsmeise, mit dem Schnabel im morschen Holz, zum Einen auf Nahrungssuche, zum Anderen um Höhlungen als Nistplatz anzupassen. Das Nest wird stets in Baumlöchern oder großen Spalten angelegt, vielfach in verlassenen Spechtlöchern. In der Regel nur ein Gelege pro Jahr, im Schnitt mit 5–8 Eiern.

In den Alpen Standvogel, in den kalten Monaten kommen vereinzelte Irrungen vor und die Art kann manchmal in Gruppen mit Goldhähnchen, Baumläufern oder anderen Meisenarten beobachtet werden.

6

7

6. Kann anhand des charakteristischen Trillerrufs gut zwischen den Baumzweigen ausgemacht werden (Foto: W. Vivarelli).
7. Kein Geschlechtsdimorphismus. Jungvögel haben eine kürzere Haube (Foto: M. Giordano – G. Nicolazzi).
8. Standvogel, passt sich gut auch an strenge Winter an (Foto: M. Graziano).
9. Die Iris ist, im Unterschied zu anderen Meisenarten, intensiv blutrot gefärbt (Foto: F. Grazioli).
10. Ist in in allen Nadelbaumbeständen anzutreffen, auch in Aufforstungen, von den Tälern bis zur Baumgrenze (Foto: W. Vivarelli).

Ordnung: **Sperlingsvögel** *(Passeriformes)*
Familie: **Meisen** *(Paridae)*

Great Tit
Mésange charbonnière
Cinciallegra

Kohlmeise

Parus major

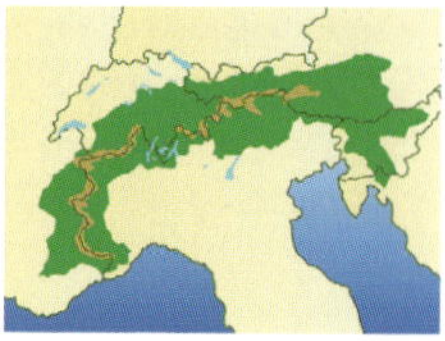

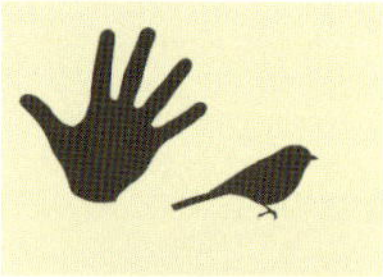

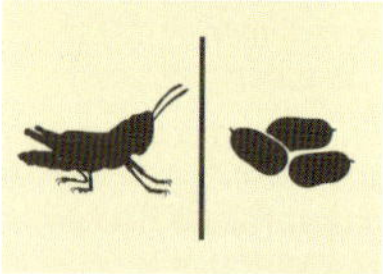

Verbreitetste und größte Meisenart in Europa, Kulturfolger, sehr bekannt, brütet stets auch in Siedlungsgebieten.

Das Gefieder ist charakterisiert durch die schwarze Kopfhaube, die weißen Wangen, ein schwarzes Brustband (beim Weibchen weniger markant), das sich zu einem Bauchfleck verbreitert, die intensiv gelb gefärbte Unterseite. Schwanz und Flügel sind bläulich grau, weiße Flügelbinde. Jungvögeln unterseitig blassgelb, schwarzes Brustband fehlend oder nicht stark ausgeprägt.

2

1

Lebt in verschiedenen strauch- und heckenreichen Baumbeständen, von dichten Wäldern bis bewirtschafteten Flächen und Siedlungsgebieten. Bevorzugt Laubbäume, ist im Alpenraum bis 1200–1300 m gut verbreitet. In höheren Lagen, in denen in der Regel Nadelbaumbestände gemieden werden, weniger häufig bzw. neigt dazu, sich in der Nähe bewirtschafteter Gegenden und Siedlungsgebiete aufzuhalten, brütet ganz selten oberhalb 1500 m. Nistet wie andere Meisenarten in Baumhöhlen, nimmt Nisthilfen problemlos an.

Sehr ruffreudig, der Gesang ist eine einfache Folge gleichmäßiger, durchdringender Töne («ti-ta ti-ta ti-ta»), die bereits zum Winterende erklingen.

Ernährt sich vorwiegend von Wirbellosen (im Winter von Pflanzlichem), die in Sträuchern und niedrigem Baumlaubwerk gesucht werden; im Winter ein reger Besucher von Futterstellen.

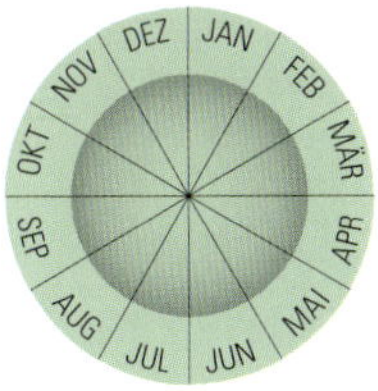

1. Größte Meisenart, schwarzer Kopf mit weißen Wangen (Foto: M. Giordano – G. Nicolazzi).
2. Geschlechter anhand des unterschiedlich stark ausgeprägten Brustbands erkennbar, beim Männchen breiter (Foto: M. Mendi).
3. Jungvögel rufen ihre Eltern mit Piepsen und Flügelschlagen, werden auch nach Verlassen des Nestes noch gefüttert (Foto: P. Kuhno).
4. Baumlebende Gewohnheiten, zutraulicher und neugieriger Vogel, vertrauter Futterstellenbesucher (Foto: L. Sebastiani).
5. Besiedelt verschiedene, mehr oder weniger dichte Baumbeständen, vorzugsweise Laubbäume.

Ordnung: **Sperlingsvögel**
(Passeriformes)
Familie: **Meisen**
(Paridae)

Blue Tit
Mésange bleue
Cinciarella

Blaumeise

Cyanistes caeruleus

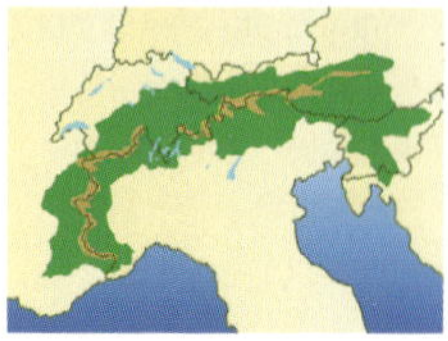

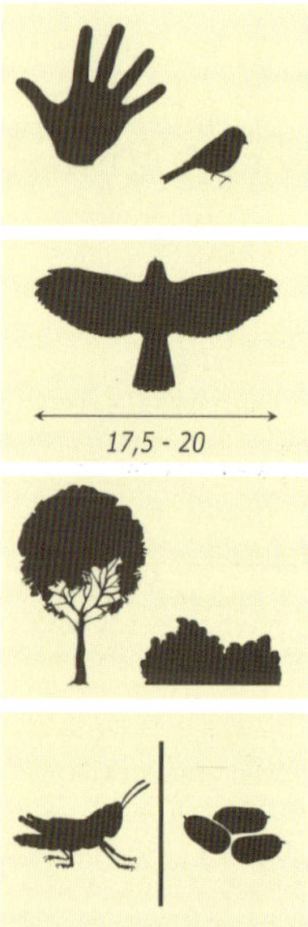

Kleine Meisenart, charakterisiert durch die blaue Färbung der oberseitigen Partien, insbesondere der Flügel, des Schwanzes, des breiten Kragens und des Scheitels. Der Kopf ist großteils weiß, mit einem schmalen, schwarzen Augenstreif. Unterseitig gelb, mit einem dünnen Längsband im Bauchbereich.

Typischer Bewohner alter Laubwälder, besiedelt in niedrigen Lagen hauptsächlich Eichenwälder. Ist in den Alpen in allen bewaldeten Bereichen häufig, von den Voralpen bis in die montane Stufe auf ca. 1400 m. Findet hier einen optimalen Lebensraum, z. B. in Kastanienbäumen mit vielen Höhlungen und Spalten, in denen nach Nahrung gesucht wird und die zum Nisten genutzt werden. Meidet in der Regel reine Nadelwälder, steigt aber lokal auch im Winter die Täler hinauf bis über 1500 m und hält sich in Misch- und Laubwäldern entlang von Wasserläufen auf.

Hat ein reiches Lautrepertoire und ist leicht am Gesang, einem scharfen, meist mehrfach wiederholten Triller, zu erkennen.

Streng baumlebend, sucht vor allem in den oberen Baumabschnitten nach Nahrung, hängt dabei oft kopfüber an dünneren Zweigen. Ernährt sich in erster Linie von Insekten, mit Samen und kleinen Beeren als Beilage.

Außerhalb der Brutzeit gesellig, oft werden kleine gemischte Gruppen beobachtet, vor allem mit Schwanzmeisen.

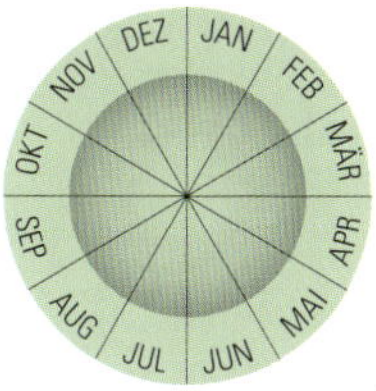

2

3

4

1. Lebhaft gefärbte Meisenart, kleiner Körperbau (Foto: W. Vivarelli).
2. Der blaue Scheitel ist von einem weißen Ring begrenzt, ein dunkler Augenstreif durchzieht die weißen Wangen (Foto: M. Graziano).
3. Unterseitig zitronengelb, durchzogen von einem schmalen, schwarzen Streif (Foto: W. Vivarelli).
4. Rücken und Schultern grünlich, Schwanz und Flügel türkisblau, Letztere mit einem schmalen weißen Band (Foto: F. Grazioli).
5. Lebt in hochstämmigen Laubbaumbeständen.

5

Ordnung: **Sperlingsvögel**
(Passeriformes)
Familie: **Kleiber**
(Sittidae)

Nuthatch
Sittelle torchepot
Picchio muratore

Kleiber

Sitta europaea

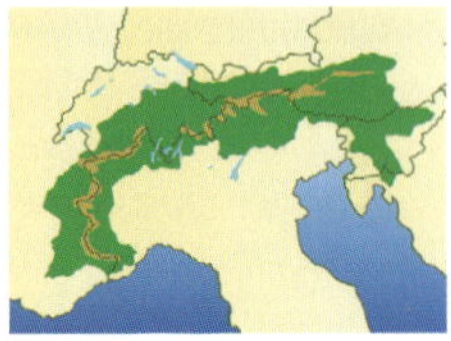

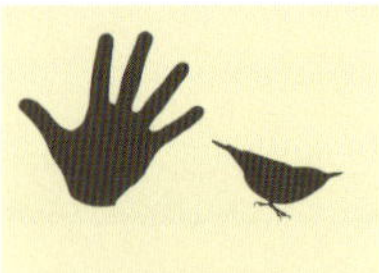

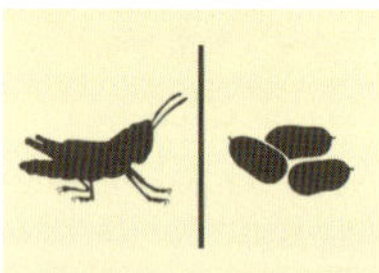

Standvogel, mit Verbreitung in der Ostpaläarktis. Typische Art alter Waldbestände, vor allem Laubwälder. Lebt in verschiedenen geschlossenen Baumbeständen, brütet in den Alpen vor allen in Waldgebieten mit großwüchsigen Bäumen bis 1500–1700 m. Kommt unterhalb 1000 m häufiger vor, mit den höchsten Dichten in Kastanienwäldern und Buchenhochwald, selten in Nadelwäldern. Dennoch recht regelmäßig in Nadelwäldern, vor allem mit Lärche und Zirbelkiefer, und auch

2

1

im Winter nicht selten in höheren Lagen (1800–2000 m) zu beobachten.

Hat eine typische Silhouette mit kurzem Schwanz, großem Kopf und verhältnismäßig langem, spitzem Schnabel. Gefieder oberseitig grau, unterseitig hell, Flanken und Unterschwanzdecken kastanienbraun (intensiver beim Männchen), Schwanzfedern mit grauweißen Endflecken. Ein breiter, schwarzer Augenstreif zieht sich die Halsseiten entlang.

Baumlebende Art, hält sich fast immer in den oberen Abschnitten großer Bäume auf, klettert oft kopfüber am Stamm nach unten. Ganzjährig sehr ruffreudig, verrät seine Anwesenheit durch ein sonores «zitt» oder «tuit», das in kurzen, schnellen Folgen wiederholt wird.

Nistet in Baumhöhlen oder alten Spechtlöchern; um den Nesteingang zu verkleinern, wird er oft mit Lehm verklebt. Dieser Eigenschaft verdankt die Art ihren Namen (vom mittelhochdeutschen *kleiber* = jemand, der eine Lehmwand macht).

Erweitert im Herbst/Winter die auf Wirbellosen basierende Nahrung mit Samen, Beeren und kleinen Früchten. Jene mit harter Schale, wie Haselnüsse oder Eicheln, werden meist in Baumspalten geklemmt und geöffnet, indem mit dem Schnabel auf sie einhämmert wird.

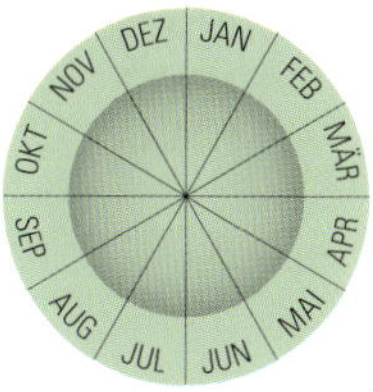

1. Untersetzt, großer Kopf, robuster Schnabel, einzige Art, die kopfüber einen Baumstamm hinunterklettern kann (Foto: M. Mendi).
2. Sehr kurzer Schwanz, wird im Unterschied zu Spechten und Baumläufern nicht als Stütze verwendet (Foto: A. Turri).
3. Zweifarbig, bläulich grau oben, rötlich unten, schwarzer Augenstreif (Foto: M. Graziano).
4. Der Angewohnheit, den Nesteingang mit Lehm zu verkleistern, folgt er auch bei Nisthilfen (Foto: P. Saj).
5. Das Verbreitungsgebiet dieser Art deckt sich genau mit demjenigen der Laubwälder.

3

4

5

Ordnung: **Sperlingsvögel**
(Passeriformes)
Familie: **Mauerläufer**
(Tichodromidae)

Wallcreeper
Tichodrome échelette
Picchio muraiolo

Mauerläufer

Tichodroma muraria

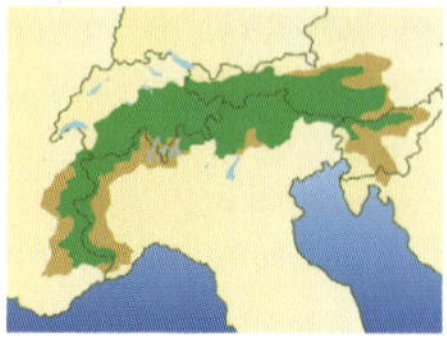

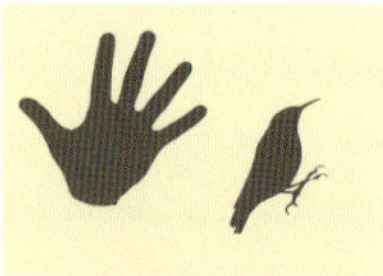

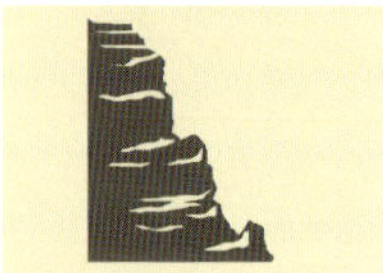

In den süd- und osteuropäischen Gebirgsmassiven verbreitet, eine der wenigen ausschließlich im Gebirge lebenden europäischen Vogelarten. Nistet als extremer Felsbewohner meist an ausgedehnten, senkrechten, nicht allzu exponierten Felswänden und Schluchten mit vielen Spalten, bevorzugt dabei jene, die Grünflächen, Moränen und Geröll überragen und die reich strukturiert sind. Kommt in den Alpen immer seltener vor, typischer Vertreter der subalpinen und alpinen Stufe, häufiger zwischen 1300–1500 m und 2300–2400 m. Maximale Höhenvorkommen wurden bei 2800 m festgestellt, minimale Höhenvorkommen lokal im Voralpenbereich, wo die Art auch in Steinbrüchen oder auf Staumauern brüten kann. Verirrt sich im Sommer manchmal in höhere Lagen, auch bis über 3500 m.

Das Nest wir auf Felsen in tiefen Spalten, in feuchten und schattigen Bereichen angelegt, auch Dutzende Meter über der Felswandbasis. Eiablage (3–5 Eier) Ende Mai oder im Juni. Nur ein Gelege pro Jahr.

Eine Begegnung mit dem Mauerläufer ist selten, einerseits kommt er selten vor, andererseits ist sein Lebensraum schwer zugänglich. Dennoch lässt sein flüchtiges Erscheinen auf einem Felsvorsprung oder auf dem eiszeitlichen Moränengestein keinen Zweifel an seiner Identität:

2

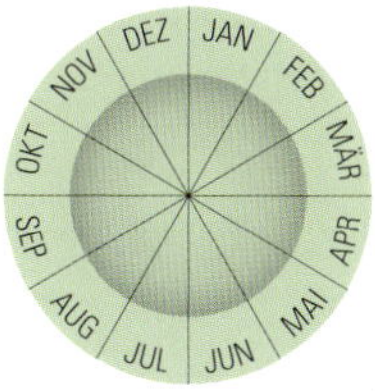

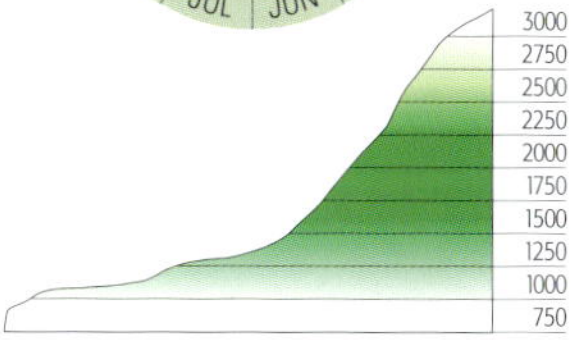

1. Auffällige, unverwechselbare Art, gleicht im Flug einem großen Schmetterling (Foto: L. Sebastiani).
2. Geschickter Kletterer, mit geschlossenen Flügeln weniger auffällig und schwer zu entdecken (Foto: W. Vivarelli).
3. Der lange, gebogene Schnabel ist spezialisiert auf das Erbeuten von Insekten in Felsritzen (Foto: B. Caula).
4. Hat die seltsame Angewohnheit, beim Klettern an senkrechten Wänden immer wieder die Flügel zu spreizen (Foto: F. Grazioli).

3

4

Gestalt und Gefiederfärbung sind unverkennbar. Gleicht im Flug einem großen Schmetterling, öffnet in Sitzposition wiederholt die gerundeten Flügel und zeigt den starken Kontrast zwischen den schwarzen, mit ovalen weißen Flecken gepunkteten Schwingen und den purpurroten Deckenfedern.

Unermüdlicher Kletterer, perfekt an das Leben in Felswänden angepasst, bewegt sich hüpfend und mit kurzen Flügen entlang der Steilwände fort, sucht dabei mit seinem langen, dünnen Schnabel in allen Ritzen nach Larven und Spinnen.

Sonst eher schweigsam, gibt aber bei Störung einen scharfen, lauter werdenden Pfiff von sich. Der wenig klangvolle Gesang ist ein Gemisch aus trillernden und flötenden Tönen.

Vorwiegend Standvogel, teils kommen Irrungen vor, kann mitten im Winter in Hochlagen an besonnten Felshängen bis 2000 m sowie vereinzelt in Tallagen gesichtet werden. Kann in dieser Zeit auch auf Berghütten und anderen Bauwerken beobachtet werden, wo zwischen Mauerritzen nach Futter gesucht wird.

5

6

5. Im Winterkleid wird die Kehle vollständig weiß (Foto: M. Mendi).
6. Gerundete, rot-schwarze Flügel mit auffälligen, ovalen weißen Flecken (Foto: W. Vivarelli).
7. Außerhalb der Brutzeit auch an Wänden zu beobachten, die von Sportkletterer begangen werden (Foto: F. Grazioli).
8. Kaum Geschlechtsunterschiede, Kehle beim Männchen im Sommer komplett schwarz (Foto: B. Caula).
9. Jungvogel, der seit Kurzem flügge ist, mit kürzerem Schnabel als Adulttier (Foto: M. Giordano – G. Nicolazzi).
10. Lebt ganzjährig in Felsen, saisonale Höhenwechsel.

Ordnung: **Sperlingsvögel**
(Passeriformes)
Familie: **Baumläufer**
(Certhiidae)

Treecreeper
Grimpereau des bois
Rampichino alpestre

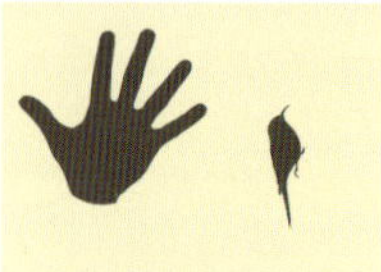

Waldbaumläufer

Certhia familiaris

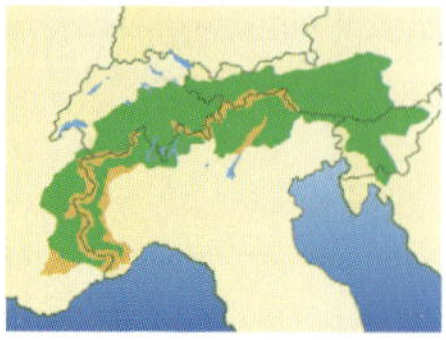

Kann in Verhalten und Aussehen nur mit dem Gartenbaumläufer verwechselt werden. Die Silhouette wird bestimmt durch den langen, dünnen, gebogenen Schnabel und den gut entwickelten Schwanz mit steifen, abgestuften Steuerfedern. Gefieder oberseitig rötlich braun, stark hell gefleckt, unterseitig im Gegensatz zum Artverwandten völlig weiß. Ein weiteres Unterscheidungsmerkmal ist der markante weiße Überaugenstreif. Geschlechter ähnlich.

Auch in den tieferen Lagen Mittel- und Nordeuropas verbreitet, ist in Südeuropa eng an Gebirge und Nadelbäume gebunden. Bewohnt in den Alpen Wälder mit harzhaltigen, hochstämmigen Bäumen, bevorzugt Fichte und Lärche. Selten in Mischwäldern. Auf der Alpennordseite auch in niedrigen Lagen verbreitet, auf der Alpensüdseite deckt sich das Verbreitungsgebiet mit der Nadelbaum-Höhenverbreitung. Kommt am häufigsten zwischen 1400 m und 2000 m im Westen und zwischen 1000–1200 m und 1800 m im Osten vor.

Wandert, wie der Name schon sagt, auf der Suche nach Insekten Baumstämme hinauf. Aufgrund der sehr kurzen Beine nahezu an die Rinde gepresst, bewegt sich meist spiralförmig, mit kleinen Hüpfern

und mithilfe des steifen Schwanzes, um den Stamm herum und sucht dabei mit dem Schnabel jede Ritze nach Futter ab.

Ist gut getarnt, daher verrät oft erst sein Ruf seine Anwesenheit, ein dünner und gedehnter, in kurzen Abständen wiederholter Laut. Der Gesang hilft bei der Unterscheidung zum Artverwandten, er ist eine erst langsame, dann schneller werdende Sequenz scharfer Laute.

Das Nest wird in Baumspalten oder oft zwischen aufgebrochener Rinde angelegt; verbringt in solchen Spalten in der Regel auch die Nacht.

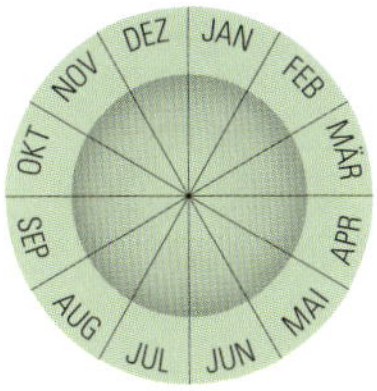

1. Ähnelt sehr dem Gartenbaumläufer, oberseitig braun gesprenkelt, unterseitig ganz weiß (Foto: F. Grazioli).
2. Läuft den Baumstamm spiralförmig hinauf, sucht dabei in der Rinde nach Insekten (Foto: F. Grazioli).
3. Gebogener Schnabel, kürzer als beim Artverwandten; gestreifter Scheitel mit breitem weißem Überaugenstreif (Foto: M. Graziano).
4. Geschickter Kletterer, behilft sich wie Spechte mit den steifen Schwanzfedern (Foto: A. Turri).
5. Standvogel und typischer Nadelwaldbewohner.

Ordnung: **Sperlingsvögel** *(Passeriformes)*
Familie: **Baumläufer** *(Certhiidae)*

Short-toed Treecreeper
Grimpereau des jardins
Rampichino comune

Garten-baumläufer

Certhia brachydactyla

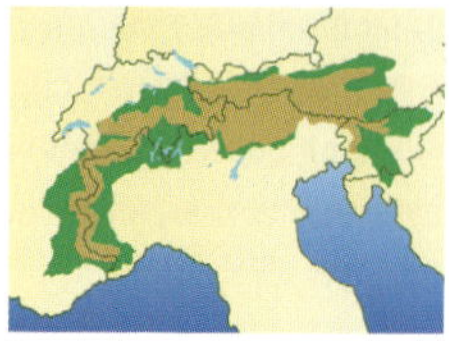

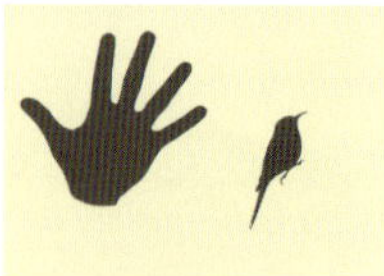

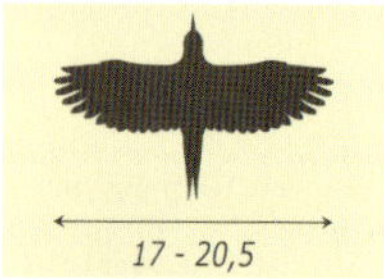

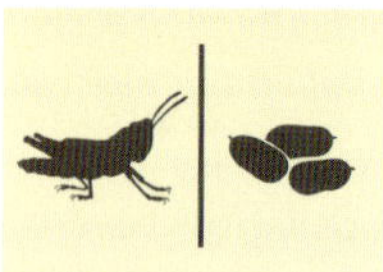

Ist mit dem Waldbaumläufer verwandt und ersetzt diese Art in der Laubwaldstufe. Typischer Laubwaldbewohner, in den Alpen von den Tallagen bis 1300–1400 m verbreitet. Brütet auch in Laubmischwäldern, steigt in einigen Alpengebieten, vor allem im Westen, bis auf 1500–1700 m, teilt dabei den Lebensraum mit dem Waldbaumläufer.

Unterscheidet sich im Gefieder nur durch den weniger markanten weißen Überaugenstreif und vor allem durch die weiße, an den Flanken leicht bräunliche Unterpartie (nicht immer leicht erkennbar) vom Waldbaumläufer. Das beste Unterscheidungsmerkmal dieser beiden Arten ist jedoch die Stimme, vor allem der Gesang, der beim Gartenbaumläufer wohlklingender und gleichmäßiger ist.

Baumlebend, bewegt sich auf den Bäumen wie sein Verwandter, klettert auf der Suche nach Nahrung ruckartig die Stämme hinauf. Bewegt sich mit Leichtigkeit den Ästen entlang, bleibt manchmal auf der Unterseite festgekrallt.

Zum Balzverhalten gehört eine Verfolgungsjagd der Partner zwischen den Bäumen, die in der Nähe einer Spalte endet, in der das Nest angelegt wird. Die ein oder zwei Gelege pro Jahr werden von beiden Elternteilen bebrütet.

Ist weniger als sein Verwandter an das Leben in hohen Lagen angepasst, hat bei äußerster Winterkälte die eigenartige Angewohnheit, in Baumhöhlen Schlafgemeinschaften zu bilden, wo die Vögel eng beieinanderstehen und sich so gegenseitig vor der Kälte schützen.

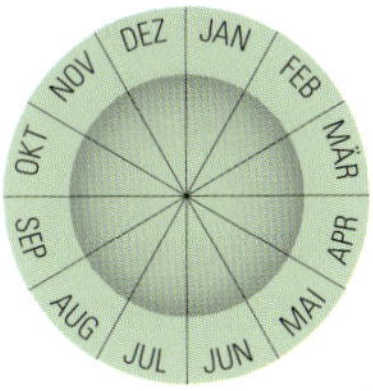

1. Gut ans Klettern angepasst: gebogene, gut entwickelte Krallen und steife Schwanzspitzen, die dem Halt dienen (Foto: W. Vivarelli).
2. Nicht immer leicht zu beobachten, verrät seine Anwesenheit durch den oft ausgestoßenen Ruf (Foto: M. Saarinen).
3. Wie beim Artverwandten ist die Unterseite weiß, aber die Flanken sind leicht rötlich (Foto: W. Vivarelli).
4. Schnabel länger und Überaugenstreif weniger markant als beim Waldbaumläufer (Foto: W. Vivarelli).
5. Bevorzugt alte Laubwälder (Kastanien, Eichen) oder Laubmischwälder.

Ordnung: **Sperlingsvögel**
(Passeriformes)
Familie: **Würger**
(Laniidae)

Red-backed Shrike
Pie-grièche écorcheur
Averla piccola

Neuntöter

Lanius collurio

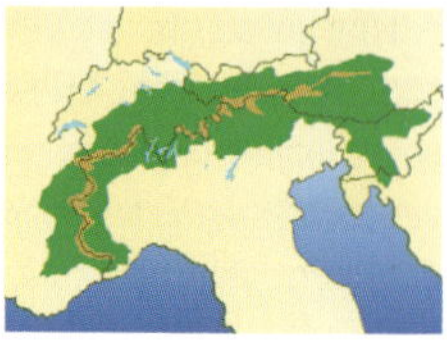

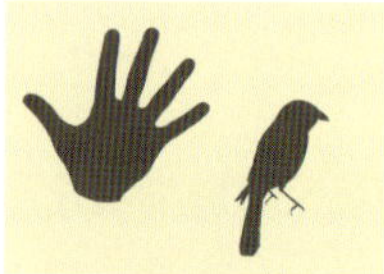

Würger sind kräftig gebaut, mit langem Schwanz und kräftigem Schnabel mit hakenartiger Spitze. Sind in Europa mit sechs Arten vertreten, von denen nur der Neuntöter in den Alpen vorkommt. In den Alpen ein Sommerbesucher und sehr verbreiteter Brutvogel.

Gefieder des Männchens sehr kontrastreich und mit charakteristischer Kopfzeichnung, oberseitig grau, mit einem breiten schwarzen Band vom Schnabel über das Auge bis zu den Ohrdecken. Rücken und Flügeldecken rotbraun, Schwingen schwarz. Im Flug ist der graue Bürzel gut sichtbar, ebenso der schwarze Schwanz mit den breiten weißen Seitenflecken. Untere Partien blassrosa. Weibchen und Jungvogel ähnlich, oberseitig braun, beim Weibchen einheitlicher, und unterseitig hell mit grauen Halbmondflecken.

2

1

Lebt in offenem Gelände mit vielen dornigen Hecken und Sträuchern, auf denen frisch gefangene Beutetiere (große Insekten, kleine Reptilien) aufgespießt werden, auf diese Weise werden eigentliche «Vorratslager» angelegt. Brütet in den Alpen von der untersten Zone bis 1600–1800 m, maximal bis 2000 m in warmen, exponierten Gebieten. Bevorzugte Lebensräume sind offene, sonnige Tallagen und exponierte, nicht allzu steile Hänge mit vielen Sträuchern und Grasflächen.

Scheue und einzelgängerische Art, meist auf einer Warte sitzend zu beobachten, die Warten (Pfähle, Spitzen von Sträuchern oder kleinen Bäumen usw.) werden regelmäßig besucht und von dort aus die Umgebung nach Beute abgesucht. Häufigster Ruf ist ein rauer, nasaler Ton oder bei Erregung ein schrilles «tschek».

Die Bestände dieser Art sind im gesamten westlichen Areal rückläufig, hat eine starke Abnahme infolge Brutplatzverlusten in bewirtschafteten Bereichen erfahren.

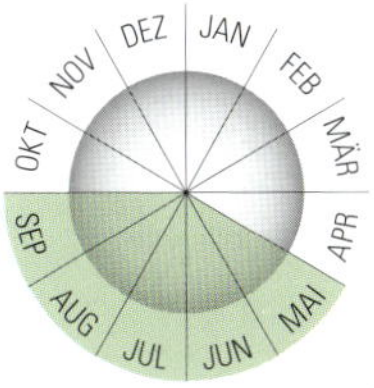

1. Kompakte, robuste Art, der hakenförmige Schnabel weist auf die Ernährungsweise hin (Foto: G. Conca).
2. Männchen mit klaren, kontrastreichen Farben, oberseitig rotbraun, mit grauem Kopf und schwarzer Maske (Foto: A. Turri).
3. Weibchen (und Jungvogel) matter gefärbt, bräunlich, mit Halbmondflecken unterseits, unauffällige Maske (Foto: G. Conca).
4. Dank seiner Angewohnheit, von einer erhöhten Warte aus die Gegend nach Beute abzusuchen, leicht auszumachen (Foto: M. Giordano G. Nicolazzi).
5. Als Brutgebiete dienen exponierte Hänge mit Sträuchern und niedriger Grasvegetation.

3

4

5

Ordnung: **Sperlingsvögel** *(Passeriformes)*

Familie: **Rabenvögel** *(Corvidae)*

Jay

Geai des chênes

Eichelhäher

Eichelhäher

Garrulus glandarius

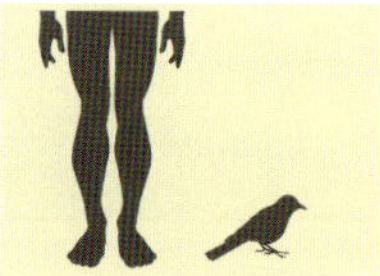

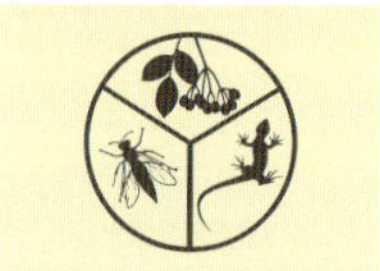

Der Name dieser Art verweist auf ihre Ernährungsgewohnheit (ernährt sich von Eicheln) und ihre Bindung an Eichenwälder. Ist ein typischer Bewohner aller Laubwälder, sei es Hoch- oder Niederwald. In unseren Breiten vor allem in der kollinen und montanen Stufe verbreitet, selten, aber relativ regelmäßig in höheren Lagen und bis 1800 m. Nistet in der Höhe auch in Nadelbaumbeständen, bevorzugt Kiefern und Fichten, doch normalerweise ist das Vorkommen an Vegetationsbereiche entlang von Alpenbächen, an Haselnusssträucher und an Erlengebüsche gebunden. Es können vereinzelt auch Irrungen bis 2000 m vorkommen.

Bunter Rabenvogel, das Gefieder ist großteils rötlich grau, die Flügelzeichnung hebt sich ab, ein breiter, großer Fleck und leuchtend blaue, schwarz gestreifte Deckenfedern. Im Flug fällt, neben der Flügelzeichnung, der weiße Bürzel im Kontrast zum schwarzen Schwanz auf. Am Kopf heben sich ein schwarzer Bartstreif und der hell gestreifte Scheitel ab.

Neugierig und lebhaft, bleibt schwerlich unbemerkt, allein schon wegen der Angewohnheit, außerhalb der Brutzeit oft in kleinen Trupps umherzuziehen und laute, rätschende Rufe auszustoßen. Geschickter Imitator, hält Jäger und Artgenossen fern (z. B. vom Futter), indem er

1

sie durch Rufe anderer Arten, oft von Greifvögeln, verwirrt oder erschreckt. Schlägt im Flug die breiten, gerundeten Flügel langsam und unregelmäßig; fliegt in Gruppen nicht im Schwarm, sondern in größeren Abständen hintereinander.

Allesfresser, die Grundnahrung besteht aus Früchten und Beeren und wird mit Wirbellosen, kleinen Reptilien und vor allem Eiern und Nestlingen kleiner Sperlingsvögel erweitert.

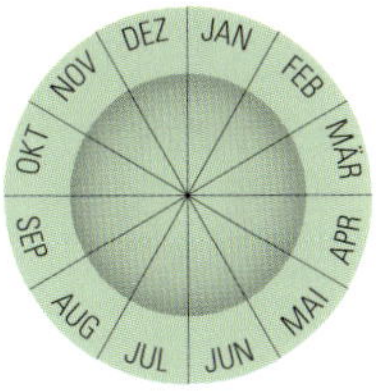

1. Mittelgroß, rundlicher Kopf, gedrungener Schnabel, laut und vor allem im Flug leicht zu beobachten (Foto: J. Tenovuo).
2. Unterseite matt fuchsfarben, Flügel und Schwanz dunkel, weißer Bürzel fällt im Flug auf (Foto: L. Sebastiani).
3. Aufmerksamer und lebhafter Ausdruck, charakteristisch gestreifter Scheitel und schwarzer Bartstreif (Foto: J. Tenovuo).
4. Breite, gerundete Flügel, leuchtend blau und weiß gefärbt und auch aus der Entfernung gut sichtbar (Foto: M. Graziano).
5. In Waldgebieten häufig und verbreitet, sowohl in Laub- als auch in Nadel- oder Mischwäldern, vor allem mit buschartigen Bäumen.

Ordnung: **Sperlingsvögel**
(Passeriformes)
Familie: **Rabenvögel**
(Corvidae)

Magpie
Pie bavarde
Gazza

Elster

Pica pica

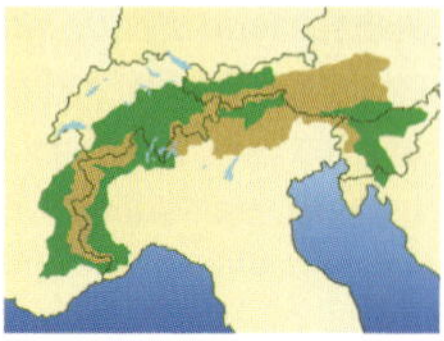

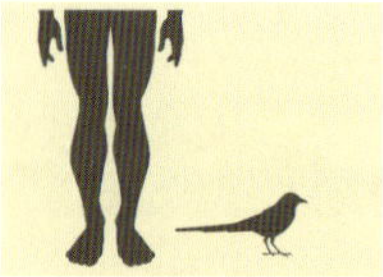

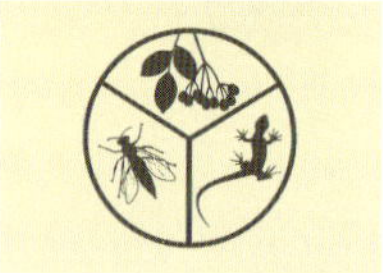

Aufgrund des schwarz-weißen Gefieders und des langen (20–30 cm), abgestuften, metallisch grün schimmernden Schwanzes unverwechselbar. Weiß im Bauchbereich, die Handschwingen zeigen im Flug einen großen weißen Fleck, V-förmige weiße Fläche am Flügelansatz auf dem Rücken. Aus der Nähe betrachtet schimmern Armschwingen und Deckenfedern intensiv blau.

Weit über Eurasien verbreitet, lebt in offenem Gelände, vor allem in landwirtschaftlichen Flächen mit viel Baum- und Strauchbewuchs (Wäldchen, Baumreihen, Hecken) und an Waldrändern. Die Besiedlung städtischer Gebiete ist relativ jung.

In den Alpen in der Regel auf offene, bewirtschaftete Täler sowie bis 1000 m begrenzt, steigt lokal größere Täler auch höher hinauf und brütet auf 1700 m, gelegentlich bis 2000 m, vorausgesetzt, bewirtschaftete Flächen oder Weiden sind vorhanden.

Das Baumnest hat eine kugelige Form mit einer Art «Dach», das der Abwehr von Feinden dient.

Eher unregelmäßiger Flug mit langen Gleitphasen. Am Boden schreitet und hüpft sie oft mit erhobenem Schwanz.

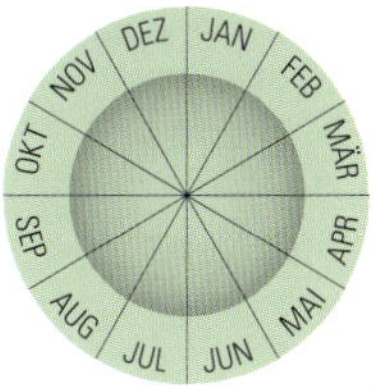

Häufigster Ruf bei Erregung ist ein wiederholtes, gedehntes «tschäck-tschäck-tschäck».

Kaum territoriales Verhalten, vor allem im Winter relativ gesellig, finden sich abends zu Schlafgemeinschaften zusammen.

Sowohl tierische als auch pflanzliche Nahrung: Insekten, kleine Wirbeltiere, einschließlich Nestlinge und Eier von Sperlingsvögeln, Abfälle, Aas.

1. Leicht zu identifizieren, klar gezeichnetes schwarz-weißes Gefieder (Foto: G. Conca).
2. Aus der Nähe betrachtet und in gutem Licht schillern die Flügel strahlend blau (Foto: F. Grazioli).
3. Im Flug sind die schwarz-weißen Flügelspitzen der breiten, abgerundeten Flügel gut sichtbar (Foto: J. Tenovuo).
4. Der lange, spindelförmige Schwanz (beim Männchen länger) hat metallisch grüne Reflexe (Foto: M. Giordano – G. Nicolazzi).
5. Das runde Nest aus Zweigen hat eine Abdeckung und ist innen mit Lehm ausgekleidet (Foto: P. Beraudo).

Ordnung: **Sperlingsvögel**
(Passeriformes)
Familie: **Rabenvögel**
(Corvidae)

Nutcracker
Cassenoix moucheté
Nocciolaia

Tannenhäher

Nucifraga caryocatactes

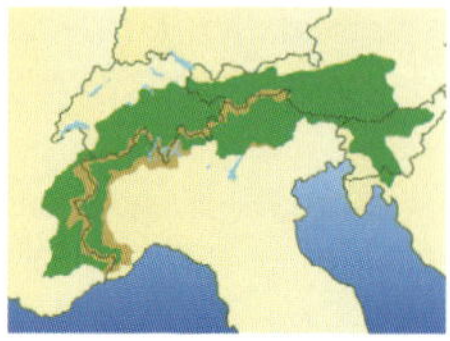

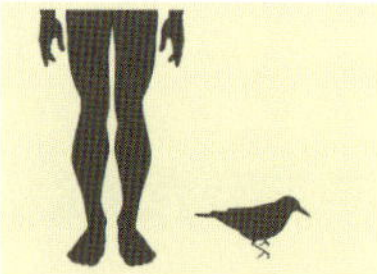

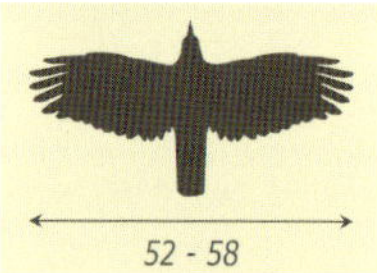

Etwa so groß wie der Eichelhäher, unterscheidet sich durch sein charakteristisches dunkelbraunes, dicht weiß geflecktes Federkleid. Erscheint aus der Entfernung dunkel, im Flug fällt das Weiß der Schwanzunterdecke und der Schwanzspitze auf; der sehr kurze Schwanz verleiht ihm ein gedrungenes Aussehen.

Typische Art der borealen Wälder und der Gebirgsregionen, ist in den Alpen an Nadelbäume gebunden, besonders an die Zirbelkiefer (zu deren Verbreitung er durch Verteilen der Samen beiträgt). In Gebieten, in denen dieser Baum vorherrscht, findet sich die größte Brutpaardichte. Meidet normalerweise Mischwälder mit überwiegendem Laubbaumanteil. Seine Anwesenheit erstreckt sich von 1000 m bis 2200–2300 m, meist eher oberhalb 1500 m. Brütet auf der Alpennordseite auch in den Voralpen.

Ist in der Brutzeit, die teilweise schon Ende März beginnt, ruhig und zurückhaltend, sonst sehr gesellig und ruffreudig und bleibt schwerlich unentdeckt. Bewegt sich oft in Gruppen, sitzt auf Baumwipfeln und stößt kräftige, krächzende Rufe aus.

Ist ständig auf Nahrungssuche, ernährt sich von den Samen, die mit dem spitzen Schnabel aus den Zapfen gepickt werden, meist nach-

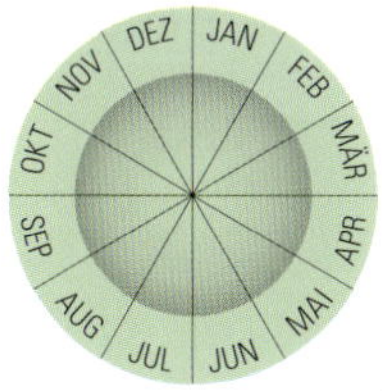

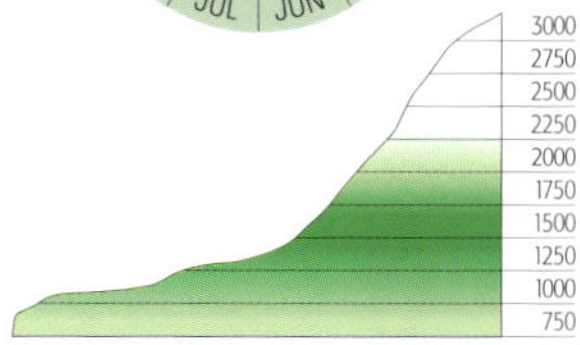

dem die Zapfen in einem Baumspalt eingeklemmt worden sind. Transportiert die Samen auch über lange Strecken und legt Samenverstecke als Wintervorrat und für die Jungenaufzucht an. Frisst außerdem auch Wirbellose, Eier, Nestlinge sowie Früchte und Beeren.

Wird im Herbst geselliger und nimmt weite Ortswechsel auch bis in tiefe Lagen vor. In den Alpen kommt unregelmäßig die sibirische Unterart «mit dünnem Schnabel» *(macrorhynchos)* vor, die infolge Nahrungsmangel in den Brutgebieten südwärts zieht und dann in großen Scharen invasionsartig in Erscheinung tritt.

1. Kompakter Körperbau, kräftiger, spitzer Schnabel, der perfekt an das Herauspicken der Samen aus den Zapfen angepasst ist (Foto: M. Mendi).
2. Kurzer schwarzer Schwanz mit weißer Spitze; schwarzblaue Flügel kontrastieren mit restlichem Körper (Foto: M. Graziano).
3. Ober- und unterseitig dicht weiß gefleckt, Haube einheitlich braun (Foto: M. Mendi).
4. Erinnert im Flug sehr an den Eichelhäher; auffälliger weißer Fleck unter dem Schwanz (Foto: L. Sebastiani).
5. Aufgrund der starken Nahrungsspezialisierung fast nur in Nadelwäldern anzutreffen.

Ordnung: **Sperlingsvögel** *(Passeriformes)*
Familie: **Rabenvögel** *(Corvidae)*

Red-billed Chough
Crave à bec rouge
Gracchio corallino

Alpenkrähe

Pyrrhocorax pyrrhocorax

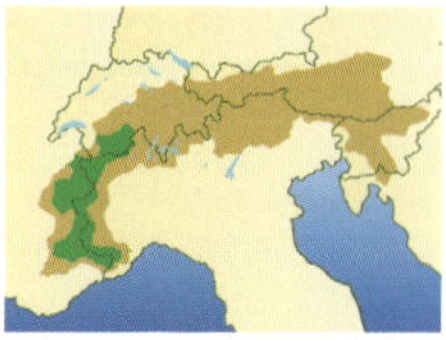

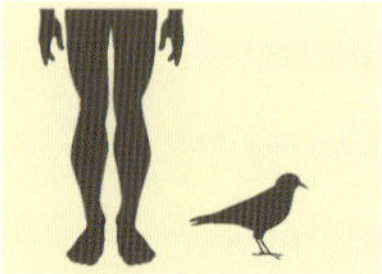

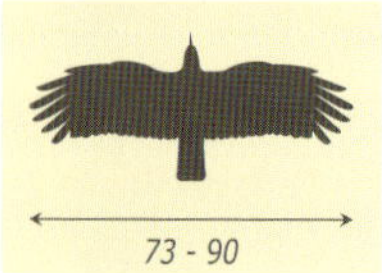

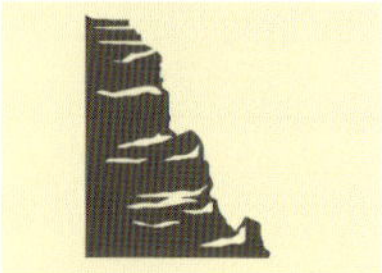

Typischer Berg- und Felsküstenbewohner, kommt in den Alpen im Unterschied zu den Verwandten nur im westlichen Bereich und bis an die südlichen Grenzen der Gebirgskette (Seealpen) vor. Aus weitgehend unbekannten Gründen ist die Art aus verschiedenen Regionen der Alpen verschwunden, obwohl sie einst im ganzen Alpenraum gut verbreitet war.

Brutgebiete sind schroffe, zerklüftete Felswände, meist auf Kalksubstrat und in der Nähe von sonnigen Wiesen und Weiden zwischen 1700–1800 m und 2800 m, maximale Vorkommen bis 3000 m.

Kommt immer nur in geringer Dichte vor und nistet als isoliertes Brutpaar oder in kleinen, gut verteilten Gruppen. Das Nest wird auf Simsen und in Klüften von Felswänden angelegt, es wird aus Zweigen gebaut und oft mit Schafswolle ausgekleidet. Eiablage meist zwischen Mai und Juni. Die Paare bleiben sich lebenslang treu.

Schlank und elegant, hat ein schillerndes, komplett schwarzes Federkleid, rote Beine und einen charakteristischen langen, abwärts gebogenen roten Schnabel (gelbbraun bei Jungvögeln). Kann im Flug von einem erfahrenen Auge an den breiteren Flügeln und den stark gespreizten

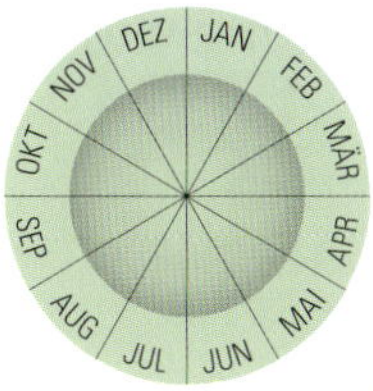

Handschwingen sowie am kürzeren und am Ansatz breiteren Schwanz von der Alpendohle unterschieden werden.

Aus der Entfernung ist der Ruf das beste Unterscheidungsmerkmal, das schneidende, helle «kjau» erinnert an eine Dohle.

Scheu und weniger gesellig als die Alpendohle, mit der sie sich dennoch zusammenfinden kann. Meist ganzjährig in Paaren oder kleinen Gruppen zu beobachten.

Frisst fast ausschließlich tierische Nahrung, hat sich auf im Fels lebende Wirbellose spezialisiert, die mit dem langen, gebogenen Schnabel aus ihren Verstecken herausgeholt werden.

Standvogel, auch in der kalten Jahreszeit an Höhenlagen gebunden, kommt selten unterhalb 1000 m vor.

1. Weniger häufig und verbreitet als die Alpendohle, in weiten Alpengebieten verschwunden oder stark rückgängig (Foto: P. Kuhno).
2. Schwarz glänzendes Gefieder, rote Beine und roter Schnabel (Foto: A. George).
3. Der lange Schnabel ist spezialisiert auf die Suche nach Insekten, hier wird er zum Sammeln von Nestmaterial eingesetzt (Foto: M. de Jonge).
4. Ähnelt aus der Entfernung der Alpendohle, aber der Schwanz ist kürzer und die Flügel stärker gefingert (Foto: M. Giordano – G. Nicolazzi).
5. Felsbrüter, ganzjährig an hoch gelegene Felswände gebunden.

Ordnung: **Sperlingsvögel** *(Passeriformes)*
Familie: **Rabenvögel** *(Corvidae)*

Yellow-billed Chough
Chocard à bec jaune
Gracchio alpino

Alpendohle

Pyrrhocorax graculus

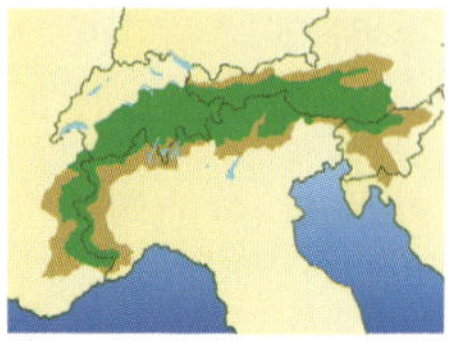

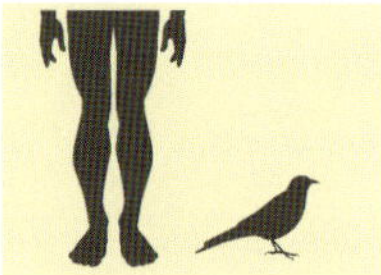

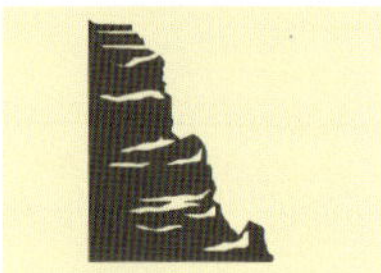

Brutvogel in den Hochgebirgen der Südpaläarktis, im ganzen Alpenraum bis in die südlichsten Ausläufer häufig und gut verbreitet. Kommt in den mittleren und hohen Bereichen nahezu aller Täler vor, typische Art alpiner Fels- und Wiesenlandschaften. Nistet als isoliertes Brutpaar oder in kleinen Kolonien (max. 20–30 Brutpaare) in steilen, schwer zugänglichen Felswänden, die von Geröllhalden und Bergwiesen umgeben sind. Höhenverbreitung auf der Alpensüdseite variabel, die größten Vorkommensdichten finden sich zwischen 1500 m und 2300 m im Osten und zwischen 1800 m und 2800 m im Westen, mit Maxima über 3000 m und Minima bei 1300 m. Tiefere Lagen erreicht die Art auf der Alpennordseite, wo sie lokal unterhalb 1000 m nistet.

Das Nest wird in Spalten oder Nischen steiler Felswände angelegt, seltener an freistehenden Gebäuden.

Ähnelt in Gestalt, Gefiederfärbung und Beinfarbe sehr der Alpenkrähe, unterscheidet sich durch den geraden gelben Schnabel (dunkel beim Jungvogel). Erscheint im Flug im Vergleich zum Artverwandten schlanker, mit schmalen Flügeln und längerem Schwanz. Der Ruf ist ein charakteristischer durchdringender Pfiff.

Ganzjährig und vor allem im Herbst/Winter sehr gesellig, bildet individuenreiche Trupps, die ausnahmsweise in nahrungsreichen Gebieten bis zu 1000 Tiere umfassen können. Charakteristisch für diese Art ist die Bildung großer, wolkenartiger Schwärme an Gebirgskämmen und Berggipfeln, mit schwindelerregenden, oft ungeordneten Sturzflügen.

Allesfresser, frisst auch menschliche Abfälle, die beispielsweise bei Berghütten oder Liftanlagen gesammelt werden.

Standvogel, auch im Winter in höheren Lagen häufig, kann sich bei starkem Schneefall in die Täler verirren.

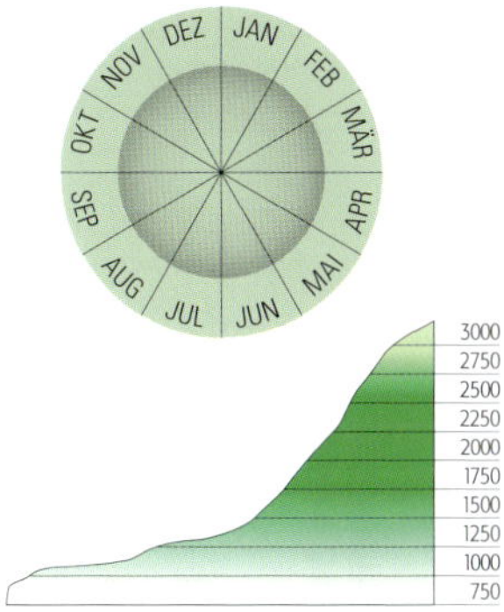

1. Komplett schwarz, schmaler zitronengelber Schnabel, rote Beine (Foto: W. Vivarelli).
2. In der Balz wird das Weibchen vom Männchen gefüttert, dieses Verhalten geht dem Nestbau voraus (Foto: F. Grazioli).
3. Erscheint am Boden schlanker und mit längerem Schwanz als die Alpenkrähe (Foto: L. Sebastiani).
4. Im Flug bei gutem Licht kann man die zwei unterschiedlichen Schwarztöne der Unterflügel erkennen (Foto: M. Giordano – G. Nicolazzi).
5. Ganzjährig sehr gesellig, kann oft in großen Trupps an hoch gelegenen Felswänden beobachtet werden (Foto: M. Giordano – G. Nicolazzi).

 Ordnung: **Sperlingsvögel**
(Passeriformes)
Familie: **Rabenvögel**
(Corvidae)

Jackdaw
Choucas des tours
Taccola

Dohle

Corvus monedula

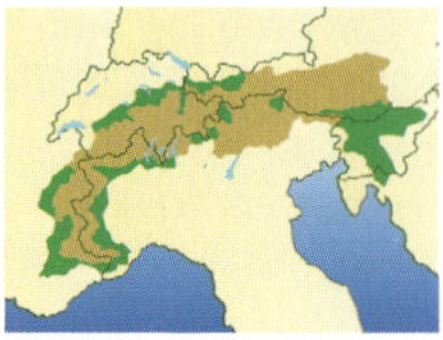

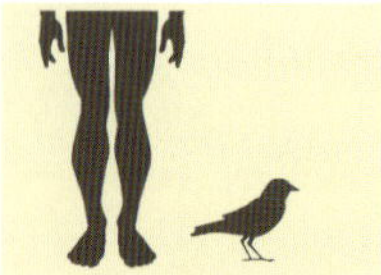

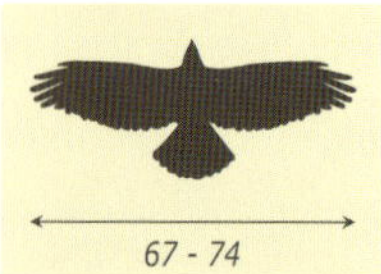

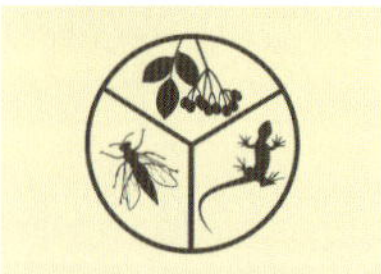

Sehr gesellig, Standvogel und Teilzieher. Lebt in natürlichen und bewirtschafteten offenen Landschaften. Nistet in Höhlen von Felswänden, großen Bäumen oder Bauwerken. Gut an das Leben in engem Kontakt zum Menschen angepasst, lässt sich auch in individuenreichen Kolonien in urbanem Gebiet nieder, meist in relativ ungestörten Gebäuden wie Schlössern oder Türmen, daher auch der französische Name (*tours* = Türme).

In den Alpen wenig vertreten, nistet als einzelnes Brutpaar oder in kleinen Kolonien hin und wieder in Tälern und unterhalb 1000 m; brütet vereinzelt in höheren Lagen, Brutnachweise oberhalb 1500 m (max. 1870 m) sind außergewöhnlich. Im Winter nur gelegentlich auch in den Tälern.

Kleiner, kompakter Rabenvogel, mit typisch rundem Kopf und kurzem Schnabel, erscheint aus der Entfernung einheitlich schwarz, aus der Nähe erkennt man jedoch den grauen Nacken, Hinterkopf und Ohrdecken sowie die schwarze Kopfhaube, die sich von der Stirn bis zur Kehle und um die Augen erstreckt, die Iris ist weißgrau.

Unterscheidet sich im Flug von den Artverwandten *(corvus)* durch den schnellen, tiefen Flügelschlag sowie durch die Angewohnheit, in dichten Formationen zu fliegen.

Sehr ruffreudig, vor allem in der Umgebung der Kolonien und Nahrungsplätze ertönt ein helles «kja» oder «kjak».

Sucht am Boden, vor allem auf Wiesen und Feldern, nach Nahrung, ernährt sich von Wirbellosen, Samen, Fallobst, Getreide, ist aber auch ein aktiver Räuber von Eiern und Nestlingen anderer Vögel, darunter Schwalben und Tauben.

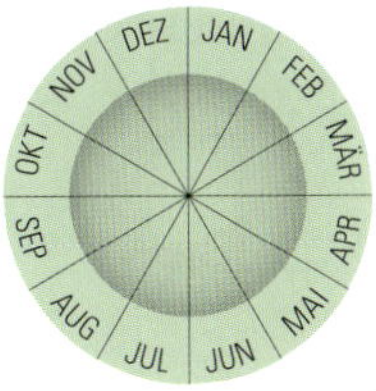

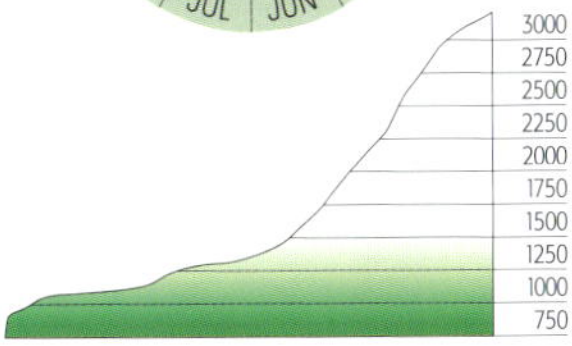

1. Kleiner Rabenvogel, kompakte Gestalt und runder Kopf mit kurzem, kräftigem Schnabel (Foto: M. Mendi).
2. Eine der intelligentesten und opportunistischsten Vogelarten, Allesfresser und äußest anpassungsfähig (Foto: F. Grazioli).
3. Charakteristische Erkennungsmerkmale sind die hellen Augen und die im Vergleich zum restlichen Gefieder graueren Halsfedern (Foto: G. Conca).
4. Ursprünglich ein Felsbewohner, fühlt sich auch im Stadtgebiet wohl (Foto: F. Grazioli).
5. Besiedelt die Alpentäler nicht allzu dicht, kleine Kolonien nisten auf Felswänden.

Ordnung: **Sperlingsvögel** *(Passeriformes)*
Familie: **Rabenvögel** *(Corvidae)*

Carrion Crow
Corneille noire
Cornacchia nera

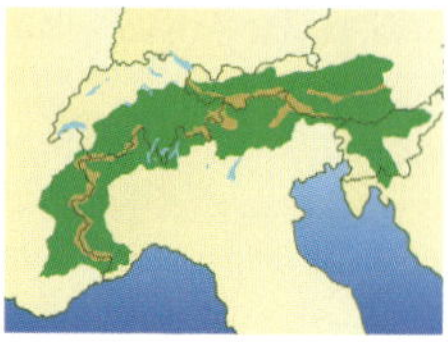

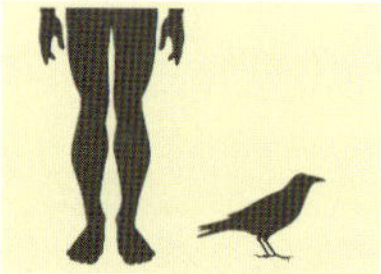

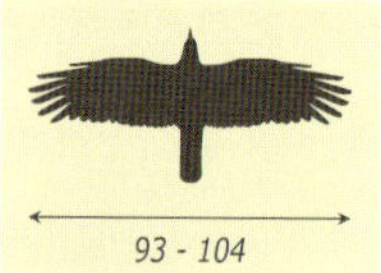

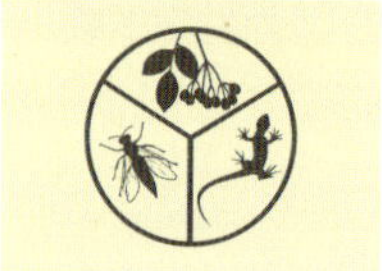

Aaskrähe

Corvus corone

Ist in Europa weit verbreitet, von Großbritannien über Spanien bis in die Alpen und im Osten bis in die östlichen Bereich Österreichs und Deutschlands. Wird an den östlichen und südlichen Verbreitungsgrenzen durch die Nebelkrähe abgelöst, mit der sie sich in den gemeinsam besiedelten Gebieten oft vermischt. In den Alpen treffen die beiden Arten nur auf der Alpensüdseite aufeinander; beide kommen in der kollinen Stufe und in der Poebene in Gebirgsnähe vor, von wo die Nebelkrähe in Tallagen gelangt und vor allem in den Zentral- und Ostalpen lokal größere Täler hinaufsteigt.

Bei der Brutplatzwahl ist die Aaskrähe anspruchsvoller als ihre Verwandte, lebt an Laub- und Nadelwaldrändern sowie in Baumbeständen in Tallagen mit viel Weiden und Kulturflächen. Brütet von den Voralpen bis auf ca. 2000 m, auf der Nahrungssuche können Irrungen bis in hoch gelegene Bergweiden vorkommen.

Monogam, nistet auf Bäumen, das Nest wird aus kräftigen Zweigen gebaut und oftmals von anderen Vögeln, vor allem Greifvögeln, wiederverwendet. Meist ein Gelege pro Jahr mit 4–6 Eiern, die Ende Mai/Juni abgelegt werden.

Gesellige Art, vor allem nach der Brutzeit und im Winter, dann können oft größere Gruppen auf Talweiden oder in der Dämmerung im Flug auf dem Weg zum Schlafplatz beobachtet werden, die Schlafplätze liegen meist an Talausgängen oder in den Niederungen.

Allesfresser. Leicht zu identifizierende Art, auch wegen ihrer sehr auffälligen Angewohnheiten. Mittelgroß, mit völlig schwarzem Gefieder. Kann im Alpenraum nur mit dem größeren Kolkraben verwechselt werden. Die Kreuzungen mit der Nebelkrähe führen zu Individuen mit Zwischenstufen in der Gefiederfärbung.

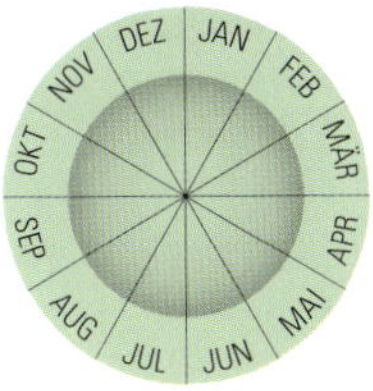

1. Weit verbreitet, immer außerhalb der Deckung gut sichtbar, komplett schwarz, abgeflachte Stirn und kräftiger Schnabel (Foto: B. Caula).
2. Sehr ruffreudig, raue, krächzende Schreie, kann oft in individuenreichen Gruppen beobachtet werden (Foto: B. Caula).
3. Im Flug, gefingerte Flügel mit dunkleren Deckenfedern; Schwanz rechteckiger als beim Kolkraben (Foto: F. Grazioli).
4. Das trichterförmige Nest wird im mittleren bis höheren Baumabschnitt angelegt, ist voluminös und besteht aus einer ungeordneten Ansammlung von Zweigen (Foto: B. Caula).
5. Nebelkrähe: In den Kontaktzonen kommen gemischte Gruppen vor und häufig paaren sie sich auch untereinander (Foto: G. Conca).

Ordnung: **Sperlingsvögel** *(Passeriformes)*
Familie: **Rabenvögel** *(Corvidae)*

Raven
Grand Corbeau
Corvo imperiale

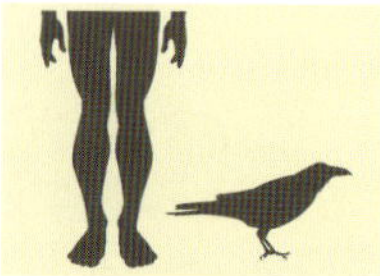

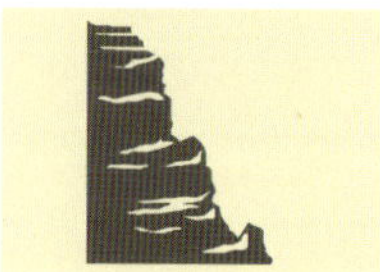

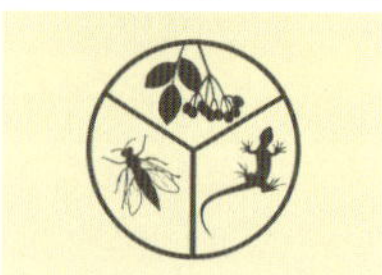

Kolkrabe

Corvus corax

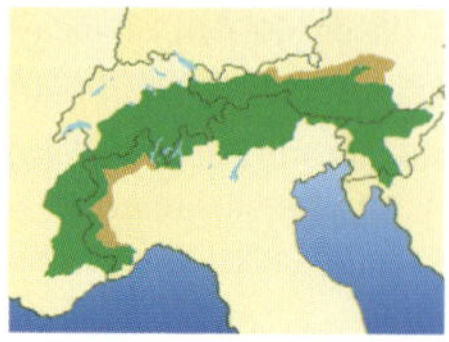

Größter europäischer Rabenvogel mit einer Flügelspannweite von 115–130 cm. Massige Gestalt, sehr kräftiger Schnabel mit gebogenem First, Gefieder durchgehend schwarz, glänzt metallisch in verschiedenen Farben. Die Federn an der Kehle sind aufgeplustert und bilden eine Art «Spitzbart», manchmal sehr ausgeprägt. Im Flug unverwechselbar, lange und deutlich ausgefranste Flügel, vorstehender Kopf und langer, keilförmiger Schwanz. Langsame, ausholende Flügelschläge, beim Kreisen sind die Flügel leicht gesenkt. Unverwechselbarer Ruf, ein tiefes, heiseres «korrk», ist weit zu hören und wird vor allem im Flug vorgetragen. Geschlechter gleich, Jungvögel mit bräunlich angehauchtem Gefieder.

In der Paläarktis gut verbreitet, bevorzugt felsige Landschaften, sei es an der Küste oder in Höhenlagen, lebt aber auch in bewaldetem Flachland und Hügellandschaften. Kommt in den Alpen vom Voralpenbereich bis in Hochgebirgsweiden vor, nistet in Felsspalten; nutzt in niedrigen Lagen auch verlassene Steinbrüche. Kommt bis 1800 m regelmäßig vor, lässt sich auch oberhalb 2000 m nieder, wurde aber bis 2700 m gesichtet.

Standvogel und Frühbrüter, die Paare bleiben lebenslang vereint, territorial, spektakuläre Balzflüge finden schon mitten im Winter statt, Eiablage ab Ende Februar.

In der Brutzeit eher einzelgängerisch, kann aber sonst, vor allem im Winter, individuenreiche Gruppen bilden, die größtenteils aus Jungvögeln bestehen. Diese Trupps wandern auf der Suche nach Nahrungsquellen (oft Müllkippen) in die Tallagen (seltener in die Niederungen).

Umfangreicher Speiseplan, umfasst Abfälle, Aas, Insekten, kleine Säuger, Früchte, Eier und Nestlinge anderer Vögel, auch von Greifvögeln. Der Uhu ist sein einziger Beutefeind.

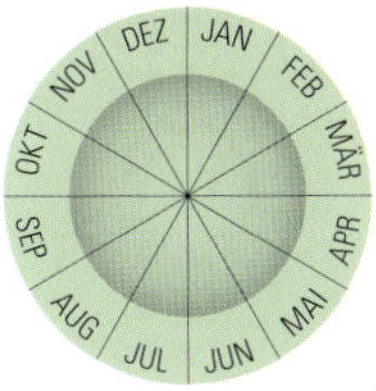

1. Groß, durchgehend schwarz gefiedert, keilförmiger Schwanz (Foto: A. Turri).
2. Oft aggressiv gegenüber anderen Raubvögeln (hier einem Steinadler), für die er ein gefährlicher Nesträuber ist (Foto: M. Giordano – G. Nicolazzi).
3. Massige Gestalt, langer, kräftiger Schnabel, Federn an der Kehle bilden eine Art Bart (Foto: M. Mendi).
4. Kreist häufig, ähnelt aus der Entfernung einem dunklen Greifvogel, aber die Schwanzform ist immer eindeutig (Foto: M. Giordano – G. Nicolazzi).
5. Nistet auf (auch kleinen) Felswänden.

Ordnung: **Sperlingsvögel** *(Passeriformes)*
Familie: **Stare** *(Sturnidae)*

Starling
Étourneau sansonnet
Storno

Star

Sturnus vulgaris

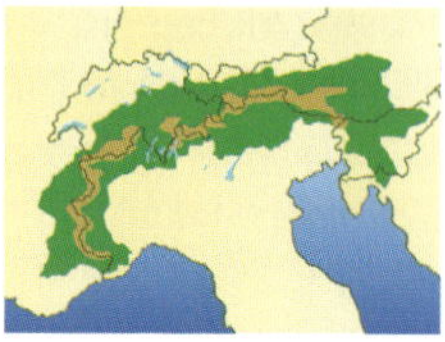

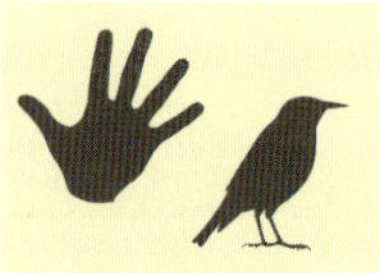

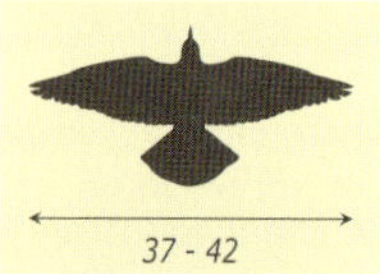

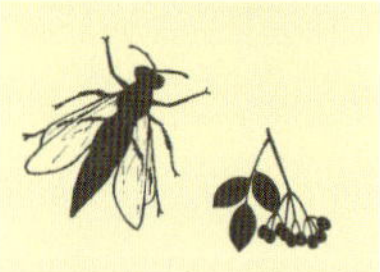

Über Europa bis Zentralasien und Nordamerika verbreitet, besiedelt unterschiedliche Lebensräume: landwirtschaftlich genutzte Flächen, Waldränder und Siedlungsgebiete von Meereshöhe bis in die Berge. Ist in den Alpen im Tiefland und in großen Tälern häufig, vor allem auf der Alpensüdseite auch bis 1600–1700 m, nistet dort gelegentlich bis über 2000 m. Kann in hohen Lagen in Nadelwäldern brüten.

Das Nest wird meist möglichst hoch in Baumhöhlen oder Bauwerken angelegt. 1–2 Gelege pro Jahr. Ernährt sich in der Brutzeit von Wirbellosen, die am Boden zwischen niedrigen Gräsern gesucht werden.

Gedrungene Gestalt, sehr kurzer Schwanz, im Flug zugespitzte, dreieckige Flügel. Schnelle Flügelschläge und geradliniger Flug. Adulttier hat ein schwarzes, grünlich und violett schillerndes Federkleid. Gelber Schnabel. Das Schlichtkleid ist unterseitig stark weiß und oberseitig hellbraun gepunktet. Jungvogel graubraun, unterseitig gestreift, mit hellerer Kehle und dunklerem Schnabel.

Der Gesang ist eine Reihe greller Töne und wird flügelschlagend von einer exponierten Warte aus vorgetragen, wobei der Vogel eine merkwürdig starre Haltung einnimmt. Imitiert häufig Rufe und Gesänge anderer Vögel sowie Umweltgeräusche.

Sehr gesellige Art, kann vor allem während des Zugs und während des Überwinterns in nahrungsreichen Gebieten oder an Schlafstätten enorme Schwärme bilden. Solche Ansammlungen treten nur vereinzelt in alpinen Tallagen auf. Die Art hält sich vor allem im Sommer im Alpenraum auf und überwintert dort nur äußerst selten.

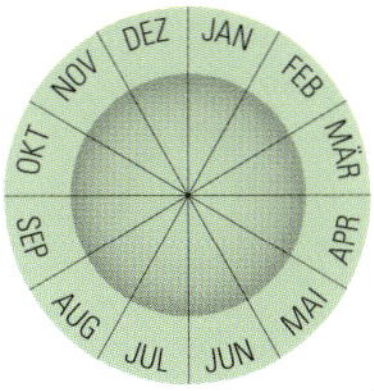

1. Balzgesang des Männchens wird von einer Warte aus und mit heftig rudernden Flügeln vorgetragen (Foto: Z. Tunka).
2. Im Winter: schwarzer Schnabel, Gefieder dicht hell gefleckt. Geschlechter ähnlich (Foto: W. Vivarelli).
3. Brutkleid: schwarz, grünlich und violett schillernd, gelber Schnabel (Foto: P. Casali).
4. Jungvogel heller, graubraun, mit dunkler Maske (Foto: W. Vivarelli).
5. Bildet bereits im Spätsommer große Schwärme, mit lauten Schlafgemeinschaften auch in Stadtgebieten (Foto: M. Giordano – G. Nicolazzi).

Ordnung: **Sperlingsvögel** *(Passeriformes)*
Familie: **Sperlinge** *(Passeridae)*

House Sparrow
Moineau domestique
Passera europea

Haussperling
Passer domesticus

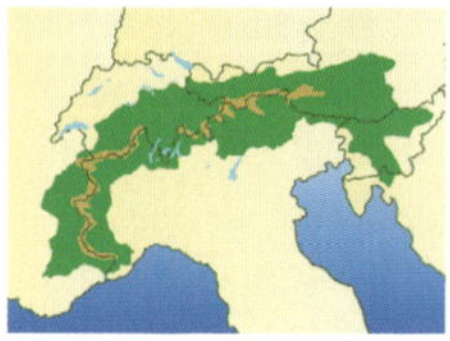

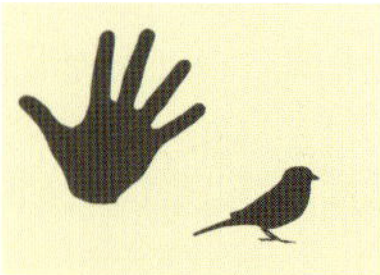

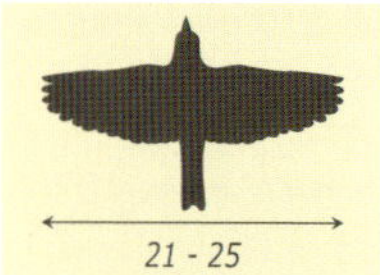

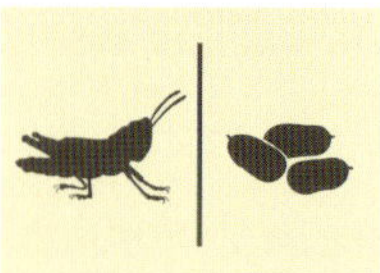

Eine der bekanntesten europäischen Vogelarten, Kulturfolger mit ausgeprägter Bindung zum Menschen (daher der lateinische Name) im gesamten Verbreitungsgebiet. Standvogel, besiedelt sowohl ländliche als auch städtische Gebiete, dringt im Winter auch in größere Städte vor.

Wird im Süden des Verbreitungsgebiets, auf der Apenninhalbinsel, vom Italiensperling *(Passer italiae)* vertreten. Letzterer galt einst als Unterart und wird noch heute von einigen Autoren als solche angesehen. Beide Arten leben im Alpenraum: Der Haussperling von den West- zu den Ostalpen (Frankreich, Schweiz, Österreich, Slowenien); der Italiensperling, der in ganz Italien und auf den meisten Inseln verbreitet ist, auf der Alpensüdseite. Im ganzen Alpenraum gibt es zahlreiche Gebietsüberschneidungen mit Hybridisierung zwischen den beiden Arten, die bei tiefer gelegenen Bergpässe aufeinandertreffen. Beide Arten haben die gleichen ökologischen Ansprüche, sind in den Alpen in allen permanent vom Menschen bewohnten Gebieten Standvögel, auch in höheren Lagen; leben fast immer in kleinen Kolonien. Häufig bis auf 1500 m, darüber seltener, brüten lokal bis über 2000 m (max. 2300 m in der Schweiz).

Das aus Stroh und anderen Materialien gebaute Nest wird meist unter Dächern, in Mauernischen oder in Baumhöhlen angelegt. In tiefe-

ren Lagen bis zu 3 oder 4 Gelege pro Jahr. In erster Linie Körnerfresser, in der Brutzeit werden aber auch Insekten gefressen.

Morphologisch unterscheidet sich das Haussperlingsmännchen vom Italiensperling vor allem durch die unterschiedliche Scheitelfärbung: beim Haussperling grau, beim Italiensperling rötlich braun. Das übrige Federkleid ist ähnlich, wie auch bei den Weibchen und Jungvögeln beider Arten, bei denen ein breiter, blasser Überaugenstreif auffällt. Bei Hybridmännchen ist das Kopfgefieder großflächiger grau gefärbt, dies ist jedoch unterschiedlich ausgeprägt und meist nicht sehr deutlich.

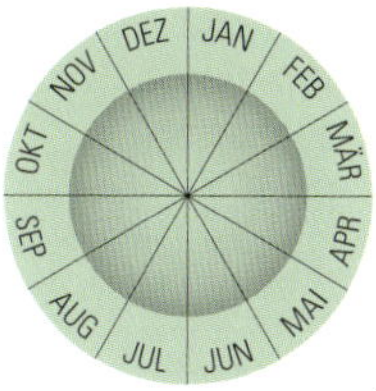

3

1. Der «Spatz» schlechthin, Kosmopolit, stark an den Menschen gebunden (Foto: L. Sebastiani).
2. Männchen oberseitig dunkelbraun mit schwarzer Maske und Kehle, schwarzer Brustlatz je nach Mauserstatus mehr oder weniger deutlich (Foto: P. Kuhno).
3. Auf der Alpensüdseite vom Italiensperling vertreten, mit braunem statt grauem Scheitel (Foto: F. Grazioli).
4. In seinen Lebens- und Nahrungsgewohnheiten sehr stark an den Menschen gebunden (Foto: M. Giordano – G. Nicolazzi).
5. Weibchen mit unauffälligem Federkleid, gelblich braun mit dunkleren Streifen, rötlicher Überaugenstreif (Foto: P. Casali).

4

5

Ordnung: **Sperlingsvögel** *(Passeriformes)*
Familie: **Sperlinge** *(Passeridae)*

Tree Sparrow
Moineau friquet
Passera mattugia

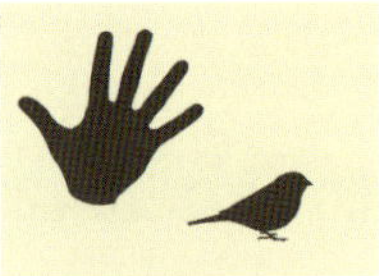

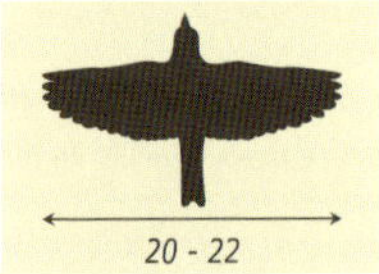

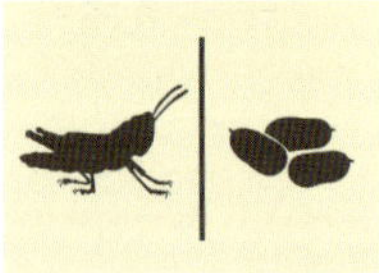

Feldsperling

Passer montanus

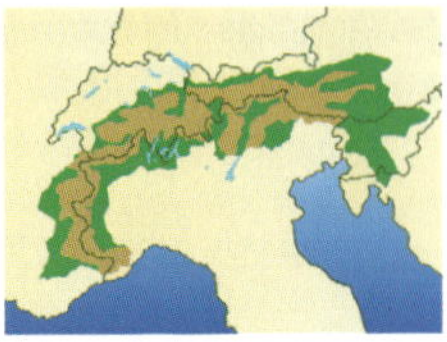

Gedrungenes Aussehen mit rundlichem Kopf und sehr kurzem Schnabel, ist kleiner als der Haus- und der Italiensperling und hat einen unregelmäßig geformten schwarzen Wangenfleck. Das restliche Federkleid, vor allem die Scheitelfärbung, erinnert an den Italiensperling. Kein Geschlechtsdimorphismus, Jungvögel haben mattere Farben und einen weniger deutlichen Wangenfleck.

In ganz Eurasien verbreitet, typische Art der Ebenen und Hügellandschaften, bevorzugt offenes Kulturland mit eingestreuten Bäumen und Hecken. Häufiger vor allem in der Nähe von Bauernhäusern oder kleinen Ortschaften, nistet aber auch an Waldrändern. In den Alpen ein Standvogel, in der Regel auf größere und bewirtschaftete Täler begrenzt; brütet selten über 1000 m, Brutnachweise oberhalb 1400 m sind außergewöhnlich.

Das Nest wird vor allem in Höhlungen von Bäumen oder Bauwerken angelegt; nutzt gerne Nisthilfen. Bis zu 3 Gelege pro Jahr.

Ganzjährig gesellige Art; kann sich im Alpenraum, obwohl dort weniger feste Gruppierungen als in den Niederungen gebildet werden, im Herbst/Winter zu individuenreiche Schwärmen zusammenfinden, vor allem in nahrungsreichen Gebieten, meist in der Nähe ländlicher

Behausungen und oft zusammen mit den beiden Artverwandten.

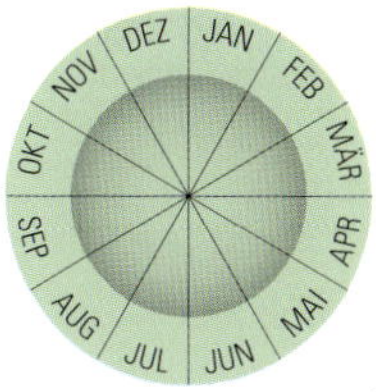

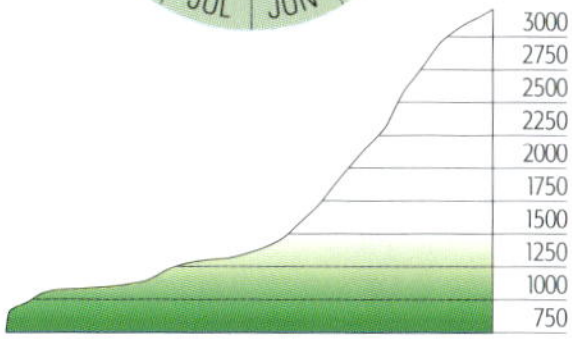

1. Kleiner als der Haussperling, mit braunem Scheitel und schwarzem Wangenfleck (Foto: B. Caula).
2. Oberseitig braun mit kräftiger, dunkler Streifung, Deckenfedern mit hellem Rand, weiße Wangen mit schwarzem Ohrfleck im Flug gut erkennbar (Foto: M. Giordano – G. Nicolazzi).
3. Im Unterschied zum Haussperling kein Geschlechtsdimorphismus (Foto: M. Giordano – G. Nicolazzi).
4. Im Winter wird der Schnabel teilweise gelblich (Foto: B. Caula).
5. Weniger an den Menschen gebunden, dennoch häufig in offenem Kulturland mit eingestreuten Bäumen, Gärten und freistehenden Gebäuden.

Ordnung: **Sperlingsvögel** *(Passeriformes)*
Familie: **Sperlinge** *(Passeridae)*

Rock Sparrow
Moineau soulcie
Passera lagia

Steinsperling
Petronia petronia

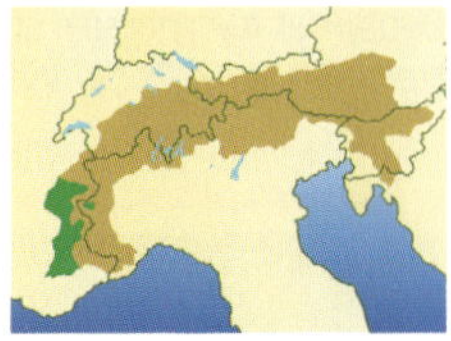

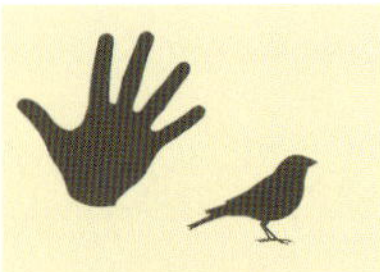

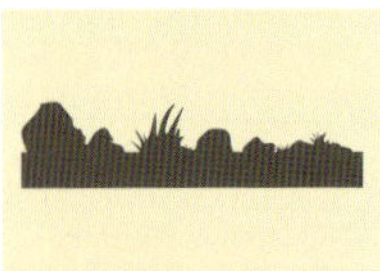

Lebt in trockenen, sonnigen Gebieten Südeuropas, besiedelt sowohl natürliche als auch bewirtschaftete Lebensräume.

In den Alpen nur im westlichen Bereich verbreitet, mit einer beständigen Population wie jene Südfrankreichs vertreten. Das Verbreitungsgebiet erstreckt sich sowohl auf die französische Alpenseite, wo die Art recht häufig ist, als auch auf die italienische, wo sie nur äußerst lokal in den Grajischen Alpen (Susatal) nistet. Brütete bis in die erste Hälfte der 1990er-Jahre auch in den Cottischen Alpen und in den Seealpen. Die Gebietsbegrenzung und der starke zahlenmäßige Rückgang der Alpenpopulation hängen vermutlich mit der Aufgabe der traditionellen Landwirtschaft zusammen.

Nistet im Alpenraum an exponierten Hängen, meist zwischen 1400 m und 2000 m, auf Weiden mit dürftigem Graswuchs und Felsen und in der Regel am Rand von Siedlungsgebieten. Nutzt für den Nestbau Mauerspalten, verlassene Bauwerke oder Ruinen. Einzelne Brutpaare oder kleine Kolonien lassen sich in der Regel Ende März nieder. Im Winter nur vereinzelte Anwesenheiten.

Ähnelt dem Haussperlingsweibchen, unterscheidet sich durch die charakteristische Kopfstreifung mit einem breiten, hellen Überaugen-

streif, der oben braun abgegrenzt ist, und durch eine blasse Haube. Typisch sind auch der kleine gelbe Kehlfleck, der kräftige Schnabel mit hellerem Unterkiefer und die weißen Steuerfederspitzen. Geschlechter ähnlich.

Ruffreudig, die Rufe ähneln denjenigen des Haussperlings, im Flug ertönt ein zartes nasales Gezwitscher.

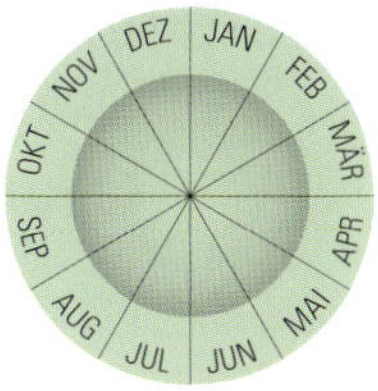

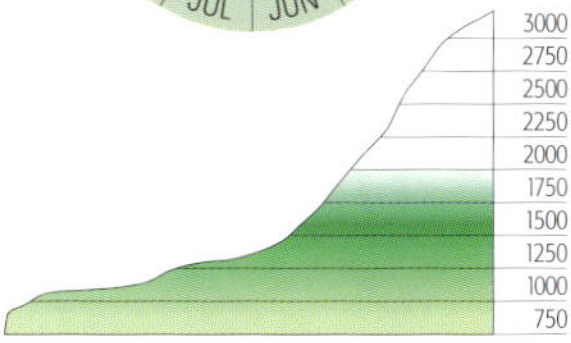

2

3

1. Einem «normalen» Sperling sehr ähnlich, mit gelbem, nicht immer leicht erkennbarem Kehlfleck (Foto: P. Kuhno).
2. Insgesamt hell mit dichter Streifung; Erkennungsmerkmal ist der ausgeprägte, auffällige hellbraune Überaugenstreif (Foto: P. Lehikoinen).
3. Scheitel mit hellem Mittelstreif; weiße Schwanzspitze und mondförmig gezeichneter Unterschwanz. Geschlechter ähnlich (Foto: P. Kuhno).
4. Ernährt sich von Samen, Beeren und Früchten, fängt in der Brutzeit gerne Insekten, um die Nestlinge damit zu füttern (Foto: D. Marini).
5. Im Alpenraum lokal an trockenen Hängen, oft in der Nähe von Siedlungen.

5
4

Ordnung: **Sperlingsvögel** *(Passeriformes)*
Familie: **Sperlinge** *(Passeridae)*

Snowfinch
Niverolle alpine
Fringuello alpino

Schneesperling

Montifringilla nivalis

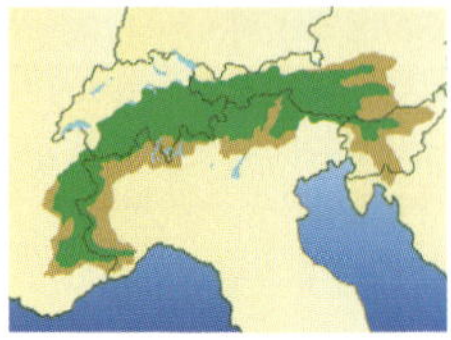

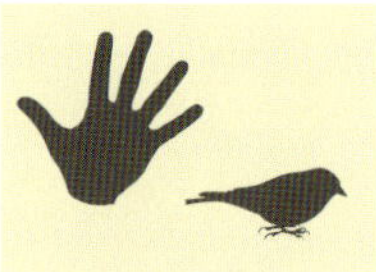

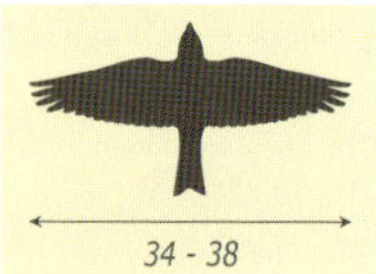

In Südeuropa in den Hauptgebirgen verbreitet, typische Art felsiger Bergregionen. Lebt in den Alpen oberhalb der Baumgrenze bis zur Schneegrenze in rauen Gebieten mit viel Schutt und Geröll, in steinigen Bergweiden, in Moränengürteln und an der Grenze zu Firnfeldern und Gletscherausläufern. Bevorzugt Kalksubstrat.

Brütet in der Regel zwischen 1900 m und 2800 m, in den Westalpen häufiger zwischen 2300 m und 2800 m und im Osten zwischen 1900 m bis 2500 m. Regelmäßig über 3000 m, höchstgelegener Brutnachweis auf der Südseite des Monte Rosa bei 3650 m. Brütet vereinzelt und lokal unterhalb 1800 m, Brutnachweise unterhalb 1500 m sind außergewöhnlich. Nistet normalerweise als isoliertes Brutpaar oder in kleinen Kolonien, lässt sich schon zum Winterende im Brutgebiet nieder.

Der Gesang wird auch im Flug vorgetragen und besteht aus einem Trillern und tiefen Trällern.

Das Nest wird in Felsspalten, zwischen Felsbrocken oder auf Bauwerken (Berghütten, Befestigungen usw.) angelegt; ein Gelege pro Jahr mit 4–5 Eiern, zwischen Mai und Juni, die Eier werden nur vom Weibchen bebrütet.

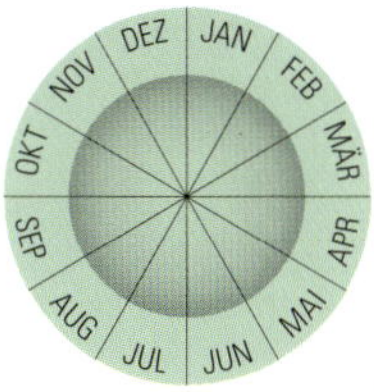

1. Auch Schneefink genannt, gehört aber zur Familie der Sperlinge, ist allerdings deutlich größer und spindelförmiger (Foto: L. Sebastiani).
2. Kopf komplett grau, schwarzer Schnabel (im Winter und bei Jungvögeln gelb) (Foto: F. Grazioli).
3. Sucht seine Nahrung auf dem Boden (Foto: M. Giordano – G. Nicolazzi).
4. Im Flug einer der schönsten und auffälligsten Hochgebirgsvögel, mit schwarz-weißen, auch aus der Entfernung gut sichtbaren Flügeln und Schwanz (Foto: F. Grazioli).
5. Vor allem im Winter sehr gesellig, dann kann man sie in großen Schwärmen beobachten (Foto: W. Vivarelli).

Nach der Brutzeit sehr gesellig, bildet oft individuenreiche Gruppen mit bis zu Hunderten von Vögeln, die auf der Suche nach Nahrung Höhenwanderungen unternehmen, vor allem in die höheren Lagen. Kommt nur im Winter und bei starkem Schneefall auch in relativ niedrigen Lagen vor, doch ist ihre Anwesenheit unterhalb 1000 m äußerst selten.

Variationsreicher Speiseplan, ernährt sich von Wirbellosen, Samen, Beeren und Knospen, die zwischen Steinen und Gräsern gesucht werden.

Recht kräftiger und spindelförmiger Körperbau, anhand der schwarzweißen Flügelzeichnung leicht zu identifizieren, diese ist auch im Flug aus der Entfernung deutlich erkennbar. Grauer Kopf, rötlich brauner Rücken, weißer Schwanz, die mittleren Steuerfedern sind schwarz, helle, leicht graue Unterseite. Der Schnabel ist in der Balzzeit schwarz, im Winter (und bei Jungvögeln) gelb. Geringe Geschlechtsunterschiede, markanterer schwarzer Kehlfleck beim Männchen und insgesamt verblasste Farben beim Weibchen.

6. In Sitzposition weniger auffällige Erscheinung, das Weiß der Flügel ist weitgehend unter den braunen Decken versteckt (Foto: M. Graziano).
7. Von unten erscheint er völlig schwarzweiß gefiedert; flatterhafter Flug, mit ausholenden Schlägen der langen Flügel (Foto: L. Sebastiani).
8. Die Nestlinge werden fast ausschließlich mit Insekten und Larven gefüttert (Foto: M. Mendi).
9. Kaum Geschlechtsunterschiede, das Männchen hat lediglich intensivere Farben und einen ausgeprägteren Kehlfleck (Foto: M. Mendi).
10. Besiedelt steiniges Gelände mit Felsbrocken und Grasflächen; nistet oft in Ruinen oder freistehenden Gebäuden.

Ordnung: **Sperlingsvögel**
(Passeriformes)
Familie: **Finken**
(Fringillidae)

Chaffinch
Pinson des arbres
Fringuello

Buchfink

Fringilla coelebs

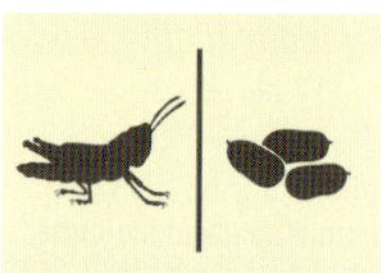

Einer der verbreitetsten und häufigsten Sperlingsvögel in Kontinentaleuropa.

Männchen mit charakteristischem Brutgefieder: graublauer Scheitel und Nacken, orangerote Unterpartien. Weibchen mit graubraunem Kopf, unterseitig hell und leicht bräunlich. Beide Geschlechter haben weiße Schwanzkanten und zwei weiße Flügelbinden, die vordere Binde ist sehr breit und im Flug gut sichtbar.

Variationsreiches, klangvolles Lautrepertoire, im Flug ertönt wiederholt ein sanftes «güpp», im Sitzen ein scharfes, klangvolles «tjüpp». Der Gesang variiert unter den verschiedenen Populationen, er ist melodisch, freudig und beginnt mit einem schneller werdenden Triller.

Sehr anpassungsfähige Art, nistet in unterschiedlichen Wäldern und lockeren Baumbeständen; lebt in Nadel-, Laub- und Mischwäldern, in Baumgruppen in ländlichem Gebiet und in Parks und Gärten in städtischem Gebiet. Ist in den Alpen bis zur Baumgrenze verbreitet, lokal bis 2200–2300 m, kommt in größerer Anzahl in unterholzreichen Nadelwäldern (Lärchen und Fichten) vor. Das einfache, trichterförmige Nest wird in einer Astgabel angelegt; ein oder zwei Gelege pro Jahr mit jeweils 4–5 Eiern.

Die Nahrungssuche erfolgt am Boden, frisst Wirbellose und im Winter vor allem Samen.

Nach der Brutzeit gesellig, findet sich im Herbst/Winter zu größeren Gruppen zusammen, in dieser Zeit erscheinen in den Alpen auch große Zugschwärme aus Mittel- und Nordosteuropa. In der Regel ist seine Anwesenheit mitten im Winter in Höhenlagen bis zu 1600–1700 m selten, aber regelmäßig.

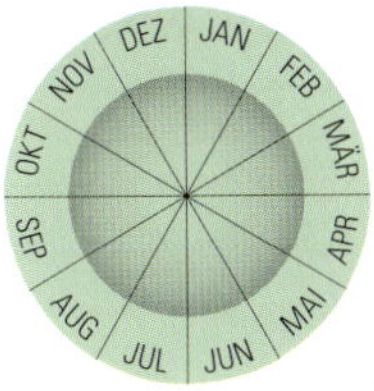

1. Männchen unterseitig bräunlich rot, rostroter Mantel und zwei helle Flügelbinden (Foto: M. Mendi).
2. Weibchen hell olivgrün, gleiche Flügelzeichnung wie beim Männchen (Foto: M. Giordano – G. Nicolazzi).
3. Im Sommer sind die Farben des Männchens lebhafter, blaugrauer Scheitel und Nacken, Wangen hell rötlich braun (Foto: M. Giordano – G. Nicolazzi).
4. Weibchen und Männchen: deutlich erkennbare Farbunterschiede (Foto: W. Vivarelli).
5. In allen Baumbeständen häufig, seien es Nadel-, Laub- oder Mischwälder.

 Ordnung: **Sperlingsvögel** *(Passeriformes)*
Familie: **Finken** *(Fringillidae)*

Brambling
Pinson du Nord
Peppola

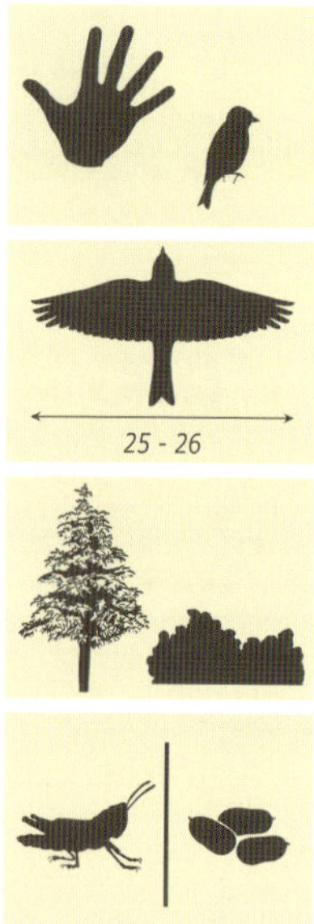

Bergfink

Fringilla montifringilla

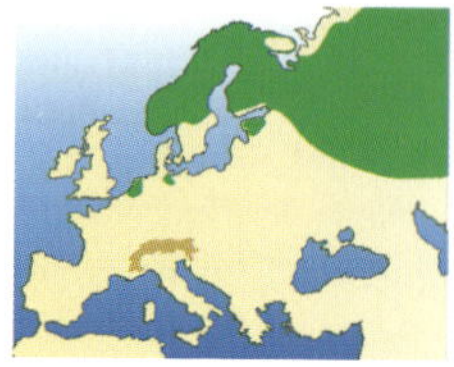

Das Brutgebiet erstreckt sich in der borealen und subarktischen Zone der Westpaläarktis von Skandinavien bis Ostsibirien, brütet vereinzelt auch weiter südlich, in Ausnahmefällen bis in die Alpen. Überwintert in Mittel- und Südeuropa, ist in den Alpen regelmäßig zwischen Oktober und April anzutreffen, häufiger während des Zugs.

Besiedelt bewaldete Tallagen, Randbereiche von Laub- und Nadelwäldern bis an die obere Baum- und Strauchgrenze. In den höheren Lagen hängt seine Anwesenheit von der vorhandenen Schneedecke ab, hält sich im Winter selten oberhalb 1700 m auf.

Kommt während des Zugs in der Regel zahlreich auf tiefer gelegenen Alpenpässen vor und bildet auch während des Überwinterns gemischte Gruppen mit dem Buchfink.

Ähnelt in Größe und Form sehr dem Buchfink, unterscheidet sich durch den weißen Bürzel, der im Flug sichtbar ist, und die gelborange Vorderfront (Kinn, Kehle, Brust und Schultern), beim Männchen intensiver und in starkem Kontrast zum weißen Bauch. Der Kopf schillert beim Männchen im Brutkleid schwarz, ist im Herbst/Winter etwas heller, beim Weibchen weniger markant.

Der Flugruf ist ein Erkennungsmerkmal: ein nasales «tjek» oder «jeg».

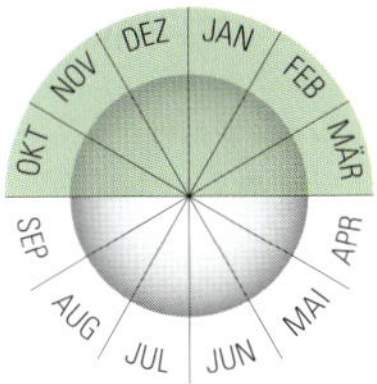

1. Ähnelt in Form und Gefieder sehr dem Buchfink, insgesamt aber mehr Gelborange (Foto: M. Graziano).
2. Männchen im Winter: schwarze Kopffedern mit rötlicher Spitze, Flügelband orangefarben, weißer Bürzel im Flug gut sichtbar (Foto: W. Vivarelli).
3. Weibchen matter, bräunlicher Kopf mit dunklen Scheitelstreifen (Foto: M. Graziano).
4. In der Brutzeit wird der Kopf komplett schwarz, Kehle und Brust leuchten gelborange (Foto: B. Caula).
5. In den Alpen kommt es unregelmäßig zu invasionsartigen Masseneinflügen (Foto: G. Motta).

Ordnung: **Sperlingsvögel** *(Passeriformes)*
Familie: **Finken** *(Fringillidae)*

- Common Crossbill
- Bec-croisé des sapins
- Crociere

Fichten-kreuzschnabel

Loxia curvirostra

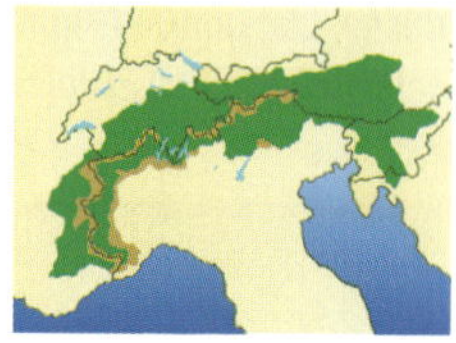

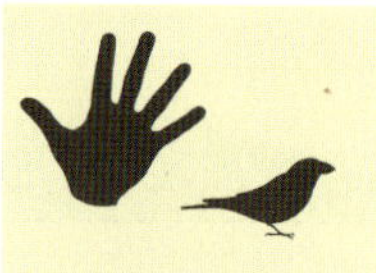

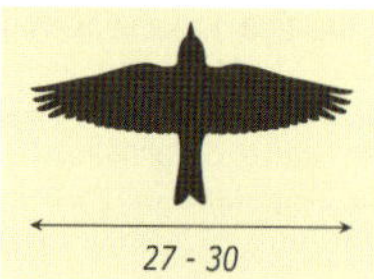

Ist mit verschiedenen Unterarten in Eurasien, Nordamerika und Nordafrika vertreten. Kommt im gesamten Alpenraum vor, bis hin zu den südlichsten Ausläufern.

Als Nahrungsspezialist eng an Nadelbäume gebunden, lebt in den Alpen in den höheren Nadelwaldlagen. Gut verbreitet auf der Alpennordseite, auch im Voralpenraum, brütet auf der Alpensüdseite zwischen 1000 m und 2200 m, zum Großteil um 1300 m. Nistet gelegentlich auch unter 1000 m.

Bevorzugt Fichten, ist jedoch auch in Lärchen-, Zirbelkiefer-, Tannen- und Schwarzkieferbeständen häufig. Seine Brut, mit einem Gelege von 3–4 Eiern pro Jahr, ist abhängig von der Fruchtreife der Nadelbäume und der mehr oder weniger hohen Verfügbarkeit an Samen (Pinienkernen); davon hängt der Brutbeginn ab, was auch mitten im Winter geschehen kann oder in Jahren mit hohem Nahrungsangebot Ende des Sommers. Die Samen werden mit dem gekreuzten Schnabel direkt am Baum aus den Zapfen herausgeklaubt, turnt dabei im Geäst herum.

Ist aufgrund der charakteristischen gekreuzten Schnabelspitze unverwechselbar. Das Gefieder variiert je nach Geschlecht und Alter. Das adulte Männchen trägt ein ziegelrotes Federkleid, leuchtender auf dem

Bürzel, und dunkle Flügel; das Weibchen ist grünlich braun mit gelbem Bürzel. Die Jungvögel sind hell und kräftig gestreift. Schneller, wellenförmiger Flug.

Der Ruf ist ein metallisches «gipp-gipp-gipp».

Gesellige Art, gleich nach der Brutzeit bilden sich kleinere oder größere Gruppen, die auf Futtersuche umherziehen.

Ist in den Alpen ein Standvogel, verlässt nie den Nadelwaldbereich. Schwärme aus Mittel- oder Nordosteuropa kommen unregelmäßig und manchmal invasionsartig in die Alpen.

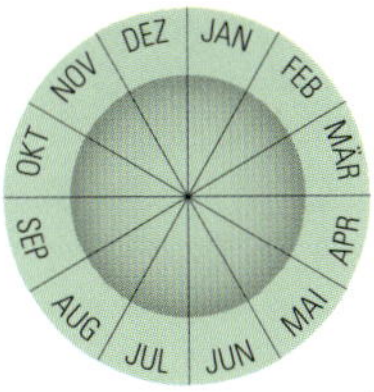

1. Großer, kräftiger Fink mit massigem Kopf und kurzem Schwanz, aus der Nähe ist der typische Schnabel gut erkennbar (Foto: L. Sebastiani).
2. Deutlicher Geschlechtsdimorphismus, Männchen rot schillernd, Weibchen grünlich braun (Foto: P. Kuhno).
3. Weibchen matter und unauffälliger gefärbt (Jungvögel ähnlich, aber gestreift), mit gelbgrünem, im Flug gut sichtbarem Bürzel (Foto: L. Sebastiani).
4. Schnabel an der Spitze überkreuzt, spezialisiert auf das Herausklauben der Samen aus den Zapfen (Foto: B. Caula).
5. Besiedelt aufgrund der Ernährungsgewohnheiten ausschließlich Nadelwälder.

3

4

5

Ordnung: **Sperlingsvögel** *(Passeriformes)*
Familie: **Finken** *(Fringillidae)*

Greenfinch
Verdier d'Europe
Verdone

Grünfink

Carduelis chloris

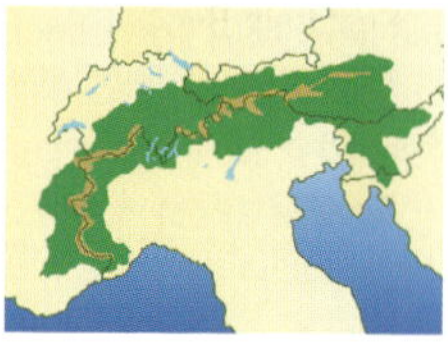

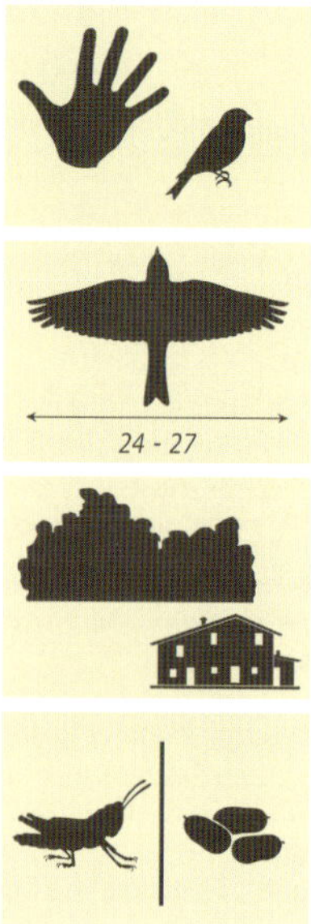

Kräftige Statur und verhältnismäßig großer Schnabel. Gefieder überwiegend olivgrün, mit einem bei geschlossenen Flügeln gut sichtbaren gelben Band an den Außenfahnen der Handschwingen. Auch die äußeren Steuerfedern sind gelb, was aber vor allem im Flug auffällt. Diverse Körperpartien sind grau angehaucht. Weibchen unterscheidet sich durch mattere Farben und weniger auffälliges Gelb. Jungvogel sehr gestreift und unterseitig hell.

Weiträumig in Süd- und Mitteleuropa verbreitet, lebt sowohl in offenen Kulturflächen mit Baumbeständen als auch in städtischen Gebieten, wenn viele Bäume vorhanden sind.

In den Alpen an Kulturflächen und Siedlungsgebiete in sonnigen Gebieten gebunden. Die Höhenverbreitung variiert, ist im zentralen und westlichen Alpenraum weiträumiger verbreitet und kommt lokal regelmäßig bis 1300–1400 m vor; nistet vereinzelt in höheren Lagen bis 1800 m.

Das trichterförmige Nest wird auf Bäumen angelegt, oft auf Zierbäumen; 1–2 Gelege pro Jahr (4–6 Eier).

Der trillernde Gesang erinnert ein wenig an einen Kanarienvogel. Die langanhaltenden Strophen werden meist von einer Warte aus, aber auch im Singflug vorgetragen.

Sucht am Boden nach Nahrung, die aus Wirbellosen und Getreide besteht.

Recht wärmeliebende Art, verlässt im Winter das Hochgebirge und begibt sich in niedrige Lagen.

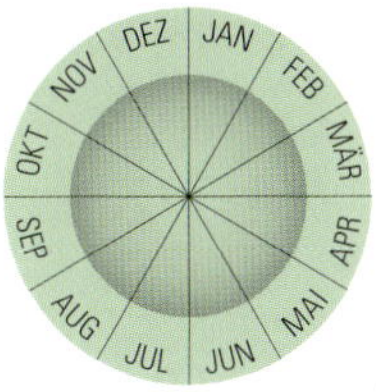

2

3

4

5

1. Wie der Name sagt, ist das Gefieder überwiegend grün, vor allem beim Männchen (Foto: W. Vivarelli).
2. Wie bei allen Finkenarten hat das Weibchen weniger intensive Farben (Foto: W. Vivarelli).
3. Erkennungsmerkmale sind die gelbe Flügelzone und die gelben Schwanzseiten, die im Flug gut sichtbar sind (Foto: L. Sebastiani).
4. Schnabel hell hornfarbig, konisch und kräftig; unterseitig gelbgrün schillernd (Foto: M. Giordano – G. Nicolazzi).
5. Bevorzugt lichte Baumbestände an exponierten Hängen, gerne in Siedlungsnähe.

 Ordnung: **Sperlingsvögel**
(Passeriformes)
Familie: **Finken**
(Fringillidae)

Redpoll
Sizerin flammé
Organetto

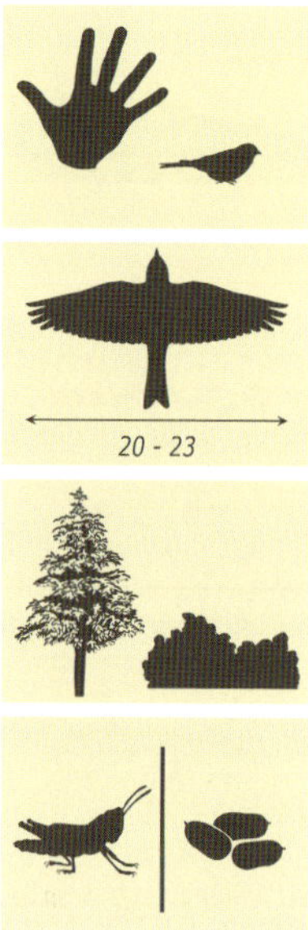

Alpenbirken-zeisig

Carduelis flammea

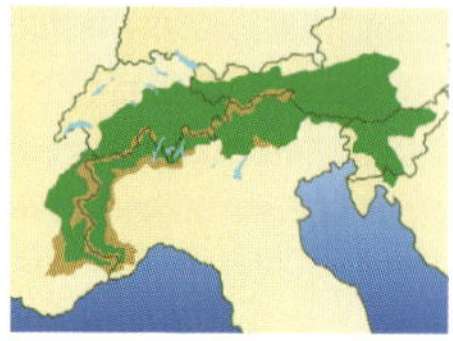

In den Alpen gut verbreitet und mit der Unterart *cabaret* vertreten, erreicht seine südliche Verbreitungsgrenze im Westen der Gebirgskette. Ausgedehnte Höhenverbreitung, die auf der Alpennordseite auch die Voralpen einschließt. Auf der Alpensüdseite ist diese Art ein ausgesprochener Bergbewohner und lebt zwischen 800–1000 m und 2200 m, am häufigsten aber oberhalb 1500 m. In niedrigen Lagen nur im mittleren und östlichen Alpenbereich häufig, wo lokal auch Tallagen besiedelt werden.

Bevorzugt als Brutgebiet lichte Nadelwälder, vor allem Lärchen, mit viel niedrigem Strauchbewuchs wie Alpenrosen und Erlen. Ist auch in niedrigen Bergkieferbeständen häufig. Nistet in tieferen Lagen auch in Obstgärten und in der Ufervegetation von Wasserläufen.

2

1

Die Brutzeit beginnt meist Ende April, mit Singflügen der Männchen in den Baumkronen. Gesellige Art, nistet in kleinen Kolonien mit eng aneinandergebauten Nestern im unteren Bereich der Bäume oder Sträucher. Zwei Gelege pro Jahr.

Standvogel, begrenzte Höhenwanderungen. Im Spätsommer auf Bergweiden häufig, wo er sich von Gräsersamen ernährt. Kann in den Wintermonaten oft auf Birken und Erlen beobachtet werden, wo nach Samen gesucht wird. Individuen der Nominatform *flammea* aus Nordeuropa können gelegentlich im Winter in den Alpen auftauchen.

Klein und gedrungen, mit kurzem, konischem gelbem Schnabel, das Gefieder ist insgesamt hellbraun und stark gestreift. In der Brutzeit prahlt das Männchen mit einem ausgedehnten roten Brustfleck und einem analog gefärbten Stirnfleck, der auch beim Weibchen auftritt. Jungvögel ähneln dem Weibchen, allerdings ohne roten Kopffleck.

Charakteristisch ist der im Flug vorgetragene Ruf, ein metallisches «tschett-tschett».

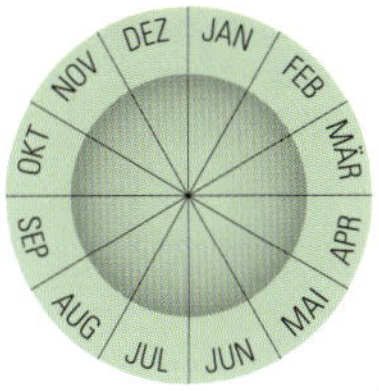

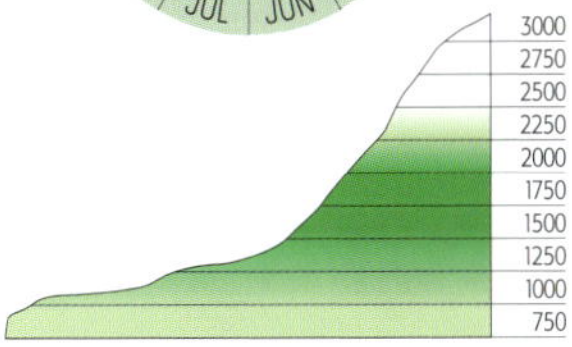

1. Klein, kompakte Statur, gräulich braun mit enger Streifung, auch an den Flanken, helles Flügelband (Foto: M. Mendi).
2. Konischer, gelber Schnabel; Weibchen mit rotem Stirnfleck (Foto: M. Mendi).
3. Im Frühling/Sommer zeigt das Männchen blutroten Scheitel und Brust (Foto: M. Mendi).
4. Jungvögel schwer von anderen gleichaltrigen Finkenarten zu unterscheiden, eng gefleckt und ohne rötliche Färbungen (Foto: P. Kuhno).
5. Typische Brutgebiete sind Buschformationen und lichte Nadelwälder.

Ordnung: **Sperlingsvögel** *(Passeriformes)*

Familie: **Finken** *(Fringillidae)*

Siskin

Tarin des aulnes

Lucherino

Erlenzeisig

Carduelis spinus

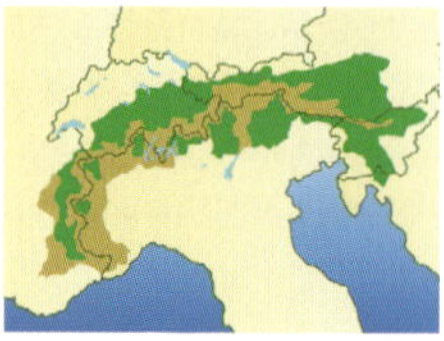

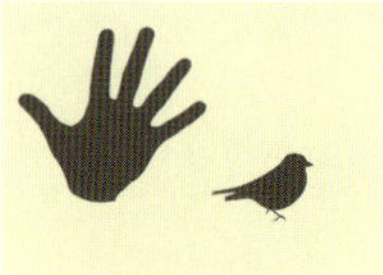

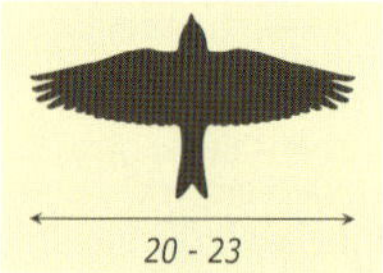

Paläarktische Art, typisch für Nadelwälder der borealen und gemäßigten Zonen, nistet auch in den Alpen, ist hier aber nur in den mittleren und östlichen Bereichen gut vertreten. Der Brutbestand in der Schweiz und im gesamten Westteil ist jährlichen Schwankungen ausgesetzt, der Brutbestand hängt vermutlich vom Fichtensamenangebot ab.

Das alpine Brutgebiet besteht aus harzhaltigen Nadelwäldern, vor allem mit Fichte und Lärche, wo Randzonen und Graslichtungen besiedelt werden.

Auf der Alpennordseite auch in tieferen Lagen verbreitet, folgt auf der Südseite der Höhenverbreitung der Nadelbäume (vor allem Fichte), kommt häufiger zwischen 1300 m und 1800 m vor, mit einer Untergrenze bei 1000 m.

Frühbrüter, ausnahmsweise mitten im Winter, kann auch zwei Gelege pro Jahr haben (3–5 Eier); das Nest wird auf den oberen Nadelbaumzweigen angelegt, manchmal nisten die Brutpaare nur wenige Meter voneinander entfernt.

Gesellige Art, bildet im Herbst/Winter auch individuenreiche Gruppen, die sich auf Nahrungssuche bis in die Niederungen begeben. Ernährt sich in dieser Zeit von Birken- und Erlensamen (trug zur Namensgebung bei).

Der Gesang ist eine Reihe flüssiger Triller und Zwitscher. Der charakteristische klagende Ruf ertönt in der Gruppe.

Im Alpenraum sind auch Vögel nördlicher Populationen anzutreffen, kommt regelmäßig auch mitten im Winter bis auf 1500 m vor.

Klein, mit kurzem, gegabeltem Schwanz, stark gestreiftes Gefieder, in dem Schwarz und Gelb dominieren. Insbesondere das Männchen ist unverwechselbar aufgrund des schwarzen Scheitels, der schwarzen Kehle, des breiten gelben Überaugenstreifs und der gelben Brust. Beide Geschlechter mit grünlichem Rücken und breitem gelbem Flügelband; Bürzel und Schwanzseiten ebenfalls gelb.

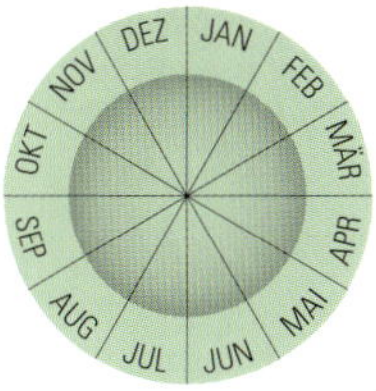

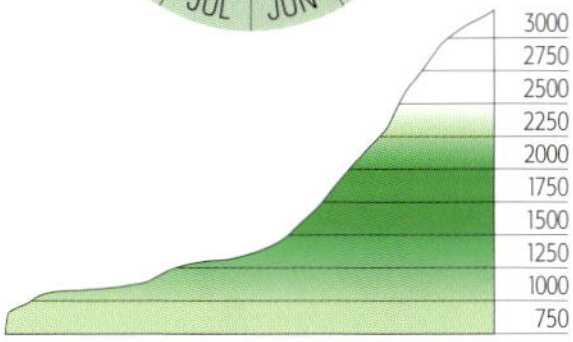

1. Klein, lebhaft gelb und grün gefärbt, Männchen mit schwarzem Scheitel und Kinn (Foto: A. Turri).
2. Schnabel konisch, aber länger und feiner als beim Artverwandten, beide Geschlechter mit gestreiften Flanken (Foto: L. Sebastiani).
3. Äußerst gesellig im Winter, sehr aktive und laute Gruppen, unverwechselbarer Ruf (Foto: W. Vivarelli).
4. Ernährt sich von Samen, turnt dabei oft in den Zweigen herum; oberseitig gestreift mit breitem gelbem Flügelband (Foto: W. Vivarelli).
5. In der Brutzeit eng an Nadelbäume gebunden, vor allem Fichte und Lärche.

Ordnung: **Sperlingsvögel** *(Passeriformes)*
Familie: **Finken** *(Fringillidae)*

Goldfinch
Chardonneret élégant
Cardellino

Distelfink/ Stieglitz

Carduelis carduelis

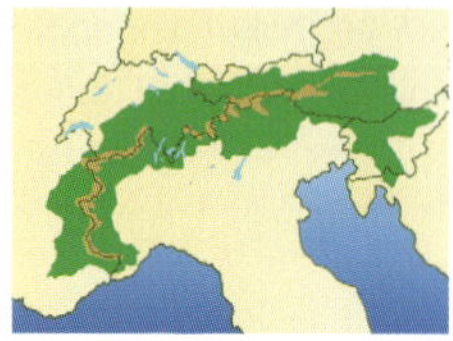

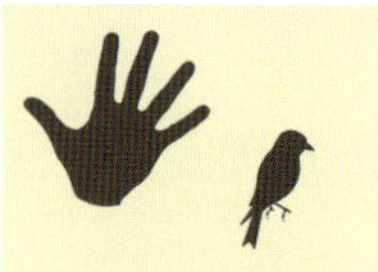

Einzigartiges Gefieder, vor allem aufgrund der Kopfzeichnung leicht zu erkennen: der vordere Teil ist rot, der Scheitel bis in den Nacken schwarz, die Wangen bis zur Kehle weiß. Die Flügel sind schwarz, bei geschlossenen Flügeln sind die beiden breiten gelben Mittelbänder (im Herbst/Winter) und die weißen Schwingenspitzen gut sichtbar. Im Flug sind die Flügelzeichnung und der weiße Bürzel Erkennungsmerkmale. Geschlechter identisch, bei Jungvögeln Rücken und Unterseite gefleckt und Kopf hellgrau.

Leicht am Lautrepertoire zu identifizieren, das in der Regel auch Laien bekannt ist: Der Gesang besteht aus einer Reihe schneller Triller; der Ruf im Flug ist ein hell klingendes «tike-litt».

Kommt fast in ganz Europa vor, lebt in baumreichen Gebieten, entlang von Waldrändern und in Stadtgebieten mit Parks und Gärten. Nistet in den Alpen in der Regel bis 1500–1600 m, in der Nähe von Kulturflächen oder bebauten Gegenden mit Landwirtschaft und Weiden häufig. Taucht gelegentlich in höheren Lagen auf, kann bis 2000 m brüten. Im Sommer regelmäßig auf Bergweiden anzutreffen, wo sich diese überwiegend Körner fressende Art von Gräsersamen ernährt. Im Winter verlässt der Großteil der Population die höheren Lagen und hält

sich oberhalb 1000–1200 m nur recht selten auf. Außerhalb der Brutzeit gesellig, bildet in den kalten Monaten größere Gruppen in unbewirtschafteten Gebieten, vor allem in den Niederungen.

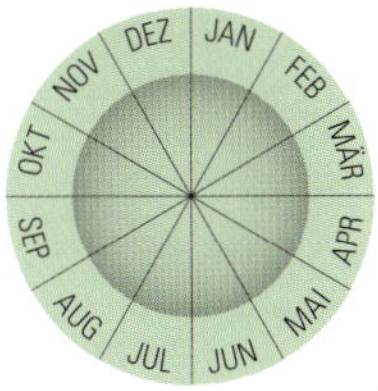

1. Elegante, bunte und unverwechselbare Art mit gelb-schwarzen Flügeln und schwarz-weißem Kopf mit roter Maske (Foto: W. Vivarelli).
2. Oberseitig rötlich braun, unterseitig hell; elfenbeinfarbener Schnabel (Foto: A. Turri).
3. Jungvogel ähnelt dem Adulttier, mit einheitlicherem Kopf ohne rote Maske (Foto: P. Kuhno).
4. Einzige alpine Finkenart mit geschlechtsidentischem Gefieder (Foto: M. Mendi).
5. Häufig und weit verbreitet in gebüschreichen, offenen Landschaften, oft auch in Siedlungsnähe.

Ordnung: **Sperlingsvögel**
(Passeriformes)
Familie: **Finken**
(Fringillidae)

Linnet
Linotte mélodieuse
Fanello

Hänfling

Carduelis cannabina

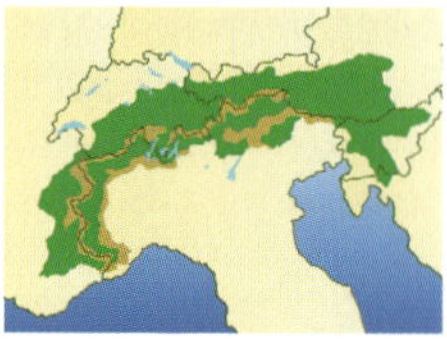

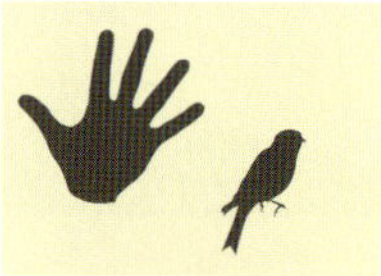

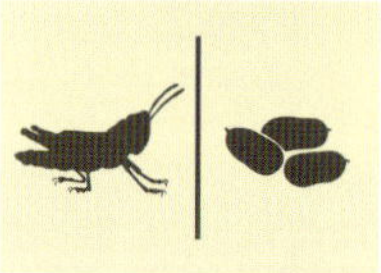

Kleine und schlanke Finkenart, mit gut entwickeltem Schwanz. Brutkleid des Männchens mit einheitlich zimtbraunem Rücken und grauem Kopf mit auffälligem rotem Stirnfleck; ein ebenso rot gefärbter Fleck erstreckt sich über die Brust und hebt sich deutlich von der hellen Unterseite ab. Im Winterkleid verschwindet das Rot und das Gefieder wird braun gestreift. Weibchen und Jungvögel ähnlich, braun-grau gestreiftes Gefieder, unterseitig heller. In allen Federkleidern haben die dunklen Handschwingen einen weißen Außenrand und bilden bei geschlossenen Flügeln ein gut sichtbares, helles Band, im Flug ein verwischter, aber auch aus der Entfernung auffälliger Fleck.

Melodischer und variationsreicher Gesang; der charakteristische Flugruf macht ihn leicht erkennbar: ein nasales «tett-ett-ett», das vor allem im Winter ertönt, wenn sich die Gruppen auf Stoppelfeldern und gemähten Wiesen zusammenfinden.

Typische Art offener und besonnter Zonen, sowohl in den Niederungen als auch in den Bergen, kommt im ganzen Alpenraum vor. Verbreitet von den unteren Lagen bis 2000–2100 m, nistet vorwiegend auf grasbewachsenen Hängen mit wenig Bäumen und vereinzelten Sträuchern, in den oberen Lagen auf buschigen Weiden der subalpinen Stufe.

Die Paare brüten isoliert oder in kleinen Kolonien. Das Nest wird auf Büschen angelegt, 2 Gelege pro Jahr, zwischen Mai und Juli. Begibt sich zur Nahrungssuche oft auf Bergweiden, auch bis über 2500 m. Sucht am Boden Insekten und Samen.

In den Alpen Standvogel und Kurzstreckenzieher, es sind auch Vögel nördlicher Populationen in den Alpen anzutreffen, verlässt im Winter mit dem ersten Schneefall den alpinen Bereich und kommt nur noch selten oberhalb von 1000 m vor.

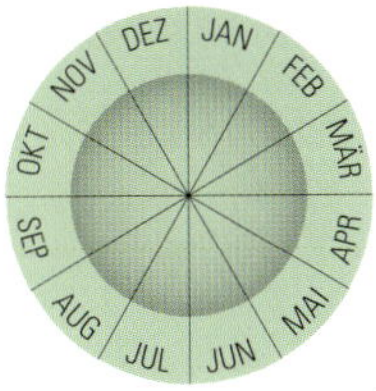

1. Mit den roten Flecken ähnelt er dem Alpenbirkenzeisig, ist aber größer und hat einheitliche Rückenfärbung (Foto: A. Vezzani).
2. Im Herbst überschatten die hellbraunen Spitzen der neuen Federn das Rot der Brust (Foto: W. Vivarelli).
3. Weibchen und Jungvogel ohne rote Flecke, unterseitig kräftig gestreift (Foto: B. Caula).
4. Die weißen Ränder der Schwingen und Steuerfedern bilden helle Spiegel, die sowohl im Flug wie auch in Sitzposition gut sichtbar sind (Foto: M. Mendi).
5. Lebt auf strauchigen, sonnigen Hängen sowie auf steinigen, gebüschreichen Weiden im Gipfelbereich.

Ordnung: **Sperlingsvögel** *(Passeriformes)*
Familie: **Finken** *(Fringillidae)*

Serin
Serin cini
Verzellino

Girlitz

Serinus serinus

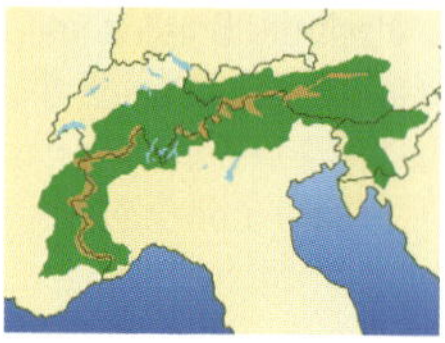

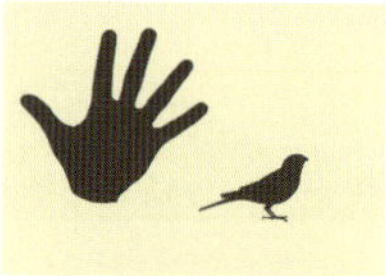

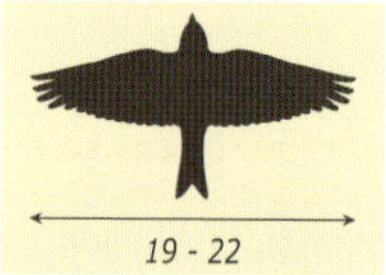

Einst nur im Mittelmeerraum präsent, derzeit auch in Mittel- und Osteuropa sowie im Norden bis an die Küsten der baltischen Staaten verbreitet.

Die wärmeliebende Art lebt in sonnigen, lichten Baumbeständen, zeigt eine gewisse Vorliebe für Nadelbäume; aus diesem Grund auch häufig in Stadtgebieten mit vielen harzhaltigen Zierbäumen zu finden.

Kommt in den Alpen im Sommer vor und nistet in hellen Lärchenwäldern der subalpinen Stufe, im westlichen Alpenraum bis 1800–1900 m. Lebt in tieferen Lagen in sonnigen Hängen, oft an Kiefernwaldrändern, in bebauten Gegenden und Kulturflächen.

Kleinste europäische Finkenart, gedrungener Körperbau mit verhältnismäßig großem Kopf und kurzem, dickem Schnabel. Gefieder oberseitig olivgrün und stark gestreift, Männchen mit leuchtend gelber Stirn, Kehle und Brust. Von gleicher Farbe sind bei beiden Geschlechtern die Oberschwanzdecken.

Wellenförmiger, «hüpfender» und unregelmäßiger Flug; der Ruf ist ein heller, kurzen Triller («zir-lit»). Charakteristisch sind auch der flatterhafte Balzflug und der Gesang, eine klirrende, sirrende Lautfolge, der im Flug oder von einer erhöhten Warte aus vorgetragen wird.

Nach der Brutzeit gesellig, kann in kleinen Gruppen bei der Nahrungssuche am Boden beobachtet werden. Ist in erster Linie ein Körnerfresser. Im Winter verlässt diese Art die alpinen Gebiete und kommt auch in Tallagen nur sehr gelegentlich vor.

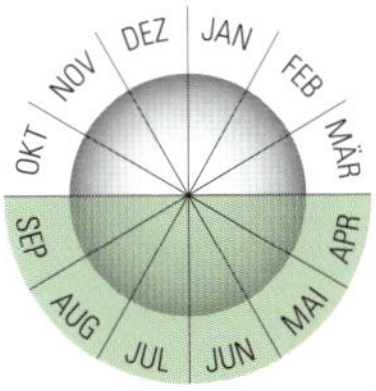

1. Kleine, lebhafte Art, das Männchen erinnert aufgrund der leuchtenden Gelbfärbung an einen kleinen «Kanarienvogel» (Foto: W. Vivarelli).
2. Rücken und Flanken gestreift, mit feinem, doppeltem gelbem Flügelstreif; hellgelber Bürzel (Foto: L. Sebastiani).
3. Weibchen heller, Farben schwächer, Streifung kräftiger. Jungvogel ähnelt dem Weibchen (Foto: W. Vivarelli).
4. Singt sowohl im Flug als auch von einer Warte aus, oft auf Gebäuden oder anderen Bauwerken (Foto: W. Vivarelli).
5. Häufig in Parks und Gärten von Vororten; in natürlicher Umgebung in lichten Lärchenwäldern anzutreffen.

Ordnung: **Sperlingsvögel**
(Passeriformes)
Familie: **Finken**
(Fringillidae)

Citril Finch
Venturon montagnard
Venturone alpino

Zitronengirlitz

Serinus citrinella

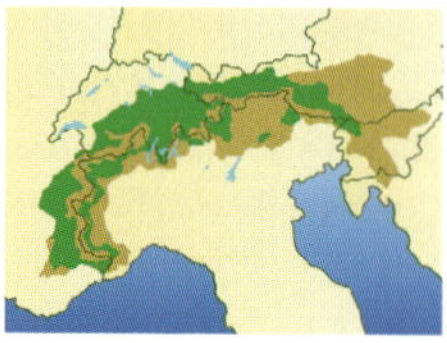

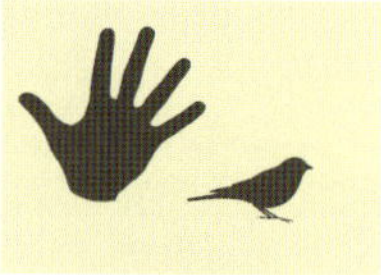

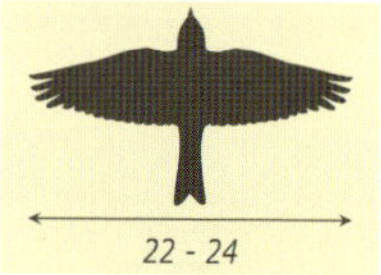

Kommt nur in Europa vor, typische Art der mittel- und südeuropäischen Gebirge, die Alpen bilden die östliche Grenze seines Verbreitungsgebietes. In den West- und Zentralalpen recht regelmäßig verbreitet, vor allem im Aostatal, in der Schweiz und im österreichischen Tirol; im östlichen Alpenraum unregelmäßig verbreitet, vor allem auf der Alpensüdseite.

Brütet in den Randgebieten von Nadelwäldern der montanen und subalpinen Stufe, in der Regel zwischen 1400 m und 2200 m, lokal auch in niedrigeren Lagen und um 1000 m. Bevorzugt in erster Linie Lärchen und Fichten, daneben werden auch Kiefern und mancherorts Erlen besetzt.

Frühbrüter, beginnt bereits Ende Februar, das Revier zu markieren, der entsprechende Gesang erinnert an den Girlitz, ist aber wesentlich variationsreicher. Das Nest wird vom Weibchen gebaut und in der Regel hoch oben in einem Nadelbaum angelegt, immer in Stammnähe. Ein oder zwei Gelege pro Jahr (4–5 Eier).

Gesellige Art, außerhalb der Brutzeit finden sich kleine Gruppen zusammen, irrt im Winter umher und wird teilweise zum Zugvogel, begibt sich oft unterhalb 1000 m, besonders an exponierten Hängen.

Klein, ähnelt dem Girlitz und dem Erlenzeisig, unterscheidet sich von diesen durch die komplett gelbe Unterseite und die Graufärbung an Hinterkopf, Nacken und Wangen. Beim Männchen auch Stirn und Augenbereich gelb. Auf den Flügeln zwei gelbgrüne, nicht immer deutliche Binden. Das Weibchen hat abgeschwächtere Farben; der Jungvogel ist braun, unterseitig heller und gefleckt.

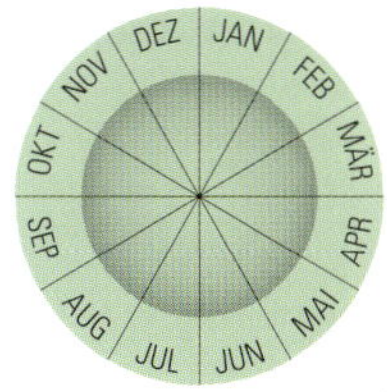

2

3

4

5

1. Klein, grün und gelb mit charakteristisch grauem Nacken (Foto: R. Nason).
2. Unterseitig knallig hellgelb, leuchtender beim Männchen (Foto: B. Caula).
3. Kurzer, spitzer Körnerfresserschnabel, gelbliches Gesicht, grauer Kopf (Foto: A. Caula).
4. Schwarze Flügel mit zwei breiten gelbgrünen Binden, gelber Bürzel im Flug gut sichtbar (Foto: M. Saarinen).
5. Recht eingeschränkt vorkommende Art, eng an Nadelbaumwälder gebunden.

Ordnung: **Sperlingsvögel** *(Passeriformes)*
Familie: **Finken** *(Fringillidae)*

Bullfinch
Bouvreuil pivoine
Ciuffolotto

Gimpel
Pyrrhula pyrrhula

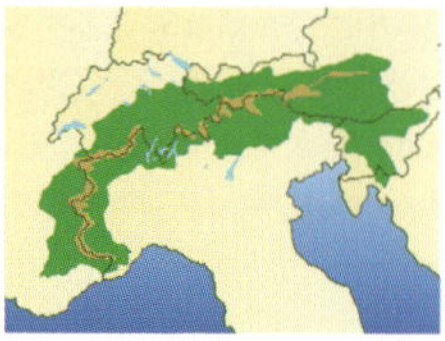

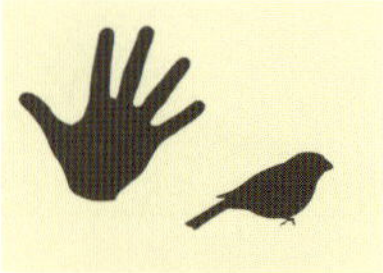

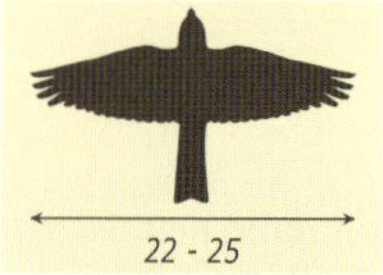

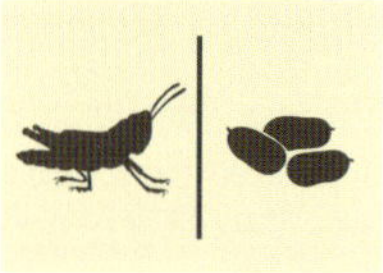

Kräftige, gedrungene Gestalt, großer Kopf mit schwarzer Kappe, kurzer, kräftiger Schnabel. Rücken aschgrau, Schwanz schwarz, Flügel schwarz mit breiter, weißer Binde. Unterschwanz und Bürzel sind weiß, im Flug immer gut sichtbar. Geschlechtsdimorphismus: Unterseite beim Männchen kräftig rot, beim Weibchen beigebraun. Jungvögel haben keine Kappe.

Ist vor allem im Sommer schwer zu beobachten, da er sich gerne im Vegetationsdickicht aufhält; verrät durch den Ruf seine Anwesenheit: ein weiches, melancholisches «djü», das relativ tief klingt und in kurzen Abständen wiederholt wird.

Typischer Waldbewohner, nistet in feuchten und kühlen Wäldern mit dichtem Unterwuchs, in erster Linie in Nadelwäldern (Fichte und Tanne), aber auch in Mischwäldern. In Buchenwäldern häufig. In den Alpen von 300–500 m im Voralpenbereich und bis zur Baumgrenze (1900–2000 m) verbreitet.

Das trichterförmige Nest wird in Sträuchern oder kleinen Bäumen niedrig am Stamm angelegt. Meist werden 4 oder 5 Eier gelegt, manchmal zwei Gelege pro Jahr.

Ernährt sich hauptsächlich vegetarisch (Samen, Knospen, Früchte), in der Brutzeit auch von Insekten und anderen Wirbellosen.

Bildet außerhalb der Brutzeit kleine Gruppen, im Winter führen ihn die begrenzten Wanderungen bis in die Niederungen.

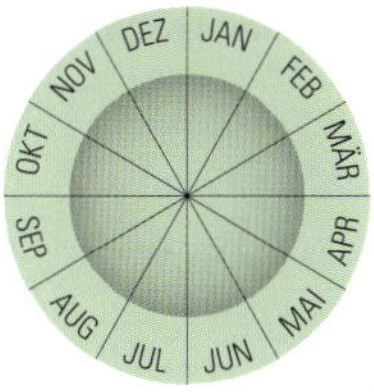

1. Große, korpulente Art mit lebhaften Farben, meist scheu und zurückhaltend (Foto: J. Tenovuo).
2. Männchen unverkennbar: oberseitig grau, unterseitig kräftig rot (Foto: M. Mendi).
3. Kurzer, konischer Schnabel, Kopf mit schwarzer Kappe und Kinn (Foto: L. Sebastiani).
4. Starker Geschlechtsdimorphismus, Weibchen beigebraun; beide mit im Flug gut sichtbarem weißem Bürzel (Foto: J. Tenovuo).
5. Besiedelt kühle, schattige Waldgebiete, besonders Nadelwälder.

Ordnung: **Sperlingsvögel**
(Passeriformes)
Familie: **Finken**
(Fringillidae)

Hawfinch
Grosbec casse-noyaux
Frosone

Kernbeißer

Coccothraustes coccothraustes

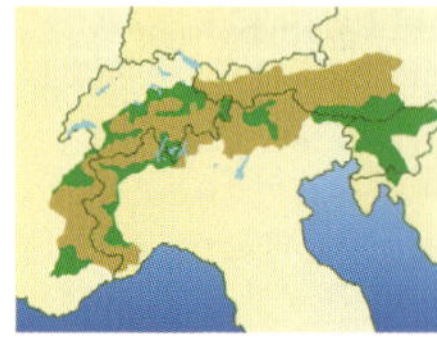

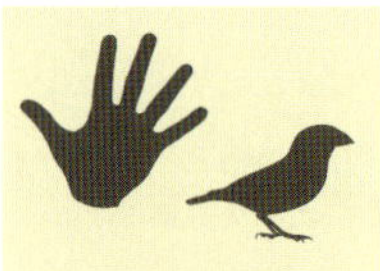

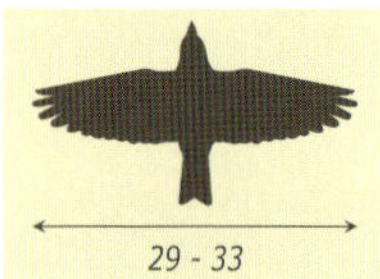

Größte europäische Finkenart, untersetzter Körperbau, kurzer Schwanz, großer und kräftiger Schnabel. Auffälliges Gefieder, Männchen braunoranger Kopf mit schwarzer Maske und schwarzem Kehllatz. Weiß an Flügeldecken, Steuerfedern und Handschwingen, die im Flug eine auffällige Flügelbinde zeigen. Schwingen großteils schwarz mit blauvioletter Schillerfarbe (beim Weibchen grau). Jungvögel weniger markante Kopfzeichnung und unterseitig mondförmig gefleckt.

Lebt in Laub- und Mischwäldern mit großen Bäumen. Ist in den Alpen vom Voralpengebiet bis auf 1000–1300 m verbreitet, brütet meist zwischen April und Mai. Das napfförmige Nest wird auf Bäumen angelegt. Meist werden 4–5 Eier gelegt.

Scheue und baumliebende Art, schwer zu beobachten, sucht oft in den dichten Baumkronen nach Beeren und Samen, die mit dem kräftigen Schnabel aufgebrochen werden. Leichter über seinen Ruf auszumachen, ein scharfes, metallisches «zick». Hoher, wellenförmiger Flug mit schnellen Flügelschlägen.

Auch in den günstigen Gebieten des Alpenraums nur in geringer Dichte vorhanden, im Herbst stoßen allerdings Zugvögel aus Osteuropa hinzu. Hält sich im Winter selten oberhalb 1000 m auf.

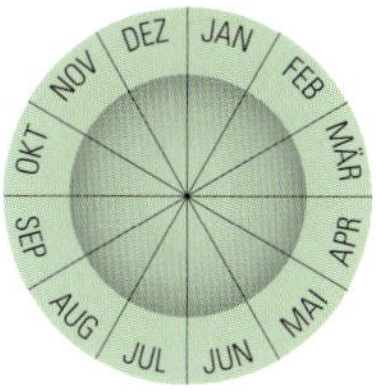

1. Untersetzter Körperbau, sehr großer Kopf und Schnabel, kurzer Schwanz (Foto: J. Tenovuo).
2. Kann mit dem kräftigen Schnabel auch Kirschkerne zerbeißen, das Innere der harten Kerne dient als Nahrung (Foto: B. Caula).
3. Geschlechter recht ähnlich, Weibchen schwächer gefärbt, mit grauer Zone auf den Armschwingen (Foto: M. Giordano – G. Nicolazzi).
4. Kopf braunorange mit grauem Hals, Zügelstreif und Kehllatz schwarz, Schnabel im Winter heller (Foto: M. Giordano – G. Nicolazzi).
5. Zurückhaltende Art, vor allem in der Brutzeit schwer auszumachen.

Ordnung: **Sperlingsvögel**
(Passeriformes)
Familie: **Ammern**
(Emberizidae)

Yellowhammer
Bruant jaune
Zigolo giallo

Goldammer

Emberiza citrinella

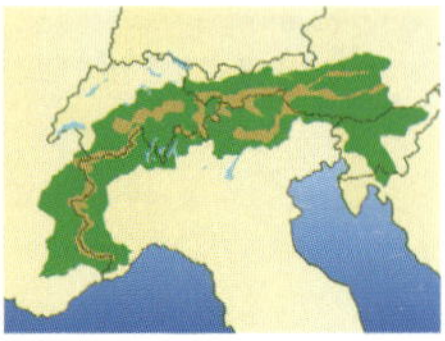

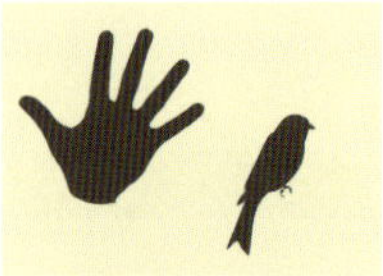

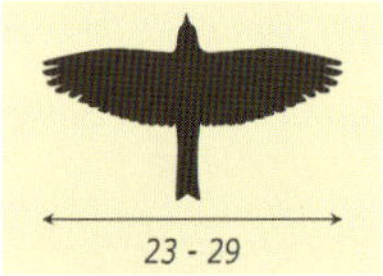

Ammern sind Körnerfresser und typische Bodenvögel offener Landschaften. Die Goldammer ist sicherlich die charakteristischste Ammernart in den Alpen. Weit über den ganzen Alpenraum bis in die südlichen Ausläufer verbreitet, brütet von 400–500 m bis auf 1800–2000 m, häufiger oberhalb 1000 m. Besiedelt kühle, von weiten Lichtungen, Weiden und Kulturflächen durchsetzte Wälder, in den höheren Lagen ein typischer Bewohner bewaldeter Weiden (vor allem mit Lärche) und des Übergangsbereichs zwischen Baumgrenze und Krummholzzone.

Das Nest wird am Boden, auf Büschen oder kleinen Bäumen angelegt; 3–4 Eier in meist nur einem Gelege pro Jahr.

Ruffreudig, trägt ihren Gesang meist schon zum Ende des Winters von einer Warte aus vor: schnelle Folge von «ti-ti-ti-. . .-siiieh», der letzte Laut ist tiefer und gedehnt. Lässt im Abflug oft ein gedämpftes «zick» oder «zürr» hören.

Schlanker, länglicher Körperbau, zeigt vor allem in der Brutzeit einen deutlichen Geschlechtsdimorphismus. Männchen leuchtend gelber Kopf, Unterpartien sattgelb mit breitem rotbräunlichem Brustband. Bürzel bei beiden Geschlechtern rostbraun. Weibchen mattere Farben, weniger Gelb, Mantel wie beim Männchen stark dunkel gestreift.

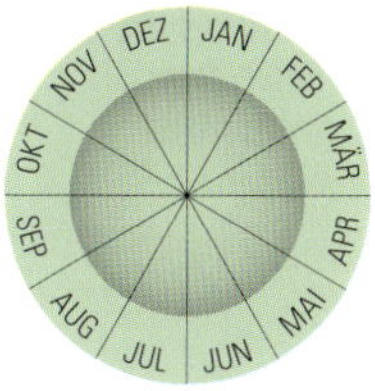

Außerhalb der Brutzeit gesellig, Standvogel, verlässt aber in der Regel bei Schneefall die alpinen Gebiete und begibt sich in die Täler und Niederungen.

1. Länglicher Körperbau, Kopf und Unterseite gelb mit rostbraunem Bürzel, der im Flug gut sichtbar ist (Foto: M. Giordano – G. Nicolazzi).
2. Wie bei vielen Ammern charakteristischer Schnabel mit gebogenem Unterschnabel (Foto: M. Mendi).
3. Männchen mit rötlichem Brustband unterschiedlicher Ausdehnung, Flanken gestreift (Foto: A. Turri).
4. In den Wintermonaten bilden sich oft kleine Gruppen (Foto: J. Tenovuo).
5. Nistet bevorzugt in Wiesen und Weiden mit einzelnen Bäumen.

Ordnung: **Sperlingsvögel** *(Passeriformes)*

Familie: **Ammern** *(Emberizidae)*

Cirl Bunting
Bruant zizi
Zigolo nero

Zaunammer

Emberiza cirlus

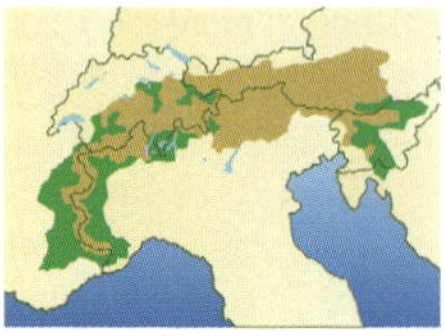

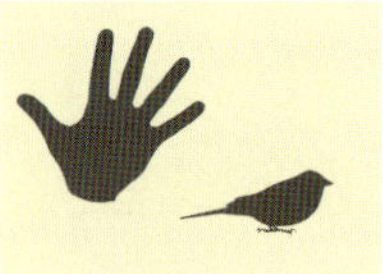

Ähnlich gefärbt wie die Goldammer, vor allem das Weibchen, unterscheidet sich durch die durchwegs graugrüne Färbung der Oberschwanzdecken bei beiden Geschlechtern. Das Männchen im Brutkleid ist außerdem unverwechselbar aufgrund der charakteristischen Kopfzeichnung mit schwarzer Kehle und schwarz-gelber Maske sowie einem olivgrauen Nacken und Brustband.

Häufigster Ruf ist ein dünnes «ziüh», der Gesang ist eine monotone, schwirrende Strophe.

Ist in Süd- sowie in Mittel- und Westeuropa verbreitet, in den Alpen mit einer gewissen Kontinuität in den westlichen und zentralen Abschnitten, vor allem auf der Alpensüdseite. Ist in den Ostalpen dagegen nur in den südlicheren Abschnitten (Karst) und dem Voralpengebiet vertreten. In der Bergstufe liegt das Brutgebiet bevorzugt in großen Tälern, in denen diese Art vom Talgrund bis 1000 m hinaufsteigt, in Ausnahmefällen bis oberhalb 1300 m.

Bevorzugte Brutgebiete sind sonnige, trockene Hänge mit Baumgruppen, Sträuchern, Wiesen und Kulturflächen. Das Nest wird niedrig in Sträuchern angelegt.

Standvogel und Kurzstreckenzieher, verlässt die Bergzonen mit dem

ersten Kälteeinbruch, um sich in niedrigere Lagen zu begeben, vor allem in die Voralpengebiete und in die kolline Stufe, wo die Art in immer gut exponierten Gebieten mit dichtem Strauchwuchs überwintert.

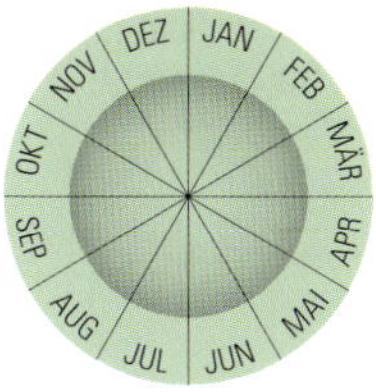

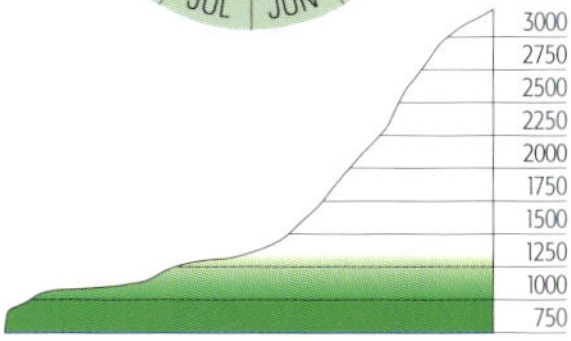

1. Männchen mit charakteristischer Kopfzeichnung, gelb mit dunklem Scheitel und dunkler Kehle, schwarzer Augenstreif (Foto: W. Vivarelli).
2. Olivgraues Brustband, gelbes Kropfband, rötliche Flanken wie die Goldammer (Foto: F. Grazioli).
3. Weibchen blasser, stark gestreift, weniger markante Gesichtszeichnung (Foto: F. Grazioli).
4. Singt von erhöhten Warten aus, oft in den oberen Baumabschnitten (Foto: B. Caula).
5. An besonnte Hänge mit Sträuchern und wenig Bäumen gebunden, selten höher als 1000 m.

Ordnung: **Sperlingsvögel** *(Passeriformes)*
Familie: **Ammern** *(Emberizidae)*

Rock Bunting
Bruant fou
Zigolo muciatto

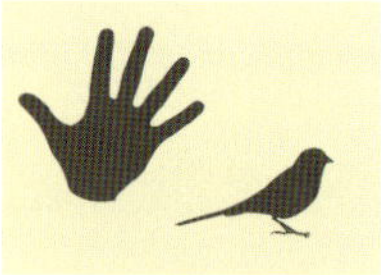

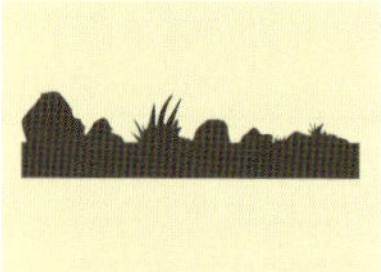

Zippammer

Emberiza cia

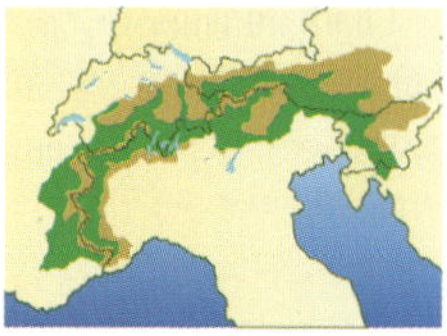

Ist in Mittel- und Südeuropa vor allem in den Hauptgebirgen verbreitet, kommt in den Alpen häufig vor, mit Ausnahme des nordöstlichen Bereichs, wo sie eher selten und sehr lokal ist. Besiedelt offene, trockene Landschaften, bewohnt in den Alpen südexponiertes, trockenes, teilweise felsiges Gelände mit lichter Baum-Strauch-Vegetation. Kann in niedrigen Lagen in offenen Landschaften mit vielen Hecken und unbewirtschafteten Flächen, mit Trockenmauern oder Geröllhaufen nisten. Trotz ausgedehnter Höhenverbreitung, von den Voralpen bis vereinzelt auf 2100–2200 m im westlichen Alpenraum, am häufigsten zwischen 800 m und 1800 m.

In der Brutzeit, die in der Regel im April beginnt, scheu; das Nest wird fast immer am Boden in Sträuchern, dichten Ranken oder Felsspalten angelegt. In der Regel werden vier Eier gelegt und eventuell ein zweites Gelege bis zum Juli.

Der Speiseplan umfasst Samen und Wirbellose, die am Boden gesucht werden.

Mäßig gesellige Art, bildet im Herbst/Winter kleine Gruppen; in dieser Zeit je nach Intensität der Schneefälle eher selten oberhalb 1200–1300 m anzutreffen.

Charakteristische Kopfzeichnung: grau, mit drei deutlichen schwarzen Streifen, vor allem beim Männchen. Rücken rotbraun und dunkel gestreift, unterseitig heller und ungestreift, kleine weiße Flecke auf Flügeln. Im Flug sind die weißen Schwanzaußenkanten gut sichtbar. Weibchen etwas matter gefärbt.

Häufigster Ruf ist ein kurzes, hartes «zi». Der Gesang besteht aus einer hastigen, melodischen Strophe.

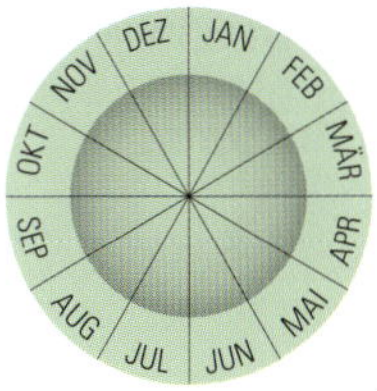

1. Elegant, lebhafte Farben und klare, scharfe Kopfzeichnung (Foto: W. Vivarelli).
2. Scheue Art, sitzt häufig am Boden auf der Suche nach Sämereien (Foto: B. Caula).
3. Oberseitig rotbraun, gestreifter Rücken, rötlicher Bürzel (Foto: M. Mendi).
4. Grauer Kopf mit schwarzen Streifen, unterseitig einheitlich orangebraun (Foto: B. Caula).
5. Bevorzugt felsige Hänge mit spärlicher Buschvegetation.

 Ordnung: **Sperlingsvögel** *(Passeriformes)*
Familie: **Ammern** *(Emberizidae)*

Ortolan Bunting
Bruant ortolan
Ortolano

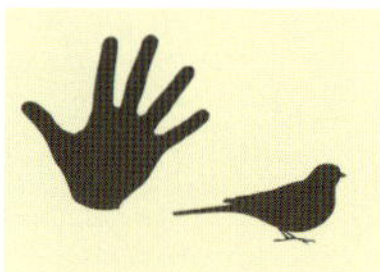

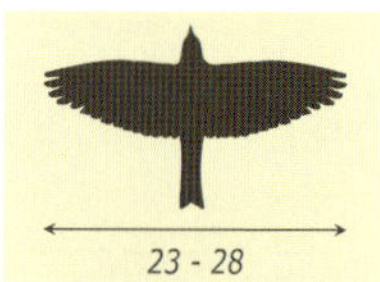

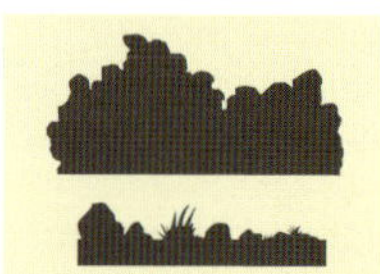

Ortolan

Emberiza hortulana

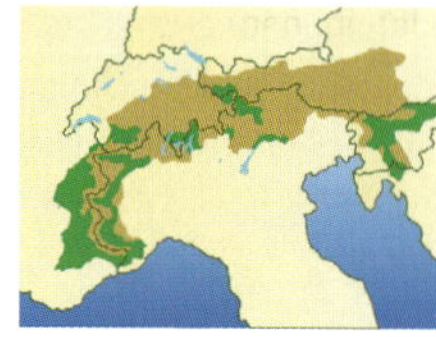

Ist in Europa vom Mittelmeerraum bis nach Skandinavien verbreitet, typische Art warmer, trockener, bewirtschafteter oder natürlicher Landschaften. Langstreckenzieher, überwintern im tropischen Afrika und kommt in Kontinentaleuropa zwischen April und September vor.

In den Alpen ist seine Verbreitung unregelmäßig und betrifft vor allem den westlichen Bereich; im mittleren und östlichen Bereich hingegen auf die Alpensüdseite beschränkt, Hauptvorkommen in den Voralpen und im Karst. Brütet selten oder nur in geringer Dichte von der kollinen Stufe oder Tallagen bis auf 1900–2100 m, wobei er die sonnigen Hänge der größeren Täler hinaufsteigt und sich in trockeneren Bereichen niederlässt. Das typische Berghabitat sind südexponierte Wiesengrate mit lichtem Baum- und Strauchbestand.

Bodenbrüter, in niedrigen Lagen zwei Gelege pro Jahr (3–6 Eier).

Körnerfresser, reichert seinen Speiseplan mit Wirbellosen an und sucht die Nahrung am Boden.

Graugrüner Kopf, gelblicher Augenring und langer, gelblicher Bartstreif, rötlicher Schnabel, gelbe Kehle, unterseitig zimtbraun. Oberseitig braun, dunkel gestreift. Weibchen mattere Kopfzeichnung. Der Gesang ähnelt der Goldammer, aber mit kurzem, abklingendem Endlaut.

Ist in ganz Europa aufgrund verschiedener Faktoren von einem starken Bestandsrückgang betroffen, so hat die Intensivierung der landwirtschaftlichen Nutzung mit großflächigem Biozideinsatz und die Beseitigung von Kleinstrukturen (wie Feldhecken und Feldwege) zu starken Lebensraumverlusten geführt.

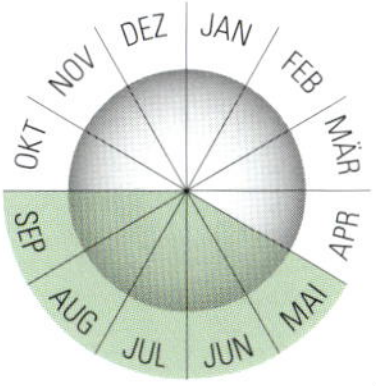

1. Helle Gefiedertönung, Hals und Kopf graugrün, Schnabel rötlich (Foto: G. Conca).
2. Männchen leuchtender gefärbt, unterseitig rötlich orange (Foto: L. Sebastiani).
3. Oberseitig rötlich mit braunen Streifen, ähnlich wie bei anderen Ammern (Foto: A. Turri).
4. Gesichtszeichnung mit hellem Augenring, Kehle und Bartstreif hellgelb (Foto: B. Caula).
5. Typisch für trockene Gebiete mit lichtem Strauch- und Baumbewuchs.

Glossar

AREAL Geografisches Gebiet oder Zone, in der sich eine Art ständig oder in einem bestimmten Zeitraum aufhält (z. B. Brutgebiete, Überwinterungsgebiete).

BOREAL Ausdruck für Regionen oder Habitat der nördlichen Hemisphäre.

BUGFLECK Unterer Flügelbereich am Ansatz der Handschwingen, meist ein dunkler Fleck, der sich vom restlichen Federkleid abhebt.

FEDERKIEL Mittlerer Teil (das «Rückgrat») einer Vogelfeder, der obere befiederte Teil ist der Schaft, der verlängerte untere die Spindel.

FELSBAND Horizontale Ebene, die aus einer Felswand herausragt.

FLÜGELSPIEGEL Die Flügeloberfläche im Bereich der Armschwingen weist häufig eine Kontrastfärbung zu den anderen Federn auf.

GENETISCHE VERUNREINIGUNG Bezieht sich auf die freiwillige oder ungewollte Einführung von Individuen anderer genetischer Abstammung in eine Tierpopulation.

GESCHLECHTSDIMORPHISMUS Morphologischer Unterschied (z. B. in Größe, Farbe oder Form) zwischen Männchen und Weibchen derselben Art.

GESICHTSMASKE Bei Eulen (Nachtraubvögeln) bildet eine Reihe Federn eine Art Kranz um die Augen.

GEWÖLL Speiballen, ausgewürgte unverdauliche Nahrungsreste (Knochen, Haare, Federn usw.) vieler Vögel, speziell Greifvögel.

GLEITFLUG Flugphase, in der der Vogel ohne Flügelschlag sein Gewicht ausnutzt, um in der Luft einzutauchen und in die gewünschte Richtung zu gleiten. Wird häufig von Vögeln mit größerer Körpermasse eingesetzt.

HABITAT Lateinischer Ausdruck für Lebensraum. Die Umgebung, in der eine Art oder die Population einer Art lebt.

HAUTFLÜGLER Landlebende Insekten unterschiedlicher Färbung und mit schwachem Außenskelett; zu den bekanntesten gehören Bienen, Wespen, Ameisen usw.

HOCHWALD Hochstämmiger Wald, die Neugestaltung der Baumarten erfolgt auf natürliche Weise.

INKUBATION In der Biologie die Reifezeit der Embryonen und Eier eines Tieres.

KAINISMUS Beobachtetes aggressives Verhalten einiger Tiere, vor allem bei Greifvögeln, wobei meist der Größere und Stärke die Geschwister tötet und somit alle Nahrung und Pflege der Elterntiere für sich beansprucht.

KLEINSÄUGER Säugende Nagetiere und Insektenfresser kleinen Wuchses bis Rattengröße.

MAUSER Wechsel des Federkleides. Dient hauptsächlich dem Ersatz im Lauf der Zeit oder dem Wechsel beschädigter Federn. Bei vielen Arten Erneuerung als Blickfang in der Paarungszeit oder als mimetische Anpassung je nach Umweltbedingungen (Sommerkleid/Winterkleid).

MISCHALTER Bezogen auf einen Wald: bestehend aus Bäumen unterschiedlichen Alters.

MOBBING Bezeichnet in der Ornithologie das Verhalten einzelner oder mehrerer Vögel, um einen potenziellen Räuber abzuwehren.

MONOGAMIE Tendenz innerhalb einer Art, sich nur mit einem einzigen gegengeschlechtlichen Partner zu paaren, innerhalb einer Paarungszeit oder über das ganze Leben (im Gegensatz zu Polygamie).

MOOR Nasser, schlammiger Lebensraum, organisches Material wird schneller reproduziert als abgebaut: Es kommt zu Ablagerungen von teilweise zersetztem Pflanzenmaterial, Torf genannt.

NAHRUNGSSPEKTRUM Beinhaltet und definiert die Nahrungsmittel, von denen sich eine Art ernährt.

NESTFLÜCHTER Jungvögel, die sofort oder kurz nach dem Schlüpfen in der Lage sind, das Nest zu verlassen.

NEUAUFFORSTUNG Anpflanzen von Bäumen durch den Menschen mit dem Ziel der Bewaldung eines Gebietes, das seit mindestens fünfzig Jahren nicht bewaldet war.

PALÄARKTIS Geografische Zone: Europa, Nord-, Mittel- und Westasien sowie Afrika nördlich der Sahara.

PARASITISMUS Schmarotzertum, ein Organismus (Parasit) ernährt sich mehr oder weniger zum Schaden eines anderen (Wirt).

POLYANDRIE In der Ethologie «Vielmännerei», ein Weibchen paart sich in einer Saison mit mehreren Männchen oder mehrere Männchen helfen bei der Jungenaufzucht.

POLYGAMIE Polygamie dient mehreren Zwecken, in erster Linie der Fortpflanzung zwischen einem Individuum eines Geschlechtes mit zwei oder mehreren des anderen Geschlechtes der gleichen Art.

RANDBIOTOP Übergangsbereich zwischen zwei verschiedenen Ökosystemen oder allgemeiner zwischen zwei homogenen Umgebungen.

ROSE Hautgebilde über dem Auge, typisch bei Raufußhühnern.

SCHWARM Gruppenbildung der Vögel, sei es für ständiges Zusammenleben oder für einen Teil des Lebens aus Nahrungsgründen, zur Verteidigung oder während des Zugs.

SILHOUETTE Umriss, Profil eines Vogel im Flug oder stehend. Häufig einzig sichtbares Bild aufgrund von Lichtverhältnissen und Entfernung. Dem Auge eines Experten kann sie wichtige Details für eine korrekte Bestimmung offenbaren.

TAIGA Auch «borealer Wald» genannt, in der kalt gemäßigten Zone der Nordhalbkugel (subarktisch), charakteristisch sind ausgedehnte Nadelwälder.

TARNUNG Bezogen auf das Federkleid mimetische Tönung und Färbung.

TUNDRA Vegetationsform in den höheren Lagen der arktischen Kälteregion. Charakteristisch: Mangel an Baumarten.

WATVÖGEL (auch Limikolen genannt) Allgemeine Bezeichnung für Vögel, die zu einigen Familien der *Charadriformes* gehören, überwiegend in feuchten Lebensräumen anzutreffen. Nahrung wird meist mit dem langen Schnabel im Schlamm gesucht, daher auch der Name «Limikolen».

WÜHLMAUS Säugetier, Nager, zur Familie *Cricetidae* gehörend.

WULST Nackte hervorstehende Haut am Schnabelrand bei Küken und Jungvögeln.

Literatur

ALEFFI M. & al., *Italian Woodlands from the Alps to the Mediterranean*, Techne Ed., Mailand 2007.

ARLOTT N., *Birds of the Palearctic: Passerines*, Harper Collins, London 2007.

BAIETTA C. (Hrsg.), *La fauna in Italia*, Touring Ed., Milano 2002.

BALZARI C. & GYGAX A., *Vogelarten der Schweiz*, Haupt, Bern 2010.

BATZING W., *Die Alpen. Geschichte und Zukunft einer europäischen Kulturlandschaft*, 3. A., Beck, München 2005.

BEAMAN M. & MADGE S., *Handbuch der Vogelbestimmung: Europa und Westpaläarktis*, 2. A., Ulmer, Stuttgart 2007.

BRICHETTI P., *Guida degli uccelli nidificanti in Italia*, 2. A., Scalvi, Brescia 1985.

BRICHETTI P., *Atlante degli uccelli delle Alpi italiane*, Ramperto, Brescia 1987.

BRICHETTI P. & al. (Hrsg.), *Gaviidae – Phasianidae*, Aves 1, Fauna d'Italia, Bd. 29, Calderini, Bologna 1992.

BRICHETTI P. & FRACASSO G., *Ornitologia italiana*, Bde. 1–5, Perdisa, Bologna 2003–2008.

BRICHETTI P. & MASSA B., «Check-list degli uccelli italiani aggiornata a tutto il 1997», in *Riv. Ital. Orn.*, n. 68, 1988, S. 129–152.

BROWN R. & al., *Federn, Spuren und Zeichen der Vögel Europas: ein Feldführer*, 4. A., Aula, Wiebelsheim 2005.

BRUUN B. & al., *Der Kosmos-Vogelführer: die Vögel Deutschlands und Europas*, 10. A., Franckh-Kosmos, Stuttgart 1993.

BURFIELD I. & al., *Birds in Europe: Population Estimates, Trends and Conservation Status*, BirdLife Conservation Series n. 12., BirdLife International, Cambridge 2004.

CLEMENTS J. F., *Birds of the World: a Checklist*, 6. A., Cornell University Press, Ithaca, NY 2007.

CONSTANTINE M., *The Sound Approach to Birding: a Guide to Understanding Bird Sound*, The Sound Approach, Dorset 2006.

CRAMP S. & al. (Hrsg.), *Handbook of the birds of Europe the Middle East and North Africa: The Birds of the Western Palearctic*, Bde. 1–9, Oxford University Press, Oxford 1977–1994.

DEL HOYO J. & al., (Hrsg.), *Handbook of the Birds of the World*, Bde. 1–13, Lynx, Barcelona 1992–2008.

DUBOIS P. J. & al., *Inventaire des oiseaux de France*, 2. A., Nathan, Paris 2001.

DUBOIS P. J. & al., *Nouvel inventaire des oiseaux de France*, Delachaux et Niestlé, Paris 2008.

DVORAK M. & al., *Atlas der Brutvögel Österreichs: Ergebnisse der Brutvogelkartierung 1981–1985 der Österreichischen Gesellschaft für Vogelkunde*, Bundesministerium für Umwelt, Jugend und Familie, Wien 1993.

EHRLICH P. R. & al., *The Birdwatcher's Handbook*, Oxford University Press, Oxford 1994.

ELPHICK J., *Atlas des Vogelzugs*, Haupt, Bern 2008.

FORSMAN D., *The Raptors of Europe and the Middle East. a Handbook of Field Identification*, A & C Black, London 2003.

FRATICELLI F., *Uccelli Passeriformi*, Calderini, Bologna 2000.

GARIBOLDI A. & AMBROGIO A., *Il comportamento degli uccelli d'Europa*, Perdisa, Bologna 2006.

GEIGER C. (Hrsg.), *Dictionnaire encyclopédique des Alpes*, Glénat, Grenoble 2006.

GEISTER I., *Ornitološki atlas Slovenije («Ornithological Atlas of Slovenia»)*, DZS, Ljubljana 1995.

GENSBOL B., *Greifvögel: alle europäischen Arten, Bestimmungsmerkmale, Flugbilder, Biologie, Verbreitung, Gefährdung, Bestandsentwicklung*, 4. A., BLV, München 2005.

GLUTZ VON BLOTZHEIM U. N. & al., *Handbuch der Vögel Mitteleuropas*, 17 Bde., Aula, Wiesbaden 1966–1998.

GORMAN G., *Woodpeckers of Europe. A Study of the European Picidae*, Bruce Coleman, Chalfont St Peter 2004.

GROPPALI R., *Uccelli predatori di insetti*, Perdisa, Bologna 2007.

HAGEMEIJER W. J. M. & BLAIR M. J. (Hrsg.), *The EBCC Atlas of European Breeding Birds*, Poyser, London 1997.

HARRIS A. & al., *Birder's Guide to European and Middle Eastern Birds*, Macmillan, London 1996.

HARRIS A. & al., *Vogelbestimmung für Fortgeschrittene: ähnliche Arten auf einen Blick*, Kosmos, Stuttgart 1991.

HAYMAN P. & HUME R., *Die Kosmos Vogel-Enzyklopädie*, Kosmos, Stuttgart 2003.

JONSSON L., *Die Vögel Europas und des Mittelmeerraumes*, 2. A., Kosmos, Stuttgart 1999.

MAUMARY L. & al., *Die Vögel der Schweiz*, Schweizerische Vogelwarte, Sempach 2007.

MEBS T. & SCHERZINGER W., *Die Eulen Europas: Biologie, Kennzeichen, Bestände*, überarb. und akt. Ausg., Kosmos, Stuttgart 2008.

MESCHINI E. & FRUGIS S. (Hrsg.), «Atlante degli uccelli nidificanti in Italia», Suppl. *Ric. Biol. Selvaggina*, n. 20, 1993, S. 1–346.

MIKKOLA H., *Owls of Europe*, Poyser, London 1983.

PAZZUCONI A., *Uova e nidi degli uccelli d'Italia*, Calderini, Bologna 1997.

PIEMONTE: ASSESSORATO AGRICOLTURA, TUTELA DELLA FAUNA E DELLA FLORA, *Le autostrade del cielo, rotte di migrazione dell'avifauna attraverso le Alpi*, atti del convegno, 15.06.2007, Centro Stampa Regione Piemonte, Turin 2007.

PORTER R. F. & al., *Europäische Greifvögel: Führer zu ihrer Bestimmung im Flug*, Perfils Global, Lleida 1997.

SHIRIHAI H. & al., *Sylvia Warblers. Identification, Taxonomy and Phylogeny of the Genus Sylvia*, Helm, London 2001.

SNOW D. W. & PERRINS C. M., *The Birds of the Western Paleartic. Concise ed.*, 2 Bde., Oxford University Press, Oxford 1998.

SVENSSON L. & al., *Collins Bird Guide: The Most Complete Field Guide to the Birds of Britain and Europe*, Harper Collins, London 1999.

THIOLLAY J. M. & BRETAGNOLLE V. (Hrsg.), *Rapaces nicheurs de France. Distribution, effectifs et conservation*, Delachaux et Niestlé, Paris 2004.

VIOLANI C. & BARBAGLI F., «Repertorio italiano dei nomi degli uccelli – parte prima: Struthioniformes-Psittaciformes», in *Avocetta*, n. 30, 2006, S. 5–65.

ZINK R., *Report June 2008: International Bearded Vulture Monitoring*, Nationalpark Hohe Tauern, Matrei 2008.

Register der deutschen Namen

Register der wissenschaftlichen Namen